广播电视工程专业"十二五"规划教材

数字电视演播室技术

杨 宇 张亚娜 等 著

U0231712

中国传媒大学出版社

·北京·

图书在版编目(CIP)数据

数字电视演播室技术/杨宇,张亚娜等著.--北京:中国传媒大学出版社,2017.5(2021.12重印)

(广播电视工程专业"十二五"教材)

ISBN 978-7-5657-1914-1

Ⅰ.①数…　Ⅱ.①杨…②张…　Ⅲ.①电视演播室－职业教育－教材　Ⅳ.①TN948.1

中国版本图书馆 CIP 数据核字(2017)第 021279 号

数字电视演播室技术
SHUZI DIANSHI YANBOSHI JISHU

著　　　者	杨　宇　张亚娜　王鸿涛　汤思民　张　俊	
责 任 编 辑	李　明	
装帧设计指导	吴学夫　杨　蕾　郭开鹤　吴　颖	
设 计 总 监	杨　蕾	
装 帧 设 计	刘　鑫　杨瑜静	
责 任 印 制	李志鹏	

出版发行	**中国传媒大学出版社**			
社　　　址	北京市朝阳区定福庄东街 1 号	邮　　编	100024	
电　　　话	86-10-65450528　65450532	传　　真	65779405	
网　　　址	http://cucp.cuc.edu.cn			
经　　　销	全国新华书店			
印　　　刷	唐山玺诚印务有限公司			
开　　　本	787mm×1092mm　　1/16			
印　　　张	20.25			
字　　　数	456 千字			
版　　　次	2017 年 5 月第 1 版			
印　　　次	2021 年 12 月第 5 次印刷			
书　　　号	ISBN 978-7-5657-1914-1/TN・1914	定　　价	59.00 元	

目 录

第 1 章　数字电视演播室系统概述

■ **本章要点：**

1. 了解电视台制作、播出架构及演播室在电视台中的作用。

2. 理解电视信号从模拟转换为数字过程中引入的失真及防止失真的方法。

3. 掌握数字演播室信号标准。

4. 了解演播室常用信号传输接口及其传输内容，以及其接口电气特性和传输的数据结构等。

5. 重点掌握标清、高清数字分量信号如何通过数字串行接口传输。

6. 了解演播室系统构成。

1.1　电视台节目制播架构

1.1.1　电视中心台

自机械式扫描电视系统发明以来，电视技术的发展已有近 90 年的历史。广播电视经历了从黑白到彩色、从模拟到数字、从 2D 到 3D、从线性到非线性的巨变。无论是现在还是未来，技术变革将不断地进行。如今，我国各主流电视台采用的技术已属世界领先；新技术将为观众带来更加丰富多彩的节目形式和视音频体验。

电视台，又称电视中心台。电视中心（TV Center）是负责电视节目采集、制作、存储、播出和传输等工作的主要机构。为了实现电视中心的各种功能，电视台主体架构可分为节目制作系统、节目播出系统、新闻制作播出系统、媒体资产管理系统、中央存储系统、办公网络等。

如图 1-1 所示，视频信号的采集设备主要是摄像机；节目中附加的字幕和图标，可用字幕机或计算机生成；新闻、体育、大型娱乐等类型的节目通常会通过有线、地面、卫星和网络传输将远程信号传输至本地，作为节目信号源；除此以外，个人拍摄的照片、手机视频甚至是网络页面，都可以作为节目素材；节目素材可存入电视台存储中心，供节目制作或播出使用。

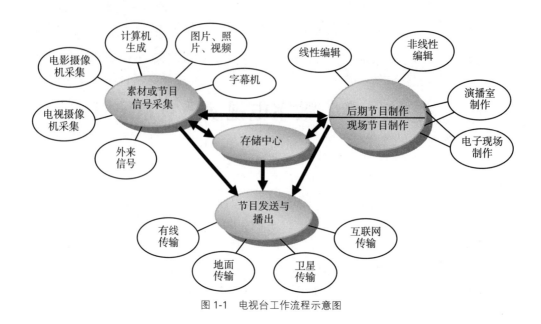

图 1-1　电视台工作流程示意图

1.1.2　电视节目制作系统

电视节目制作系统分为非实时(Off-line/Non-real Time)的后期节目制作系统和实时(Real Time)的直播类节目制作系统。纪录片、访谈类节目、天气预报等节目拍摄时会有很多冗余镜头,需要后期修改和编辑。这类节目制作系统属于非实时系统,它对资源共享与节目编辑能力要求较高,但对实时性、安全性要求不高。类似春节联欢晚会、奥运会比赛这样的直播类节目,要求拍摄和播出同步进行。这类节目制作系统对实时性、安全性要求都较高,但对资源共享与节目编辑能力要求就不高了。新闻直播类节目则要求素材能够以最快的速度实现共享,对即时性、安全性要求极高;每条新闻可在新闻直播前编辑完成,因此这类系统对素材的共享要求也很高。

以下系统是电视台常见的制作(播出)系统:

1.ENG 系统(Electronic News Gathering,电子新闻采集系统)

EGN 系统是能够独立采访或进行节目素材录制的便携系统,只负责录制素材,不负责素材的后期加工。ENG 系统的主要部分一般是摄录一体机,即摄像机、录像机组装在一起,小型、轻便。也有由 ENG 摄像机和便携录像机组成的 ENG 系统,两者之间使用专用线缆或专用接口连接。

配套设备:

(1)主体补充设备:镜头、传声器、寻像器、便携箱等。

(2)电源设备:充电电池(摄录主体设备的直流电源)、充电器、交流适配器(摄录主体设备直接外接交流电源时使用)。

(3)三脚架设备。

(4)照明设备:直流便携手持照明灯具、便携可充电式直流照明电源、交流照明灯具。

(5)其他器材设备:存储单元、小彩监及视音频连线、通话耳麦、小型微波发射设备。

2.EFP 系统(Electronic Field Production,电子现场制作系统)

电子现场制作,即把节目制作设备搬到现场去的制作方法,主要采用转播车进行外景实况录制。现场制作和转播完毕时,一部包括图像、声音、字幕和特技切换在内的完整节目就产生了。具体我们将在第 10 章介绍。

EFP 系统组成包括视频系统、音频系统、同步系统、(编辑)控制系统、提示系统和通话系统等。

3.ESP 系统(Electronic Studio Production,演播室节目制作系统)

演播室节目制作是指在电视台的演播室中录制节目。演播室在设计和建造时就预先考虑到了节目制作时的技术要求,需要具有较好的音响效果、完备的灯光照明系统以及布景等,而且可配置高档的节目制作设备,因此,演播室节目制作是一种理想的电视节目制作方式,可制作出质量较高的电视节目。

ESP 系统组成包括视频系统、音频系统、同步系统、(编辑)控制系统、提示系统、灯光系统和通话系统等。

4.线性编辑系统(Linear Editing System)

线性编辑系统主要是以磁带为记录媒介,使用视频放像机和录像机对磁带进行编辑的系统,分为一对一编辑系统、二(多)对一编辑系统、(线性)数字合成系统。其中前两种系统是通过编辑控制器遥控编辑放像机和编辑录像机,从而顺序完成镜头录制的过程;(线性)数字合成系统则在上述编辑系统中加入了调音台、特技机和切换台等设备。具体内容将在第 8 章进行详细介绍。

5.非线性编辑系统(Non-Linear Editing System)

非线性编辑是指素材的长短和顺序可以不按照制作的长短和先后次序进行编辑。非线性编辑系统主要利用硬盘、专业光盘等作为存储媒介,其核心是存储媒介必须能够随机存取素材。

多台非编工作站可组成非线性编辑网络,从而实现资源共享和协同制作。当前非线性编辑网络分为单网结构和双网结构两种。结合多通道录制系统,非线性编辑系统中的多机位编辑可提供一定延时的准实时节目制作功能。具体内容会在第 8 章进行详细介绍。

1.2 数字视频分量信号

1.2.1 电视图像的数字处理

随着广播电视技术的数字化发展,当前常用的电视系统设备多为数字设备,设备及系统之间传输的信号亦为数字信号。在自然环境下拍摄图像、进而输出数字图像数据的过程可以理解为从模拟到数字的转换过程,具体可分为抽样、量化、压缩编码三个处理过程。

1.抽样

抽样(Sampling),又称采样或取样。摄像机对物理光学画面进行采集的媒介是感光器件(CCD 或 CMOS);从彩色光投射到感光器件再到感光器件中的每一个光敏单元输出相应的电荷或电压,这个过程可以理解为抽样;在此过程中主要考虑抽样频率和抽样脉冲宽度两个因素。

（1）抽样频率

根据奈奎斯特(Nyquist)准则,当抽样频率大于信号最高频率的 2 倍时,才能从提取出的信号中无失真地恢复原始信号。

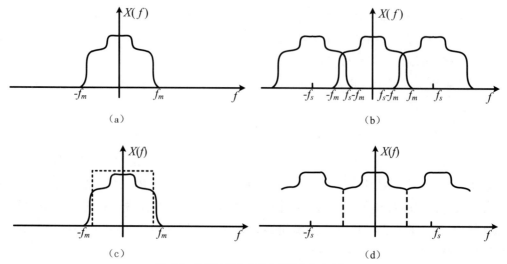

图 1-2 抽样过程中信号的频谱变化示意图

如图 1-2(a)所示,原始信号最高频率为 f_m,在频域上表示为 $X(f)$。该信号在经过频率为 f_s 的抽样后,其在频域上可表示为:

$$X_s(f) = \sum_{-\infty}^{\infty} X(f-nf_s) \qquad 公式(1-1)$$

抽样后信号频谱相当于原始信号经过了周期为 f_s 的延拓,如图 1-2(b)所示;如果不能满足 $f_s>2f_m$,则频率从 f_s-f_m 到 f_m 之间的信号发生频谱混叠(Aliasing)。

摄像机拍摄图像时,也要遵循以上定理,即摄像机感光器件的抽样频率必须大于被摄景物画面的最高频率的 2 倍,否则会引起混叠失真。混叠的现象是,抽样后的画面中会产生莫尔条纹(Moiré Pattern),即俗称的"爬格"现象。一般来说混叠产生的条纹会出现在图像的高频区,比如服装或建筑物上细密且规律的纹理区域,这是因为发生了混叠的 f_s-f_m 到 f_m 区间属于图像的高频部分。如图 1-3(b)所示,图中的屋檐出现了莫尔条纹。

不仅如此,在图像处理、格式转换和显示等过程中,如果进行了抽样处理后的图像分解力小于原有信号的分解力,则图像也会出现混叠。

消除频谱混叠的方法包括以下两种:

(a)无混叠失真　　　　　　　　　　　　(b)有混叠失真

图 1-3　混叠失真效果图

① 提高抽样频率

ITU-R BT.601 625/50 标准中规定亮度信号 Y 的抽样频率 $f_s = 13.5\text{MHz}$,而标清电视视频信号的最高频率为 6MHz,满足了 $f_s = 13.5\text{MHz} > 2f_m$。高清电视信号的抽样频率更高:ITU-R BT.709 1250/50 标准中规定了亮度信号 Y 的抽样频率 $f_s = 74.25\text{MHz}$,明显高于标清的 Y 信号抽样频率,因而,高清采集设备允许的画面最高频率也就更高。

② 前置滤波

对于图像高频信息过于丰富的情况,可对图像进行低通滤波,如图 1-2(c),保证图像的最高频率不超过抽样频率的一半,然后再进行抽样。如图 1-2(d)所示,经过滤波后的图像,抽样后没有发生混叠。为了避免混叠,摄像机感光器件前方有时会增设光学低通滤波器(OLPF),具体内容将在第 2 章介绍。

演播室常用的数字分量信号在从模拟信号转变而来的过程中也要经过抽样。ITU-R BT.601/ ITU-R BT.709 规定了亮度和色差信号抽样前低通滤波器幅频特性和群延时特性。对标清信号来说,亮度信号频率响应直到 5.75MHz 都是平坦的。前置滤波后亮度信号的抽样频谱在最高亮度信号频率 5.75MHz 与奈奎斯特频率 6.75MHz 之间有一个空隙,能满足防止频谱混叠的要求。而对于高清信号,亮度低通滤波器带宽为 0.4 倍的抽样频率,即 74.25MHz 的抽样频率,对应的低通滤波器带宽为 29.7MHz。

(2)抽样脉冲宽度

理想情况下,抽样脉冲是无限窄的,但实际应用中的抽样脉冲经常是门脉冲。以摄像机感光单元来说,无论是 CCD 还是 CMOS,每一个感光单元(像素)都是有一定宽度的。相当于抽样脉冲不是理想的 δ 脉冲,而是宽度为 τ 的门脉冲(Flat Top Sampling),这就会引起孔阑失真。

宽度为 τ 的门脉冲的时域序列可表示为:

$$S_\delta(t) = \sum_{-\infty}^{\infty} P(t - nT_s) \qquad \text{公式}(1\text{-}2)$$

式中,$P(t) = \begin{cases} 1 & |t| \leq \tau_S/2 \\ 0 & |t| > \tau_S/2 \end{cases}$

这个脉冲序列的频谱为:

$$S_\delta(\omega) = 2\pi \frac{\tau_S}{T_S} \cdot \sum_{-\infty}^{\infty} \left[\frac{\sin(n\pi\tau_S/T_S)}{n\pi\tau_S/T_S} \right] \cdot \delta(\omega - n\omega_s) \qquad \text{公式}(1\text{-}3)$$

其中,$\omega_s = 2\pi/T_s$。公式(1-3)中所示脉冲序列谱线的位置与理想δ抽样脉冲序列频谱完全一致,只是谱线的幅度受到了$sinx/x$函数的调制。用这样的脉冲序列进行抽样时,其抽样信号的频谱为:

$$F_S(\omega) = \frac{1}{2\pi}F(\omega) * 2\pi\frac{\tau_S}{T_S} \cdot \sum_{-\infty}^{\infty}\left[\frac{\sin(n\pi\tau_S/T_S)}{n\pi\tau_s/T_S}\right] \cdot \delta(\omega - n\omega_s)$$

$$= \frac{\tau_S}{T_S} \cdot \sum_{-\infty}^{\infty}\left[\frac{\sin(n\pi\tau_S/T_S)}{n\pi\tau_s/T_S}\right]F(\omega - n\omega_s)$$

公式(1-4)

显然,抽样后信号频谱的谱线幅度也受到了$sinx/x$函数的调制。当$n=0$时,有最大幅度;当$n=T_s/\tau_s$时,幅度下降为零。

感光器件中每一个像素对应的感光单元有一定宽度,且感光单元之间的间隔很小,因而抽样脉冲宽度与抽样周期相同,即$\tau_s \approx T_s$、$n=1$时,输出信号幅度就下降为零。由此,感光器件输出的高频信号幅度会明显降低,这就是摄像机的水平孔阑效应。

防止孔阑失真的方法有如下两种:

①抽样脉冲尽量窄

令抽样脉冲窄,即$n<1$,则高频信息的对比度会有所提高。但是,对于摄像机来说,感光器件不可能做到无限小,抽样脉冲不能无限窄。这是因为,在相同的感光技术前提下,感光面越大,摄像机越灵敏,但抽样脉冲会越宽。

②模数变换后加入高频补偿

摄像机感光器件输出的模拟信号已经有一定程度的孔阑失真。该信号经过AD变换后成为数字视频信号。摄像机数字视频处理系统的轮廓校正(DTL)模块可对其进行高频补偿,从而增强高频部分的图像信号对比度。除此以外,也可通过计算机软件完成同样的处理过程,不过,摄像机数字处理模块可以保留较高的精度,处理效果会比较好。轮廓校正部分将在第2章进行详细讲解。

2.量化

将抽样的样值变为在幅度上离散的有限个二进制信号,这就是量化。抽样使时间上的连续信号变为离散信号,量化又使幅度上的连续变为离散。

在图1-4中,曲线表示被抽样的模拟信号;竖线表示量化后的样值电平;Q表示量化间距;m表示量化电平的级序,m所指的位置表示此处的量化电平为mQ。在这里所有的量化间距都是相等的,因而被称为均匀量化或线性量化。量化后的样值电平与原来的模拟信号电平之间是有误差的,这个误差被称为量化误差。一般采用四舍五入的方法来处理被量化样值与预定的量化电平之间的差值。比如,电平在$mQ \pm Q/2$范围内的模拟信号样值,其量化电平都定为mQ。这种量化方式的最大量化误差为$|Q/2|$。

若输入信号的动态范围为S,则总的量化电平级数$M=S/Q$。以二进制编码时,所需的比特数n与M的关系为:

$$M = 2^n$$

公式(1-5)

量化误差是数字系统中特有的损伤源。量化误差可以看作是一种噪声,即量化噪声。这种噪声明显时,会引起信号波形失真和图像上的伪轮廓效应。

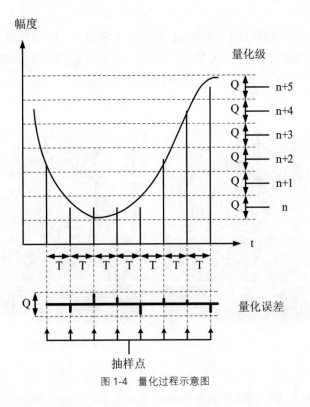

图 1-4　量化过程示意图

量化噪声是随机的,对于线性量化,其量化噪声的一阶概率在 $-Q/2$ 至 $+Q/2$ 区间是均匀分布的。于是求得量化噪声的均方差为 $Q^2/12$,噪声有效值为 $Q/\sqrt{12}$。D/A 变换后的输出信号峰峰值为 $2^n Q$。在一个理想的数字视频系统中,输出信号的峰峰值 S 与量化噪声的有效值 N_{rms} 之比为:

$$\frac{S}{N_{rms}} = 20\lg \frac{2^n Q}{\dfrac{Q}{\sqrt{12}}} = (6.02n + 10.8)\,\text{dB} \qquad\qquad \text{公式}(1\text{-}6)$$

上式在模拟输入信号电平占有整个量化范围时成立。此外,尚有以下两个实际因素影响 S/N_{rms}:

①视频信号的实际带宽限制到 f_{max},使 S/N_{rms} 提高一个量值,即 $10\lg(f_s/2f_{max})$。

②实际视频信号峰峰值不占满量化范围时对量化信噪比的影响;即量化范围大于视频信号峰峰值,则 S/N_{rms} 将小一些。

考虑以上两个因素,公式(1-6)修正如下:

$$\frac{S}{N_{rms}} = 6.02n + 10.8 + 10\lg \frac{f_s}{2f_{max}} - 20\lg\left(\frac{Vq}{V_w - V_B}\right)\text{dB} \qquad\qquad \text{公式}(1\text{-}7)$$

式中,n 表示每个样值的量化比特数;f_s 表示抽样频率;f_{max} 表示视频信号的最高频率;V_q 表示量化范围;V_w 表示视频信号的白色电平;V_B 表示视频信号的黑色电平。

量化会给 AD 变换后的图像带来伪轮廓现象和颗粒杂波现象。

（1）伪轮廓

量化比特数过低,会造成明显的伪轮廓现象,如图1-5。信号量化区间太大、图像大面积缓慢变化(如红色、黄色渐变的花瓣)时,会出现不连续的跳变,即在图像的缓变区出现从一个量化电平到另一个量化电平之间的轮廓线,这实际上就是图像的等量化电平线。这种轮廓线是原图像所没有的,被称为伪轮廓现象,即轮廓效应。

（a）量化比特数较高　　　　　　（b）量化比特数较低

图1-5　伪轮廓现象

为了去除伪轮廓,可利用随机高斯噪声信号发生器产生适当的颤动信号,叠加到原图像信号中,使人们察觉不到轮廓效应的存在。数字电视中使用最多的颤动信号频率为抽样脉冲的1/2、峰峰值为量化间隔的1/2的方波信号。不过,这种方法并不能直接去除伪轮廓。实际应用中,人们尽量使用较高的量化比特数进行量化,避免出现伪轮廓现象。

（2）颗粒杂波

小信号的量化区间太大,造成量化噪声太大,使得小信号区域即图像暗部区域信噪比不足,表现为图像在这个区域内出现颗粒状的杂波。相对明亮区域而言,人眼对暗部图像中的噪点更敏感。

欲减少颗粒杂波,可采用非线性量化,即减少小信号的量化区间;还可以采用压缩扩张的编解码方法,即在量化前先利用非线性器件将信号电平高的部分进行压缩,然后量化编码;解码D/A后的模拟信号再通过非线性器件对大幅信号进行扩张,恢复到原比例关系。这种方法扩大了小信号的动态范围,等效于"小信号细量化,大信号粗量化"。

3.压缩编码

当前常用的图像压缩编码标准包括MPEG-2、MPEG-4等。许多压缩编码过程本身就包含了量化部分。因此压缩编码过程中引入的噪声,主要是其中的量化步骤带来的量化噪声。

（1）差分脉冲编码DPCM:量化误差累积,造成边缘清晰度临界,即当被预测值处于图像突变边缘时,往往产生较大的预测误差。

（2）变换编码DCT:由于DCT变换是基于8×8的块进行的,高频信息丢失后,块与块之间的交界处出现信号跳变,表现为"块效应"。

（3）运动补偿：画面活动剧烈时，预测效果较差，"块效应"明显，表现为运动物体边缘的"蚊音效应"。

1.2.2　数字标清演播室信号标准

数字标清演播室常用的数字分量信号的三个分量为 Y、C_R、C_B，该信号可理解为从模拟分量信号进行取样、量化、编码得来的。我们把模拟基带信号表示为 E_R'、E_G' 和 E_B'，即红、绿、蓝三基色信号。

信号转换方程为：

$$E_Y' = 0.299E_R' + 0.587E_G' + 0.114E_B' \qquad 公式（1-8）$$

$$E_{CB}' = 0.564(E_B' - E_Y') \qquad 公式（1-9）$$

$$E_{CR}' = 0.713(E_R' - E_Y') \qquad 公式（1-10）$$

E_Y' 的取值范围在 0 与 1 之间，（1-9）和（1-10）中的压缩系数为 0.564 和 0.713，可以令转换后的色差信号 E_{CB}'、E_{CR}' 的数值保持在 -0.5~0.5，这样该信号的范围就与亮度信号的量化范围一致了。

1.样点分布行场定时关系

表 1-1 是 ITU-R BT.601 的抽样参数，我国数字电视演播室常用其中 625/50（4∶2∶2）的扫描标准，即表 1-1 右侧一列。

表 1-1　625/50 扫描标准的 4∶2∶2 抽样参数

	525 行/60 场系统	625 行/50 场系统
每行总的样点数	Y：858 C_B：429 C_R：429 总样点数：1716	Y：864 C_B：432 C_R：432 总样点数：1728
每个有效行的样点数	Y：720 C_B：360 C_R：360 总样点数：1440	
抽样结构	正交：行、场、帧内，每行的 C_B、C_R 样点位置与 Y 的奇数样点位置一致	
抽样频率	Y：858　　f_s = 13.5 MHz C_B 和 C_R：429　f_s = 6.75MHz	Y：864　　f_s = 13.5 MHz C_B 和 C_R：432　f_s = 6.75MHz

由于样点位置在垂直方向上逐行、逐场对齐，即排成一列列直线，故形成正交抽样结构，C_B 和 C_R 样点位置与 Y 的奇数位样点位置一致。

对于 625/50 扫描标准，每行的 Y 样点数是 864 个，编号为 0~863；色差信号的样点数是 432 个，编号为 0~431；亮度有效行的样点数是 720 个，编号为 0~719；C_B 和 C_R 有效行样点数都是 360 个，编号为 0~359。

行消隐持续 144 个抽样周期，为第 720~863 周期。数字有效行持续时间为 720×1/13.5MHz = 53.333μs，其中第 0~9 个样点持续时间为 10×1/13.5MHz = 0.74μs，在 D/A 变

换时用来形成行消隐的后沿；最后的第 712～719 个样点持续时间为 $8×1/13.5MH_z=0.59\mu s$，用于形成模拟行消隐的前沿。数字有效行内的第 10～711 个样点持续时间为 $702×1/13.5MH_z=52\mu s$，这是持续传送图像内容的模拟有效行持续期，参看图 1-6。

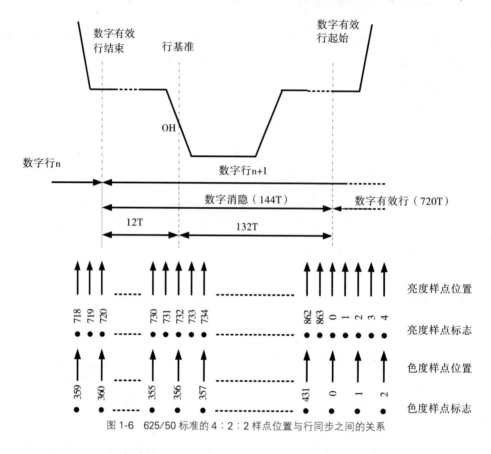

图 1-6　625/50 标准的 4∶2∶2 样点位置与行同步之间的关系

为了避免处理半行数字信号，视频数字场与模拟场的场消隐不同，图 1-7 示出 625/50 标准的 4∶2∶2 数字场与模拟场之间的关系。为避免处理半个数字行，两场的有效行数都定为 288 行，且第 1 场的场消隐期为有效行前的 24 行，第 2 场的场消隐期为有效行前的 25 行。

2.亮度和色度数据的时分复用

根据需要，亮度数据和色度数据可以单独传输或采用时分复用的方式传输。时分复用时每行的总样值（字）数为 1716 个（525/60 扫描标准），编号为 0～1715，或为 1728 个（625/50 扫描标准），编号为 0～1727。

在数字有效行内复用数据的字数对两种扫描标准是一致的，都是 1440 个，编号为 0～1439；在数字消隐期间复用数据的字数对两种扫描标准是不同的，625/50 标准为 288 个，编号为 1440～1727，如图 1-8 所示。

在比特并行输出时分复用器的输入端，输入的模拟信号 $E_Y{}'$、$E_{CB}{}'$ 和 $E_{CR}{}'$ 经过抗混叠的低通滤波器后，进入各自的 A/D 变换器，输出的 Y 数字信号速率为 13.5 兆字/秒，抽样间隔为 74ns；C_B 和 C_R 数字信号的速率为 6.75 兆字/秒，抽样间隔为 148ns，且三个数字

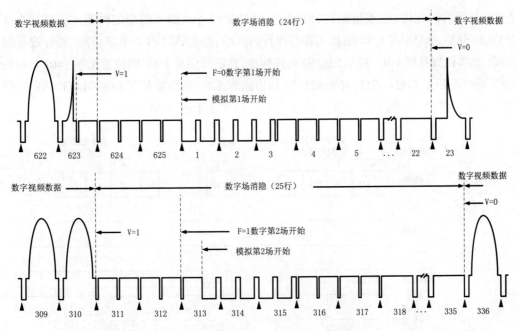

注：两个数字场都有288个有效行，第一场的数字场消隐24行，第2场的数字场消隐25行。

图 1-7　625/50 的数字场与模拟场之间的关系

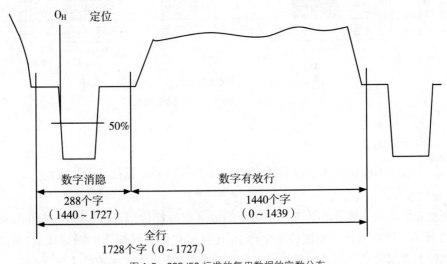

图 1-8　625/50 标准的复用数据的字数分布

信号并行进入数字合成器。

合成器输出数据的速率是 27 兆字/秒，每个字的间隔为 37ns。三个分量信号按 C_B、Y、C_R、Y、C_B、Y……的顺序输出。C_B 和 C_R 的样点与奇数位（1、3、5……）的 Y 样点位置一致。前三个字（C_{B1}、Y_1、C_{R1}）属于同一个像点的三个分量，紧接着的 Y_2 是下一个像点的亮度分量，它只有 Y 分量。每个有效行输出的第一个视频字应是 C_B。

3.定时基准信号(TRS)EAV 和 SAV 的位置

数字分量标准规定，不直接传送模拟信号的同步脉冲，而是在每一行的数字有效行数据流(复用后的亮度、色差数据)之前(后),通过复用方式加入两个定时基准信号(TRS)EAV 和 SAV。SAV(占 4 个字)标志着有效行的开始,而 EAV(占 4 个字)标志着有效行的结束,具体位置见图 1-9。对于 525/60 扫描标准,其定时信号 EAV 的位置是字 1440~1443,SAV 的位置是字 1712~1715;对于 625/50 扫描标准,EAV 的位置是字 1440~1443,SAV 的位置是 1724~1727。在场消隐期间,EAV 和 SAV 信号保持同样的格式。

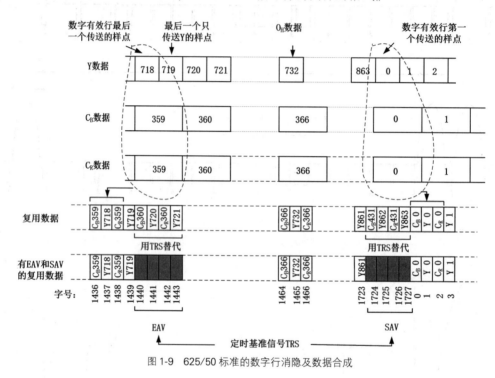

图 1-9   625/50 标准的数字行消隐及数据合成

4.数字分量的量化电平

现以 100/0/100/0 彩条信号为例,说明数字分量信号对量化范围的规定。

(1)亮度分量

亮度分量的模拟信号电平与其相对应的数字信号样值(即量化电平)之间的关系如图 1-10 所示。图中示出了 8 比特量化和 10 比特量化两种情况下的对应样值,每个样值都分别以十进制数和十六进制数表示其量化级数(亦称量化电平或数字电平)。

在 10 比特量化系统中共有 1024 个数字电平(2^{10} 个),用十进制数表示时,其数值范围为 0~1023;用十六进制数表示时,其数值范围为 000~3FF。数字电平 000~003 和 3FC~3FF 为储备电平(Reserve)或保护电平,这两部分电平是不允许出现在数据流中的,其中 000 和 3FF 用于传送同步信息。

模拟信号进行 A/D 变换时,其电平不允许超出 A/D 的基准电平范围,否则会发生限幅,产生非线性失真,所产生的谐波在抽样后会引起频谱混叠。因此,标准中规定了储备电平,确保即使模拟信号电平达到储备电平范围仍不会发生限幅,防止产生混叠失真。但储备电平的数字不进入数据流,D/A 后恢复的模拟信号也不会出现储备电平范围的信号。

004~3FB(十进制数 4~1019)代表亮度信号的数字电平;040(十进制数 64)为消隐的数字电平;3AC(十进制数为 940)为白峰值的数字电平。

标准规定的数字电平留有很小的余量:底部电平余量为 004~040(十进制数为 4~64),顶部电平余量为 3AC~3FB(十进制数为 940~1019)。值得注意的是,数字分量方式对亮度信号中的同步部分不抽样。由于调整的偏差和漂移,通过滤波器和校正电路产生的过冲都会扩大模拟视频信号的动态范围,所以在消隐电平以下和峰值白电平以上都留有余量(Headroom),以使余量范围内的信号不失真地进行数字传输。

用 8 比特量化时,其储备电平为 0 和 255(十六进制数为 00 和 FF)。数字电平的余量范围为 1~16 和 235~254(十六进制数为 01~10 和 EB~FE);1~254 代表亮度信号数字电平。消隐数字电平定为 16(十六进制数为 10),白峰值数字电平定为 235(十六进制数为 FB)。

8 比特字的数字信号可以通过 10 比特字的数字设备和数字通路,只要在 8 比特的最低位后加两位 0 即可;在输出端再将两位 0 去掉,恢复成 8 比特字数字信号。

系统的量化噪声 S/N_{rms} 可用式(1-6)计算,将参数 $n=8$(或 10)、$f_s=13.5$ MH$_Z$、$f_{max}=5.75$ MH$_Z$、$V_q=766.3$mV$-(-51.1)$mV$=817.4$mV、$V_w-V_B=700$mV-0mV$=700$mV 代入式中,计算结果为:

10 比特系统为 $S/N_{rms}=70.35$dB

8 比特系统为 $S/N_{rms}=58.3$dB

亮度信号量化公式为:

$$Y=\mathrm{int}\{(219E_Y'+16)\times D\}/D \qquad 公式(1-11)$$

8 比特系统中 $D=1$;10 比特系统中 $D=4$,代表补 2bit 零;Int$\{\}$代表取整。

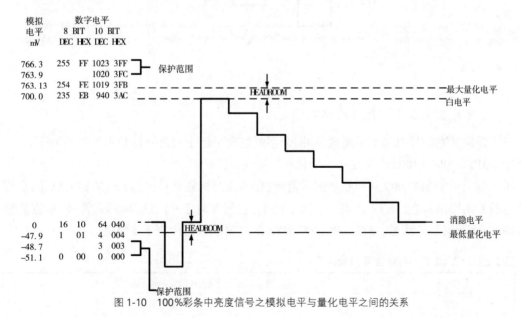

图 1-10 100%彩条中亮度信号之模拟电平与量化电平之间的关系

(2)色度分量

色度信号是双极性的,而 A/D 变换器需要单极性信号,因此,将 100%彩条的色度信号电平上移 350mV,以适合 A/D 变换器的要求。

图 1-11 示出 C_B 分量的模拟电平与 8 比特、10 比特量化电平之间的关系。图1-12示出 C_R 分量的模拟电平与 8 比特、10 比特量化电平之间的关系。用 10 比特量化时,量化电平为十六进制数 004~3FB(十进制数为 4~1019),共 1016 级表示 C_B 和 C_R 信号。消隐(即零电平)的量化电平定为 200(十六进制数),模拟信号的最高正电平对应的数字电平定为 3CD(十进制数为 960),最低的负电平对应 040(十进制数为 64)。所规定的顶部电平余量为 3CD~3FB(十进制数 960~1019),底部电平余量为 004~040(十进制数 4~64),其作用同亮度信号的电平余量。储备电平范围也同亮度信号的储备电平范围一样。

色差信号量化公式为:

$$C_R = \mathrm{int}\left\{(224E_{CR}' + 128) \times D\right\}/D \qquad 公式(1-12)$$

$$C_B = \mathrm{int}\left\{(224E_{CB}' + 128) \times D\right\}/D \qquad 公式(1-13)$$

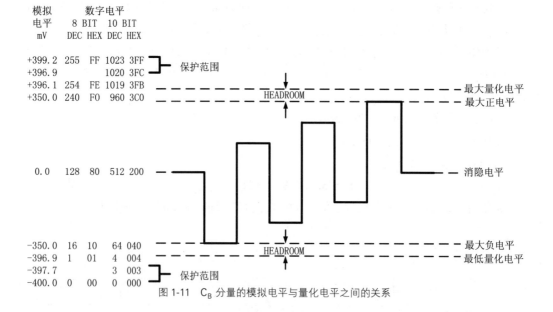

图 1-11　C_B 分量的模拟电平与量化电平之间的关系

5.定时基准信号(TRS)的编码规定

定时基准信号由四个字组成,这四个字的数列可用十六进制计数符号表示如下:

3FF　　000　　000　　XYZ

前三个字 3FF、000 和 000 是固定前缀,作为定时标志符号,只为 SAV 和 EAV 同步信息的开始作出标志。XYZ 代表一个可变的字,它包含确定的信息:场标志符号、垂直消隐的状态、行消隐的状态。3FF、000、000、XYZ 的二进制数据由表 1-2 规定:

表 1-2　4:2:2 定时基准信号(TRS)

十六进制	由左到右二进制表示:比特位从高到低(9~0)									
3FF	1	1	1	1	1	1	1	1	1	1
000	0	0	0	0	0	0	0	0	0	0
000	0	0	0	0	0	0	0	0	0	0
XYZ	0	F	V	H	P0	P1	P2	P3	0	0

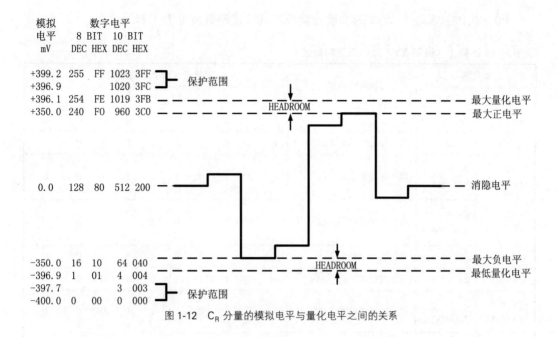

图 1-12　C_R 分量的模拟电平与量化电平之间的关系

F 是场标志符，F=0 表示是在第 1 场期间；F=1 表示是在第 2 场期间。

V 是垂直消隐标志符，V=0 表示在有效场期间；V=1 表示在场消隐期间。

H 是行消隐标志符，H=0 表示有效行开始处（SAV）；H=1 表示有效行结束处（EAV）。

F、V、H 取值与该定时基准信号在整帧图像的位置有关，具体取值见图 1-13。

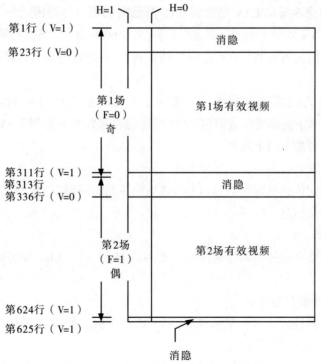

图 1-13　625/50 扫描标准的数字定时基准

P0、P1、P2、P3 是 F、V、H 的奇偶校验位。其二进制数值见表 1-3。

表 1-3　10 比特十六进制 XYZ 数的二进制数值

行范围		抽样点位置	10 比特 XYZ 的二进制数值									
625/50	525/60		1	F	V	H	P3	P2	P1	P0	0	0
23~310	20~263	第一场有效场的 SAV	1	0	0	0	0	0	0	0	0	0
23~310	20~263	第一场有效场的 EAV	1	0	0	1	1	1	0	1	0	0
1~22 311~312	4~19 264~265	第一场场消隐的 SAV	1	0	1	0	1	0	1	1	0	0
1~22 311~312	4~19 264~265	第一场场消隐的 EAV	1	0	1	1	0	1	1	0	0	0
336~623	283~525	第二场有效场的 SAV	1	1	0	0	0	1	1	1	0	0
336~623	283~525	第二场有效场的 EAV	1	1	0	1	1	0	1	0	0	0
624~625 313~335	1~3 266~282	第二场场消隐的 SAV	1	1	1	0	1	1	0	0	0	0
624~625 313~335	1~3 266~282	第二场场消隐的 EAV	1	1	1	1	0	0	0	1	0	0

6.辅助数据的插入

辅助数据分为行辅助数据（HANC）和场辅助数据（VANC）。10 比特的 HANC 数据允许插在所有的数字行消隐内。从 EAV 开始到 SAV 结束的期间是数字行消隐时间。在每行的数字行消隐期间从 EAV 结束到 SAV 开始前的部分可以传送一个小辅助数据块，块长不足 280 个字（625/50 标准）或 268 个字（525/60 标准）。场辅助数据（VANC）只允许插在场消隐期间的各有效行内（从 SAV 结束到 EAV 开始前），每行可插入多达 1440 个字的大辅助数据块。

考虑数据格式的需要并留有一定储备，辅助数据空间可能减少 20%。在总的 270Mbps 的数据率中去掉辅助数据率，实际传送的视频数据率为 212.4Mbps。

辅助数据中可插入以下数据：

（1）时间码

在场消隐期间传送纵向时间码（LTC）或场消隐期时间码（VITC）、实时时钟等其他时间信息和用户定义信息。

（2）数字声音

在串行分量数字信号的消隐期间可传送多达 16 路 AES/EBU 20/24 比特的数字声音信号。

（3）监测与诊断信息

插入误码检测校验字和状态标识位，用于检验传输后的校验字有效状态，以监测 10 比特字数字视频接口的工作状况。

（4）图像显示信息

在 4∶3 和 16∶9 画面宽高比混合使用的情况下,传送宽高比标识信令。

（5）其他数据

比如传送图文电视信号、节目制作和技术操作信令。国际标准化组织不断地对以上各种数据的格式及插入位置作出统一规定。

1.2.3　数字高清演播室信号标准

《高清晰度电视节目制作及交换用视频参数值》行业标准 GY/T 155-2000 规定了我国高清晰度电视演播室编码参数标准,该标准是按照 ITU-R BT.709-3 的部分标准制定的。

表 1-4　我国高清电视演播室编码参数表

参数		数值	
图像扫描顺序		从左到右,从上到下;隔行时,第一场的第一行在第二场的第一行之上	
隔行比		2∶1	
帧频(Hz)		25	
行频(Hz)		28125	
宽高比		16∶9	
像素宽高比		1∶1	
每帧总行数		1125	
每帧有效行数		1080	
每行总样点数	R、G、B、Y	2640	
	C_R、C_B	1320	
每行有效样点数	R、G、B、Y	1920	
	C_R、C_B	960	
取样频率(MHz)	R、G、B、Y	74.25	
	C_R、C_B	37.125	
取样结构		正交	
模拟信号标称带宽(MHz)		30	
量化电平		10 比特量化	8 比特量化
R、G、B、Y 黑电平		64	16
C_R、C_B 消色电平		512	128
R、G、B、Y 标称峰值电平		940	235
C_R、C_B 标称峰值电平		64 和 860	16 和 240
量化电平分配		10 比特量化	8 比特量化
视频数据		4~1019	1~254
同步基准		0~3 和 1020~1023	0 和 255

另外我国高清电视演播室视频参数标准还规定了 1080/24P 格式,用于兼容数字电影,即可以使用高清电视摄像机拍摄数字电影,该编码参数标准如 1-5 表所示。

表 1-5　我国 1080/24P 编码参数表

参数		数值	
图像扫描顺序		从左到右,从上到下	
隔行比		1:1(逐行)	
帧频(Hz)		24	
行频(Hz)		27000	
宽高比		16:9	
像素宽高比		1:1	
每帧总行数		1125	
每帧有效行数		1080	
每行总样点数	Y	2750	
	C_R、C_B	1375	
每行有效样点数	Y	1920	
	C_R、C_B	960	
取样频率(MHz)	R、G、B、Y	74.25	
	C_R、C_B	37.125	
取样结构		正交	
量化电平		10 比特量化	8 比特量化

按照 ITU-R BT.709 建议书规定的高清电视用的显像荧光粉和 D_{65} 白,高清电视的亮度方程、色差方程和模拟视频分量信号的转换方程如表 1-6 所示。

表 1-6　高清视频分量信号的转换

视频分量	转换方程
Y、C_R、C_B	$Y=0.2126R+0.7152G+0.0722B$ $R-Y=0.7874R-0.7152G-0.0722B$ $B-Y=-0.2126R-0.7152G+0.9278B$
E'_Y、E'_{C_B}、E'_{C_R}	$E'_Y=0.2126R+0.7152G+0.0722B$ $E'_{C_R}=0.635(R-Y)$ $E'_{C_B}=0.5389(B-Y)$

1.3　演播室信号接口

演播室系统中各个设备之间大多采用线缆连接。技术人员在对演播室进行搭建、维护和管理时,必须明确所有信号接口的属性、传输信号的类型、信号走向等。接口接插错误对整个演播室节目制作会带来严重的后果。由于当前很多数字电视演播室仍然使用一些基本的模拟信号接口,因此本章节列出了一些常用的模拟接口。

1.3.1　电气特性

线缆安装时,发送端和接收端的物理接口会有相应的电气特性指标要求。常见的接口电气特性参数及其意义如下:

1.信号电平(Amplitude)

视频传输接口的输出电平多数以 mV_{pp} 为单位,V_{pp} 即电压峰峰值(Peak to Peak),也就是信号中最高电平与最低电平的差。

2.阻抗(Impedance)

阻抗单位为 Ω。视频接口连接时,一般要求阻抗匹配,即视频源设备输出阻抗(可理解为源阻抗 Z_O)与其后连接设备的输入阻抗(负载阻抗 Z_L)相同,如图 1-14 所示,这样可实现传输功率的最大化。阻抗不匹配会产生信号反射,干扰正常信号的传输,表现为图像模糊、重影、图像过亮、字符抖动等;对于经过数字压缩的视频信号,在阻抗失配的情况下还会出现马赛克或图像丢失等现象。

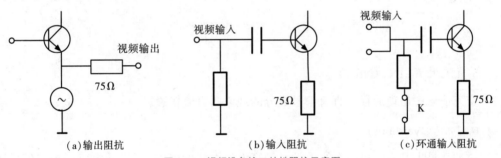

图 1-14　视频设备接口特性阻抗示意图

反射系数:
$$\rho = \frac{Z_L - Z_O}{Z_L + Z_O}$$
公式(1-14)

视频设备输出接口在未连接负载时,Z_L 无穷大,反射系数为 1,信号全部反射。为避免反射,常需要人工将输出接口转为 75Ω 负载。阻抗匹配时,反射系数为零,系统中不会有反射信号干扰。在多台设备环通时,最后一台设备的输出接口也要转为 75Ω 负载。

3.反射损耗(Return Loss)

反射损耗是指通道中视频输入端或天馈线输入端由于阻抗失配产生反射,引起传输过程中的能量损耗。反射损耗 RL 的计算公式如下,其中 P_i 是输入功率,P_r 是反射功率。

$$RL(dB) = 10\log_{10}\frac{P_i}{P_r}$$
公式(1-15)

4.平衡传输(Balanced)/非平衡传输(Unbalanced)

发送端将信号调制成对称的信号,用双线缆传输,这被称为平衡传输。利用这种传输方法,即使信号传输通道中混入噪声,但由于两条传输线缆被包裹在一起,噪声也会非常相似,如图 1-15 所示。输出信号由差分电路对两条线缆的信号进行相减得出,因此信号中的噪声相互抵消,被去除。平衡传输线缆一般可以支持较长距离的信号传输。

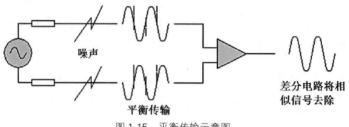

图 1-15　平衡传输示意图

如果采用单线传输,即对应有参考电平,则被称为非平衡传输。非平衡传输中混入的噪声无法去除,因此只能支持较短距离的信号传输。

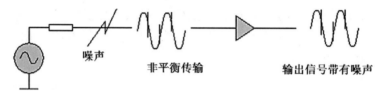

图 1-16　非平衡传输示意图

5. 直流偏置(DC Offset)

交流信号中出现的存在直流信号成分的现象叫直流偏置。

6. 过冲(Overshoot)

过冲就是上升沿中第一个峰值超过最高设定电压的值,或下降沿中第一个谷值低于最低设定电压的值。

7. 抖动(Jitter)

数据流中脉冲沿的位置与基准时钟的相对偏差之变化,即数据流中脉冲位置的调制被定义为抖动。

在理想的情况下,数据流中的脉冲位置应与一个稳定的、完全无抖动的原始时钟进行比较,所测得的抖动量是绝对的抖动,也被称为总抖动(Total Jitter)。所测量到的值包含所有的抖动频率分量。

另一种测量方法是,基准时钟是从被测信号提取的,这样测出的抖动被称为相对抖动(Relative Jitter)。再生的基准时钟含有被测信号的某些抖动频率分量,因此,其频率分量取决于时钟提取的方法。按测量的频带宽度,SMPTE 推荐的 RP184 标准规定了两种类型的相对抖动:

(1)定时抖动(Timing Jitter)

在 10Hz 到 1/10 时钟速率的频率范围内测量的抖动,要求时钟提取电路的频带不超过 10Hz。

（2）校准抖动（Alignment Jitter）

在 1kHz 到 1/10 时钟速率的频率范围内测量的抖动。

1.3.2 数字视频基带信号传输系统

所有的数字视频数据、同步信息、辅助数据以及多路 AES/EBU 标准数字音频都可以通过一根电缆在电视节目制播范围内传输。在很多情况下，现有的视频电缆都可用来传输串行数字信号。

1.比特串行数字信号的通道编码

比特串行数字信号的速率为：

$$比特并行数字信号的速率（兆字/秒）×比特数/字$$

4∶2∶2 串行分量数字信号的速率为：

$$27 兆字/秒×10 比特/字＝270Mbps$$

比特串行数字信号需要通道编码确定数据流进入通道时 0 和 1 的变化方式。通道编码的目的是使信号频谱的能量分布相对集中，降低直流分量，有利于时钟恢复。

（1）不归零码（NRZ）

对逻辑 1 规定一个适当高的 DC 电平，对逻辑 0 规定一个适当低的 DC 电平。虽然 NRZ 码简单而且常用，但是它有以下缺点：

①串行数字信号不单独传送时钟信号，在接收设备中用一个锁相环（PLL）和压控振荡器（VCO）重新产生时钟信号；锁相环通过数字信号中 0 到 1 或 1 到 0 的跳变沿进行锁定。而 NRZ 码可能出现连 0 和连 1 的状态，这样就在一段时间内无法实现 0 和 1 的转换，锁相环就失去了基准，这段时间内在接收端数据再生的抽样精度就取决于 VCO 的稳定度了。

②NRZ 码具有直流分量，而且其大小随数据流本身的状态改变，还有明显的低频分量，这不适合交流耦合的接收设备。

鉴于以上原因，在串行数字视频传输中不采用 NRZ 码，而是采用 NRZI 码（NRZ Inverted Code）。

（2）倒相的 NRZ 码（NRZI）

如图 1-17，NRZ 码是逻辑 1 时，NRZI 码的电平发生变化；NRZ 码是逻辑 0 时，NRZI 码的电平保持不变。串行数字视频信号传输采用 NRZI 码编码。

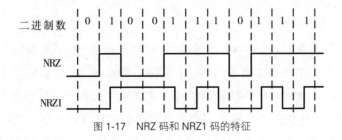

图 1-17 NRZ 码和 NRZ1 码的特征

NRZI 码在每个时间单元内比 NRZ 码有更多的电平变换次数，即脉冲沿增多，这可改进时钟再生锁相环的工作，稳定时钟信号。在 NRZ 码信号为很长的连 1 时，其 NRZI 码就成为方波信号,其频率是时钟频率之半。显然 NRZI 码的极性并不重要,只要检测出电平变换,就可以恢复数据。

不过,NRZI 码虽然比 NRZ 码优越,但它仍有直流分量和明显的低频分量。为进一步改进接收端的时钟再生,实际应用中采用了扰码方式(Scrambling)。扰码器使长串联 0 和连 1 序列以及数据重复方式随机化并扰乱、限制了直流分量,从而提供足够的信号电平转换次数,保证时钟恢复可靠。

图 1-18 是扰码器和 NRZ 编码器。扰码器产生伪随机二进制序列(PRBS);伪随机二进制序列与传送数据组合起来,使传输的数据随机化。扰码器由 9 级带反馈的移位寄存器组成,在图 1-18 中移位寄存器由 9 级时钟触发的主从 D 触发器构成。反馈信号通过异或门与传送数据合成。图中加扰函数的生成多项式为:

$$G_1(X) = X^9 + X^4 + 1 \qquad\qquad 公式(1-16)$$

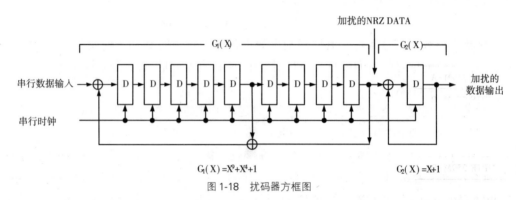

图 1-18　扰码器方框图

扰码器可能产生长串联 1 序列,但在扰码器后接有 NRZ 到 NRZI 变换器,将连 1 变成电平转换。NRZI 变换由一级带一个异或门的主从 D 触发器组成。NRZI 变换器的生成多项式为:

$$G_2(X) = X + 1 \qquad\qquad 公式(1-17)$$

在接收端,传送数据首先通过 NRZI 到 NRZ 变换器,用同样的生成多项式(1-17)进行相反的运算,还原出 NRZ 码,再通过解扰器,如图 1-19 所示,其生成多项式与扰码器的方式相同,但在电路中用前馈代替了发端的反馈,用同样的随机序列进行相反的运算,恢复出原始数据。

2.串行数字信号传输标准

SMPTE 259M 标准规定了 4∶2∶2 数字分量信号和 $4f_{sc}$ 数字复合信号的串行数字接口(SDI)标准,并适用于 625/50 和 525/60 两种扫描标准,如表 1-7 所示。其中 SMPTE 259M-A 和 259M-B 是数字复合信号的串行传输标准。该数字信号来源于模拟复合信号直接进行的取样、量化和编码。取样频率为色度负载波频率的 4 倍:NTSC 制色度负载波频率为 3.579545MHz,其转换为数字信号的取样频率是色度负载波频率的 4 倍,约为 14.3MHz;PAL 制色度负载波频率为 4.43361875MHz,其转换为数字信号的取样频率约为 17.7MHz。每一个样点量化比特数为 10bit,从而得出相应的数字复合信号码率分别是

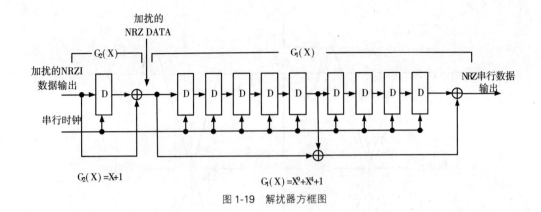

图 1-19 解扰器方框图

$G_2(X) = X+1$

$G_1(X) = X^9 + X^4 + 1$

143Mbps 和 177Mbps。我国常用 4∶2∶2、270Mbps、625 行的串行数字信号标准。

表 1-7 SMPTE 259M 标准参数表

标准	码率	显示宽高比	行数/帧	每行有效像素	有效行	帧/场频
SMPTE 259M-A	143 Mbit/s	4∶3	525	768	486	60i
SMPTE 259M-B	177 Mbit/s	4∶3	625	948	576	50i
SMPTE 259M-C	270 Mbit/s	4∶3 or 16∶9	525	720	486	60i
SMPTE 259M-C	270 Mbit/s	4∶3 or 16∶9	625	720	576	50i
SMPTE 259M-D	360 Mbit/s	16∶9	525	960	486	60i

该接口标准已用于采用同轴电缆的演播室内,但正常的工作要求同轴电缆的长度不要超过设备生产厂家所限定的范围;典型的限定条件是在时钟频率上电缆对信号的衰减量不超过 30dB。

串行数字信号接口的电气特性归纳于表 1-8 中,尤其值得重视的是串行数字信号源(即发端)输出信号波形参数的容限。串行数字信号是从并行数字信号转换来的,原并行数字信号应能很好地满足演播室的应用要求。图 1-20 画出一个眼图波形,其相应的参数也列于表 1-8 中。

表 1-8 串行接口的电气特性

通道编码	发端特性(见图 1-20)	收端特性
加扰的 NRZI 码 输入信号为正逻辑 生成多项式为: 　$G_1(X) = X^9 + X^4 + 1$ 　$G_2(X) = X+1$ 字长度:10 比特 比特传送顺序: 先传送数据字的最低位 LSB	非平衡输出 输出阻抗:75Ω 反射损耗:≥15dB(5Mz~270MHz) 输出信号幅度:800mV$_{pp}$±10% DC 偏置:0V±0.5V 相对信号幅度之半 从幅度的 20%~80% 上升和下降时间: 0.4~1.5nS,上升和下降时间之差应不超过 0.5nS 上冲和下冲:小于信号幅度的 10% 抖动:见表 1-9	非平衡输入 输入阻抗:75Ω 反射损耗:≥15dB 　(5Mz~270MHz) 电缆均衡量: 　在时钟频率上 可选 30dB ……

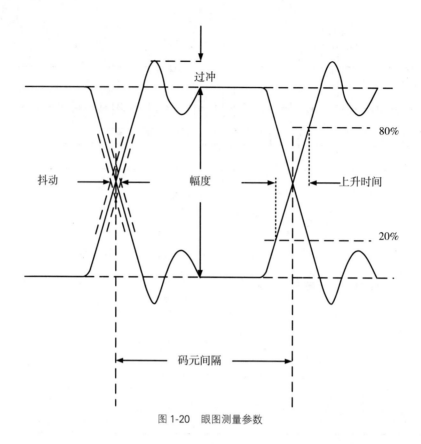

图 1-20　眼图测量参数

表 1-9　串行数字信号的抖动指标

参数	限定值
测量定时抖动的下限频率	10Hz
测量校正抖动的下限频率	1kHz
测量频率的上限	>1/10 时钟频率
定时抖动	≤0.2UI$_{pp}$
校准抖动	≤0.2UI$_{pp}$
测试信号	100%彩条
串行时钟的分频比例	≠10

　　表 1-9 列出了 SMPTE 对抖动量的限定值。SMPTE 的 RP 192 标准推荐了测量方法。对于表 1-9 中的以下几点需要进行说明：

　　（1）如果某些并行数字信号的时钟最大抖动量高达 6ns 时，将引起过大的串行信号定时抖动。

　　（2）UI（Unit Interval），即码元宽度。对不同的数据速率，其 UI 值不同。对 4∶2∶2、10 比特字串行数字分量信号，UI 值为 3.74ns。表 1-9 中的 0.2UI$_{pp}$ 表示最大的抖动范围不得超过 0.2UI。

　　实际上，低频抖动对接收端的数据恢复影响小，在 2UI 以内都可恢复数据，而且抖动容限大的低频范围与时钟再生的锁相电路类型有关。对高频抖动的容限为 0.2UI,超过这个容限就不能恢复数据。但低频抖动对串并转换后的数字信号处理会有影响,例如使 D/A 变换后的波形有失真。

（3）串行时钟分频后作为测量示波器的触发基准信号,现采用 10 比特字长;若触发信号频率是时钟频率的 1/10,则示波器上正好显示出有 10 个零点的波形,字同步的抖动将显示不出来。因此,分频器的分频比不能等于 10。只要分频比不等于字长数,所有的抖动都会显示出来。

3.比特并行接口

与比特串行接口相似,每帧视频均以 C_{B1}、Y_1、C_{R1}、Y_2、C_{B2}、Y_3、C_{R2}、Y_4……C_{B360}、Y_{719}、C_{R360}、Y_{720} 的顺序进行传输,不同的是,每一个字所包含的 10 个比特利用接口中的 10 对导线平衡传输,码型为 NRZ 码。

实际的比特并行接口采用 25 芯电缆,内有 12 对双绞线,其中一对传 27MHz 的时钟,一对是公共地点位连接线,剩余的 10 对线传输比特并行数据以及一根机壳接地线用于防止电磁辐射而连接于电缆屏蔽层。25 芯接口接插件接点分配如表 1-10 所示。

表 1-10　25 芯比特并行接口接点分配表

接点序号	信号	接点序号	信号
pin1\pin14	时钟 A\时钟 B	pin8\pin21	Data 4A\ Data 4B
pin2\ pin15	系统地 A\系统地 B	Pin9\pin22	Data 3A\ Data 3B
pin3\ pin16	Data 9A\ Data 9B	pin10\pin23	Data 2A\ Data 2B
pin4\ pin17	Data 8A\ Data 8B	pin11\pin24	Data 1A\ Data 1B
pin5\ pin18	Data 7A\ Data 7B	pin12\pin25	Data 0A\ Data 0B
pin6\ pin19	Data 6A\ Data 6B	pin13	电缆屏蔽
pin7\ pin20	Data 5A\ Data 5B		

双绞线传输 27MHz 的数据时,电缆的幅频特性限制了电缆使用长度。在无电缆均衡器条件下,允许电缆长度为 50m,采用均衡器后可达 200m 左右。并行接口只适合于长度较短的范围内使用,比如在设备内部的信号连接。

4.高清串行数字信号传输标准

标准 ITU-R BT.1120 和 SMPTE 292 中规定了高清串行数字信号传输标准,其思路与 SDI 接口相同。我国于 2000 年颁布了数字高清晰度电视演播室视频信号接口标准 GY/T 156-2000。

高清串行数字信号编码思路与标清串行数字信号非常相似,亮度信号 Y 与两个色差信号 C_B 和 C_R（以 4∶2∶2 的采样比）复用传输。另外,标准亦支持 R、G、B 信号（以 4∶4∶4 的采样比）复用传输。

高清比特串行数据提供视频信号、定时基准信号、消隐数据和辅助数据。另外,高清比特串行数据还提供行号数据（LN）和检测数据（CRC）。

图 1-21 是两种高清比特串行传输方式,(a)是亮度信号与色差信号分开传输,(b)是亮度信号与色差信号复用传输。两种方式在传输同一种格式的高清数据时总码率是相同的。

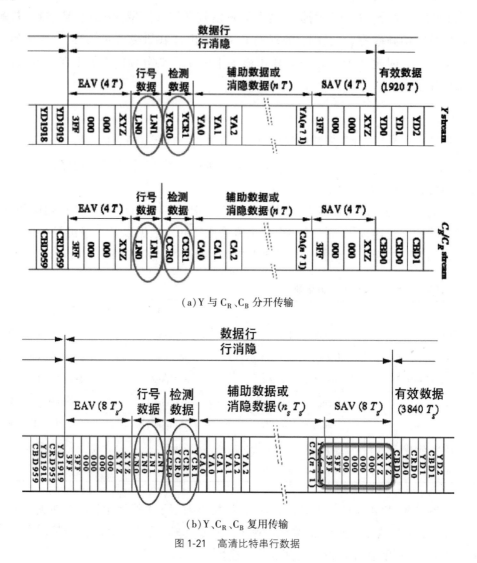

(a)Y 与 C_R、C_B 分开传输

(b)Y、C_R、C_B 复用传输

图 1-21 高清比特串行数据

行号数据(LN)被安插在定时基准信号后方,分为 LN0 和 LN1,具体编码方式见表 1-11。not b8 表示数据是否为 8 比特量化;R 为保留位,预置为 0;L0 至 L10 为行号二进制编码。

表 1-11 行号数据编码表

行号数据	9 高位比特	8	7	6	5	4	3	2	1	0 低位比特
LN0	not b8	L6	L5	L4	L3	L2	L1	L0	R	R
LN1	not b8	R	R	R	L10	L9	L8	L7	R	R

校验码(CRC)是用于检测在行有效数据及其后的 EAV 码中的错误。校验码的生成多项式为：

$$CRC(X) = X^{18} + X^5 + X^4 + 1 \qquad\qquad 公式(1-18)$$

CRC 起始数据为零,从一行的第一个行有效数据开始计算,直至行号数据的最后一位(LN1)以后结束。CRC 包括 YCR 和 CCR,其中 YCR 用于检测亮度信号,CCR 用于检测色差信号。CRC 具体码表见表 1-12。

表 1-12　校验码(CRC)编码表

校验码	9 高位比特	8	7	6	5	4	3	2	1	0 低位比特
YCR0	not b8	CRC8	CRC7	CRC6	CRC5	CRC4	CRC3	CRC2	CRC1	CRC0
YCR1	not b8	CRC17	CRC16	CRC15	CRC14	CRC13	CRC12	CRC11	CRC10	CRC9
CCR0	not b8	CRC8	CRC7	CRC6	CRC5	CRC4	CRC3	CRC2	CRC1	CRC0
CCR1	not b8	CRC17	CRC16	CRC15	CRC14	CRC13	CRC12	CRC11	CRC10	CRC9

HD-SDI 接口电气特性与 SDI 一致,但是由于码率变为 1.485Gpbs,因此码元间隔也减小了。

以上标准仅适用于码率为 1.485Gbps 的 1080(25p/30p/50i/60i)等格式的视频传输; 1080(50p/60p)的高清视频码率更高。SMPTE 指定了 Dual Link HD-SDI 和 3G-SDI 标准,如 1-13 表所示。SMPTE 435 是面向 4K 超高清信号基带传输 10G-SDI 接口标准,其标准早在 2009 年已发布,但未有相关产品上市。表 1-13 中的 SMPTE-ST-2081 和 SMPTE-ST-2082 还是草案,SMPTE 的 32NF-70 工作组正在制定 ST-2081、ST-2082、ST-2083 标准,其中 ST-2083 支持 24 Gbit/s 码率。Blackmagic Design(澳大利亚的广播电视节目制作设备生产商)等公司先后推出了带有 6G-SDI、12-SDI 接口的超高清产品。

表 1-13　几种高清串行信号传输接口标准

标准	名称	码率	视频格式
SMPTE 292M	HD-SDI	1. 485 Gbps, 1. 485/1. 001 Gbps	720p, 1080i
SMPTE 372M	Dual Link HD-SDI	2. 970 Gbit/s, 2. 970/1. 001 Gbit/s	1080p
SMPTE 424M	3G-SDI	2. 970 Gbit/s, 2. 970/1. 001 Gbit/s	1080p
SMPTE 435M	10G-SDI	10 Gbit/s,10. 692 Gbit/s, 10. 692/1. 001 Gbit/s	
SMPTE-ST-2081	6G UHD-SDI	6 Gbit/s	4Kp30
SMPTE-ST-2082	12G UHD-SDI	12 Gbit/s	4Kp60

1.3.3　数字音频传输接口

与数字视频信号相似,数字音频传输接口传输的数字音频信号也是由模拟音频信号进行取样、量化、编码后形成的。音频取样原理与视频取样相同,其精度取决于取样频率和量化比特数的高低。

1. 音频取样频率的确定

音频抽样原理与视频抽样相同,抽样的精确度取决于抽样频率的高低,抽样频率的选择还要考虑数字信号存储与传输的复杂性。抽样脉冲宽度接近 0 时为理想抽样。人耳听觉频率范围是 20Hz~20kHz,根据对声音质量的要求,音频信号频率范围可取 15Hz~20kHz 。

现在实际采用的抽样频率主要有以下五种:

(1)32kHz(专业传输标准):这种抽样频率满足 FM 立体声广播要求,最高音频信号频率为 15kHz 。

(2)44.1kHz(消费级标准):由于早先利用比较成熟的磁带录像技术来记录数字音频信号,抽样频率应纳入电视的行、场格式中;对于 50 场、625 行标准的录像机,规定利用每场 312.5 行中的 294 行记录数字音频信号,并每行记录 3 个样值,所以抽样频率选定为 $50×294×3=44100Hz$。后来这类录像机被视为 CD 复制的信号源,且 44.1kHz 成为被广泛应用的标准。此类录像机同样也用于 R-DAT 记录中。

(3)48kHz(广播级标准):此频率与 32kHz 有简单的换算关系,便于进行标准的转换。

(4)96kHz:高级应用。

(5)192kHz:高级应用。

2. 音频信号的量化和编码

(1)量化

对模拟音频信号抽样后,同样要对每个样值进行量化和二进制编码。与视频处理相似,对音频信号的量化也采取四舍五入的原则。因此,抽样保持并量化编码的数字信号经 D/A 恢复的音频信号波形呈阶梯状,并与原本连续的模拟音频信号电平之间产生量化误差。

① 音频采用"2 的补码"进行编码

二进制数值范围对正负音频信号是不对称的,通常对负信号的量化值采用"2 的补码"进行编码。编码后的最高位表示极性,1 代表负,0 代表正。以 4 比特量化为例,编码后的样值为:1000、1001、1010、1011、1100、1101、1110、1111、0000、0001、0010、0011、0100、0101、0110、0111。若用 20 比特量化,则正负最高电平分别限制在 7FFFF 和 80000(十六进制)。

② 减小量化误差的方法

对幅度低的模拟音频信号量化时,若比特数很少,则会加大量化误差。这时可通过增加量化比特数来减少量化误差。高分辨率 A/D 转换器已采用 24bit 量化。另一种减少量化误差的方法是提高抽样频率,即采用过抽样方法。

③ 限制音频信号幅度

模拟音频信号幅度超过量化电平范围时会产生数字限幅。由于限幅产生谐波而引起频谱混叠,因此,在 A/D 转换器的低通滤波器之前连接一个限幅器,将音频信号幅度限制在规定范围内。未达到限幅电平的最大音频电平对应 A/D 转换器的最大数字编码输出,此电平定为 0dBFS(FS—满幅度);所有数字电平相对此基准电平的 dB 数均为负值。有音频设备制造商选择 -20dBFS 作为标准工作电平,留出 20dB 的余量,-20dBFS 相当于 +8dBm。标准工作的电平在不同的工业标准中数值亦有所不同。

④ 量化噪声

量化噪声相当于叠加在原始信号上的噪声,它使恢复的声音变得粗糙并有颗粒感。当抽样点正好位于两个离散的二进制值中间时,量化误差最大,等于 1/2 量化间距。若用 q 表示量化噪声,则最大量化误差为: $q = | Q/2 |$ 　　　　公式(1-19)

音频信号的量化误差可能是 $+Q/2$ 到 $-Q/2$ 之间的任何值,其概率是均匀分布的,概率值为 $1/Q$。量化误差的频谱为等能分布,量化误差的平均功率即均方值为:

$$N_q^2 = \frac{1}{Q} \int_{-Q/2}^{Q/2} q^2 de \qquad 公式(1-20)$$

噪声电压的有效值即为量化误差的均方根值为:

$$N_q = \sqrt{\left(\frac{1}{Q} \int_{-Q/2}^{Q/2} q^2 de \right)} = \frac{Q}{\sqrt{12}} \qquad 公式(1-21)$$

若量化比特数为 n,被量化音频信号是正弦波,则量化后的正、负振幅分别为: $2^{n-1} Q$。音频信号的有效值取正弦波的最大均方根值为:

$$S_q = \frac{2^{n-1} Q}{\sqrt{2}} \qquad 公式(1-22)$$

信噪比为:

$$\frac{S_q}{N_q} = \frac{2^{n-1} Q \sqrt{12}}{\sqrt{2} \quad Q} = 2^n \sqrt{1.5} \qquad 公式(1-23)$$

用分贝表示则为:

$$\frac{S_q}{N_q} = 6.02n + 1.76 \quad (dB) \qquad 公式(1-24)$$

(2)编码

为满足传输和记录的需要,对每个量化的二进制样值要进行编码,经常使用的方法是脉冲编码调制(PCM)、脉宽调制(PWM)、自适应调制(ADM)、块浮点系统编码和差分脉冲编码调制(DPCM)。PCM 使用线性量化,且量化步长固定,是最简单和使用最广泛的音频编码系统,但编码效率低。

3.过抽样

在实际中经常以过抽样技术和噪声整形技术为基础,依靠数字滤波器等数字信号处理方法,把量化噪声从可听频段移到超声频段,降低量化噪声的影响。过抽样通过提高抽样频率,减少量化误差和混叠分量。采用过抽样时增加了样点数,因此在模拟音频信号幅度变化很大处增加样点数可降低量化误差。从频域的角度看,抽样频率越高,量化噪声分布频带越宽,原先带宽中的功率谱密度越小,因而可提高信噪比。采用过抽样时,一个正弦信号的最大信噪比为:

$$\frac{S_q}{N_q} = 6.02n + 1.76 + 10\log_{10}d \qquad (dB) \qquad \qquad \text{公式}(1-25)$$

n 是每个样值的量化比特数,d 是过抽样因子。4 倍过抽样时,信噪比提高 6dB,相当于增加一位量化比特数。

4.通道编码

在数字音频的记录和传输系统中,为了使编码数据特性与录音机或传输信道的特性相匹配,还要对量化编码的数字信号进行通道编码。

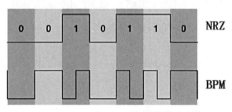

图 1-22　NRZ 与 BPM 数据流波形比较

AES/EBU 接口标准的音频基带编码采用双相标志码(BPM,Bi-phase Mark)。这是一种按照某种规则进行基带频谱变换的编码方法。图 1-22 对不归零码和双相标志码数据流波形进行比较,通过这个比较表明双相标志码的特点。

双相标志码编码的原则如下:双相标志码在每个数据比特单元的开始和每个比特 1 的中间都有一个转换。因此在双相标志码的编码数据流中不会出现两个连续的 1 或 0。这种数据流信号的极性并不重要,在数据比特单元的中间有电平转换表示 1,没有转换就是 0。这种码是用于 AES/EBU 接口标准的通道编码和磁带上记录的时间码编码。

最佳的通道编码应是能够与传输通道特性近似匹配的编码,并同时满足带宽和频谱特性的要求。图 1-23 对不归零码和双相标志码的功率密度频谱特性进行了比较,结果显示:不归零码的能量大部分集中于低频,双相标志码的频谱宽于不归零码,编码的数据需要更大的信道带宽;双相标志码编码数据的能量在低频和高频区都很小,在比特率左右最大,在低频和直流处能量为 0。显然,双相标志码是一种较理想的数字音频的通道编码。

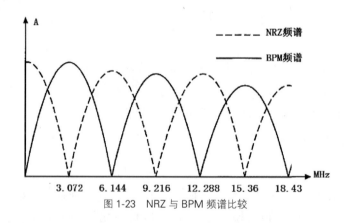

图 1-23　NRZ 与 BPM 频谱比较

5.AES/EBU 数字音频传输接口

AES/EBU 数字音频传输标准的研究初衷是为了满足专业级设备与家用设备的连接。AES/EBU 数字音频传输标准是 Audio Engineering Society 和 European Broadcasting Union 一起开发的一个数字音频传输标准,即 AES/EBU 标准(AES3-1992、ANSI S4.40-1992、IEC-958 或 AES3-2003)。它是传输和接收数字音频信号的数字设备接口协议。我国的广播电影电视相关标准为 GY/T158-2000。

AES/EBU 数字音频信号编码流程图如图 1-24 所示。该编码允许使用平衡或非平衡方式通过电缆传输,亦支持光缆传输。在进行 A/D 转换之前,为避免混叠失真、保证取样频率 f_s 大于等于画面最高频率的 2 倍,要先将模拟信号进行低通滤波,使声音信号的最高频率下降至取样频率的一半以下。A/D 转换器将模拟音频信号进行取样、量化、编码。AES/EBU 系统取样频率支持 32~192kHz,量化比特数为 16~24bit。当前演播室最常用的取样频率为 48kHz 取样,即每秒传输 48000 个音频帧,量化比特数常为 20bit 或 24bit。产生的并行数字字节通过串行器转换为串行传输,此时输出的信号为 NRZ 码。AES/EBU 编码器将信号转变为 AES/EBU 格式,对于不同比特量化的数据,AES/EBU 音频帧结构不同。在串行传输并行字节时先传输最低有效位(LSB),因此必须加入字节时钟标志以表明每一个样值的开始。为保证信号传输质量,数据流最终须进行双相标志码编码。

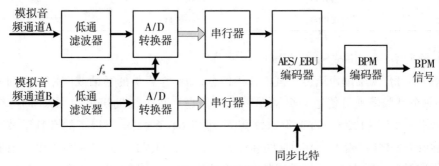

图 1-24　AES/EBU 数字音频编码流程图

每个 AES/EBU 数字音频帧分为两个子帧,每个子帧为 32bit 量化。每 192 个音频帧构成一个块。对于 48KHz 的系统,一个音频帧的时间是 20.83μs,一个音频块的时间为 192×20.83μs=4000μs。AES/EBU 数字音频帧帧结构如图 1-25 所示。20bit 及 20bit 以下量化的音频帧的每个子帧含有 4bit 首标(同步数据)、4bit 附加数据、20bit 音频数据、1bit V(有效比特)、1bit U(用户比特)、1bit C(通道比特)、1bit P(奇偶校验比特)。

24bit 量化的音频帧的每个子帧包含 24bit 音频数据,占用本用于传输辅助字的 4bit,其余部分的结构与 20bit 及 20bit 以下量化的音频帧结构相同。

(1) AES/EBU 数字音频编码

① 前置同步字

每一个子帧的最开头处为前置同步字;同步字的编码根据该子帧所在块的位置而定。同步字共分 X、Y、Z 三种,如图 1-25 中所示。同步数据为 4bit 量化;Z 表示该子帧为每个音频块的第一帧的子帧 1;X 表示块内其余帧的子帧 1;Y 表示每个帧的子帧 2。传输时,AES/EBU 数据除同步数据外,都须使用 BPM 编码。此时,同步数据将以 8bit 编码序列的形式传输,其具体编码如表 1-14 所示。

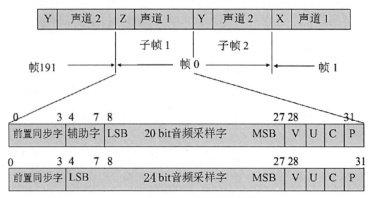

图 1-25　AES/EBU 数字音频帧结构

表 1-14　AES/EBU 数字音频帧同步数据编码

	先前状态 0	先前状态 1	标识
X	11100010	00011101	子帧 1
Y	11100100	00011011	子帧 2
Z	11101000	00010111	子帧 1 和块起始

② 辅助字(Auxiliary Sample Bit)

辅助字可作为辅助声道传送其他音频信息,如制作人员的通话或演播室之间的音频交流。每个音频子帧可传送一个辅助声道的信息。每个辅助声道在 4ms(即一个音频块)内可传送 4bit×192 = 768bit 附加数据,可组成 64 个 12bit 分辨率的音频字节。每个 4ms 提供 64 个样值,相当于 16kHz 的抽样频率。在 24bit 量化的 AES/EBU 数字音频系统中,辅助字被音频数据占用,即此时的音频数据有 24bit,音频帧里没有辅助字。

③ 有效样值(V——Validity Bit)

如果样值数据是音频且可以进行 D/A 转换,则此比特值为 0,否则,接收设备将有问题的样值输出静音。该比特位并不被所有音频设备支持。

④ 用户比特(U——User Data Bit)

用户比特可以以任何形式被用户所用,这有利于 AES/EBU 数字音频传输的灵活性发展。在默认情况下,用户比特值为 0。

⑤ 通道比特(C——Channel Status Bit)

它提供通道状态信息。由于 AES/EBU 数字音频支持单通道和双通道(子帧 1 和子帧 2 各为不同通道)两种传输模式。对于双通道立体声音频,子帧 1 和子帧 2 的通道比特可以根据自己所携带的音频数据不同而不同。通道状态信息包含音频取样字长度、音频通道数量、取样频率、时间码、源与目标的字母数字显示编码信息、再次强调信息。

由于 AES/EBU 数字音频块包含 192 个帧,即包含 192 个子帧 1 和 192 个子帧 2 两个通道,每个子帧包含通道比特 1bit,那么一个音频块的每一个通道就可提供 192bit 的通道状态块(Channel Status Bit Block)。一个通道状态块包含 24 个字,每个字为 8bit 量化。

⑥ 奇偶校验比特(P——Parity Bit)

提供该子帧比特位从 4 至 31 的奇偶校验位。该值的设置可令 4~31 比特位中共有偶数个"0"和偶数个"1"。

（2）AES/EBU 数据特性

抽样频率为 48kHz 时,总数据率为 $32 \times 2 \times 48000 = 3.072$Mbps。在双相标志码编码后,数据传输率提高两倍,即为 6.144Mbps。双相标志码的频谱能量在 6.144MHz 的倍频处为 0。

同步字包括三个低单元和随之而来的三个连续的高单元。在 AES/EBU 信号频谱中占据一个低的基频,即 $3.072\text{MHz}/3 = 1.024$MHz。

每个音频帧包括 64bit,每 20.83μs 发出一帧。帧中的一个数据比特持续时间为 325.5ns,一个双相标志码比特单元时间为 163ns。这样,由一些数据流比特叠加产生的眼图眼宽时间为 163ns。

（3）AES/EBU 接口的电气特性

AES/EBU 专业格式接口包括 XLR、光纤接口和 BNC 接口,其中最常使用的 XLR 接口电气特性示于表 1-15。

表 1-15　AES/EBU 专业格式 XLR 接口特性

格式	两声道抽样线性编码数据的串行传输
发送端特性	平衡输出 插件:XLR 插头 芯脚分配: 　芯 1:电缆屏蔽,信号地 　芯 2:信号(极性不要求) 　芯 3:信号(极性不要求) 源阻抗:110Ω±20% 不平衡度:<-30 dB(到 6MHz) 输出信号幅度:在 110Ω 负载上 2 到 7Vpp(平衡) 上升和下降时间:5 到 30ns 抖动:20ns
接收端特性	平衡输入 插件:XLR 插座 芯脚分配: 　芯 1:电缆屏蔽,信号地 　芯 2:信号(极性不要求) 　芯 3:信号(极性不要求) 输入阻抗:110Ω±20% 共模抑制比:最高 7Vpp,20kHz 最大可接受信号电平:7Vpp 电缆规范:屏蔽双绞线,最长 100~250 米 电缆均衡:可选

XLR 又叫卡侬头,接口如图 1-26(a)所示。

(a)XLR 卡侬头　　　　(b)F05 光纤传输　　　　(c)BNC

图 1-26　AES/EBU 专业音频接口

AES/EBU 消费级格式接口的特性示于表 1-16。这种消费级格式用于 CD 和具有数字输入和输出接口的 R-DAT 中。

(a)RCA 莲花头　　　(b)TS 插头/大二芯　　　(c)TRS 插头/大三芯

图 1-27　AES/EBU 消费级接口

表 1-16　AES/EBU 消费格式 RCA 接口的特性

格式	两声道抽样线性编码数据的串行传输
发送端特性	非平衡输出 插件:RCA 话筒插口 源阻抗:75Ω 输出信号幅度:75Ω 负载上 500mVpp(不平衡)
接收端特性	非平衡输入 插件:RCA 话筒插口 输入阻抗:75Ω

(4) 数字音频信号的传送接口电路

原 AES3-1992 标准定义了在双绞线音频电缆上传输 AES/EBU 信号的规格。AES3-3id-1996 文件和 ANSI/SMPTE 276M-1995 标准文件定义了其他一些传送格式。这些标准都定义了在非平衡同轴电缆上 AES3 格式化数据的传输。

① 110Ω 双绞线电缆传输电路

AES3-1992 建议的传输线路示于图 1-28。

② 75Ω 同轴电缆传送电路

开发此标准是为了克服双绞线传送时的电缆长度、XLR 接插件大小和费用带来的限制,但更重要的是可以用不箝位的模拟视频分配放大器和路由器来传送数字音频信号。由于绝大多数音频设备都使用卡侬(XLR)接插件,因此必须考虑到需要与 BNC 端子(见图 1-26c)的转接。此外,由于至少需要 12MHz 带宽来传输双相标志码编码的 AES/EBU

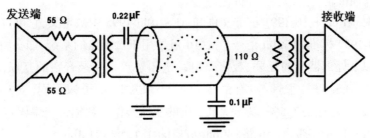

图 1-28　AES3-1992 传送连接电路

信号,所以有些模拟传送放大器的带宽可能不够。

75Ω 同轴电缆传送接口的特性列于表 1-17。

表 1-17　75Ω 同轴电缆传送接口的特性

通道编码	双相标志码编码的 AES/EBU 信号
发送端特性	带 BNC 端子的非平衡输出 源阻抗:75Ω 标称值 反射损耗:>25 dB(0.1~6MHz) 输出信号幅度:在 75Ω 负载上 1V±10% 直流偏置:0V±50mV 上升和下降时间:在信号幅度的 10%~90%(30~44ns) 数据抖动:≤20ns
接收端特性	非平衡输入 输入阻抗:75Ω 标称值 反射损耗:>25 dB(0.1~6MHz) 最小输入电平灵敏度:100mV 电缆均衡:可选

AES-3id 建议的传送线路示于图 1-29。该建议还包括关于电缆性能、电缆均衡器特性的信息。

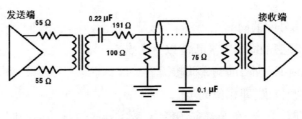

图 1-29　AES3id-1996 传送连接

在录音室中应使用平衡电缆馈送,避免接地环路问题。在现有的录音室中已安装的模拟电缆可用于数字音频分配,但电缆长度一般限于 100 米,具体长度视电缆类型而定,高质量的双绞线电缆可达到 250 米。一个数字音频设备输出只能连接一个接收端。

③ 其他接口协议

除 AES/EBU 协议外,还有三种接口格式被广泛使用:MADI(多声道音频数字接口)、SDIF-2(Sony 数字接口互连)和 SPDIF(Sony Philips 数字接口)。

（a）MADI 格式

MADI 格式在 AES 10-1991 标准文件和 AES-10id-1995 中被定义，它可以容纳最多 56 路遵从 AES3-1992 标准的 32bit 信号。MADI 最早用于点到点的系统，如多轨录音机和数字音频组件以及处理器间的互联、数字路由系统和录音室到录音室的互联。MADI 信号很容易转换成 AES/EBU 子帧，只有最初 4bit 与 AES/EBU 子帧不同，支持抽样频率为 32kHz~48kHz，可变化±12.5%，以支持录音机的变速操作。数据传输率固定为 125Mbps，对编码数据流提供足够带宽(56 路×40bit×48kHz×1.125＝121Mbps)。

传输介质可以是宽带宽的同轴电缆(最多 50 米)或光纤(超过 50 米)。AES-10id-1995 文件给出了光纤接口的说明。

（b）SDIF-2 格式

这种格式由 Sony 开发，用于专业级控制和记录、单声道 44.1kHz 和 48kHz 信号的互联，由 32bit 长度的音频字节组成。前 20bit 保留作为音频样值，接下来的 9bit 用来创建控制字，剩下的 3bit 为同步信息。控制字中包括有关预加重、正常音频还是非音频数据、拷贝禁止、每 256 音频字节中 SDIF 音频块同步信息以及用户数据等声道信息。

传输介质是工作在 TTL 电平上的 75Ω 同轴电缆，数据率为 1.54Mbps。它是一个点对点的互联系统，需要三根同轴电缆来传输左、右声道数据和字节时钟信号。

（c）SPDIF 格式

此格式是 AES/EBU(AES3-1992)格式协议的消费级版本。为了在专业设备和家用设备间传输数字音频数据从而开发了此标准，且在 AES3 专业设备和 AES3 家用设备之间需要进行格式转换(数据和电平转换)。

6.音频同步

在演播室内，对来自不同音频源的数字音频信号进行混合、插入或组合时，需要将样值与一个基准信号源在相位和频率上同步。同一演播室内的两台设备在各自的输出端可能会产生定时上的缓慢漂移，需要一个时钟发生器产生基准信号或是从一台设备提供基准给另外一台。

（1）数字音频信号间的同步

不同的数字音频源的同步需要考虑以下两点：

①抽样时钟的时间校准，即频率同步。

②音频信号的帧校准，即相位同步。

AES11-1991 建议规定，在录音室环境中，数字音频设备的频率同步和相位同步应采用专门的时钟发生器提供基准信号进行频率同步，所有的制作设备都锁定于主基准发生器；小的录音室可使用一台设备的输出作为基准。

图 1-30 表示一个数字音频样值与一个 AES/EBU 数字音频基准信号(DARS)对准的状态。AES-11 规定数字音频样值必须与一个基准信号同相，在发送器输出端一个音频帧的同步容差为±5%，在接收器端一个音频帧的同步容差为±25%。定时基准点是 X 或 Z 同步字的第一个边沿。

当两个数字音频信号抽样率不同或无法将信号锁定在一起时，可使用抽样率转换和

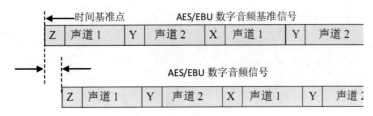

图 1-30　AES/EBU 数字音频信号与基准信号的同步

同步器。抽样率锁定且保持整数关系即为同步转换。

（2）数字音频和视频信号间的同步

在电视系统中，数字音频基准信号必须与视频基准信号锁定以使音频和视频信号同步，这样可进行无缝的音频和视频切换。表 1-18 对三种不同的视频帧速率表示出对应的三种不同抽样率及每个视频帧内所含的音频样值数，数值表示单位数量的视频帧传输的音频帧数量。

表 1-18　每个视频帧对应的音频样值数

抽样频率（kHz）	29.97fps	25fps	30fps
48	8008/5 帧	1920/1 帧	1600/1 帧
44.1	147147/100 帧	1764/1 帧	1470/1 帧
32	16016/15 帧	1280/1 帧	3200/3 帧

625 行和 525 行标准的视频抽样频率和 48kHz 音频抽样频率之间的关系为：

数字分量视频抽样频率为 13.5MHz

$F_H = 15.625$kHz、$F_V = 25$Hz 时，

$$48\text{kHz} = 13.5\text{MHz} / 864 / 625 \times 1920$$

$F_H = 15.734$kHz、$F_V = 29.97$Hz 时，

$$48\text{kHz} = 13.5\text{MHz} / 858 / 525 \times 8008/5$$

在 625/25 系统中，每一视频帧有确定数目的音频样值（48kHz 抽样时有 1920 个音频样值），音频和视频信号间的相位关系很容易保持，见图 1-31（EBU R83−1996 建议）。AES3 音频可以从 625 行基准视频信号中分离出的 48kHz 基准信号进行鉴相，实现音频与视频信号的锁定。

在 525/60 系统中，每一视频帧对应的音频样值数不是整数，而是小数，按下式可计算得出：33366.67μs/20.8333μs = 1601.6。这里，33366.67μs 是一个视频帧的时间，20.8333μs 是一个音频帧的时间。在五个视频帧后，可获得音频样值的整数（1601.6×5 = 8008），利用数字音频帧与视频帧这种关系进行音频与视频信号的锁定。

1.3.4　演播室其他接口

根据传输信号的不同，演播室各设备之间需要多种接口连接。按照信号类型分类，演播室接口可分为模拟接口和数字接口。按照信号内容来分类，接口可分为视频接口、

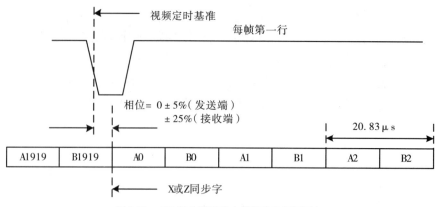

图 1-31　625 行电视系统中的数字音视频同步

音频接口、Tally 接口、同步接口、控制接口、时间码接口、供电接口等。

1.模拟复合视频信号接口

该接口用于模拟复合视频信号的传输。信号包括亮度信号、经正交平衡调幅的色差信号、复合消隐信号、复合同步信号和色同步信号。

模拟复合视频设备都采用的接口特性为：

(1)电平:$1V_{pp} \pm 20mV$。

(2)极性:正极性。

(3)阻抗:75 $\Omega \pm 1\%$。

(4)传输:非平衡型。

(5)连接端:BNC 连接端。

（a）BNC female　　（b）BNC male

图 1-32　BNC 接口

（a）BNC female　　（b） BNC male

图 1-33　RCA 接口

BNC 接口一般连接同轴电缆。BNC 接口如图 1-32 所示,是用于演播室基带视频数据传输的主要接口。接口连接简单,不需要专用工具安装或拆卸;连接后,接口不易脱落,适合于电视台这类传输安全要求极高的系统使用,在摄像机控制单元、切换台主机、矩阵等设备上也经常被使用。

在家用级设备传输模拟复合信号时,通常会采用 RCA 接口。如图 1-33 所示。

模拟复合信号接口上一般会标记为"CVBS",它是"Composite Video Baseband Signal""Composite Video Burst Signal"或者"Composite Video with Burst and Sync"的缩写。

2.Y/C 分离接口

Y/C 分离接口是 S-VHS 录像机和 Hi8 录像机使用的一种图像信号接口,又称 S 端子,即 S-video 接口。该接口可以理解为将复合视频信号中的亮度信号与色度信号分离传输,其中 Y 代表亮度,C 代表正交平衡调幅的色度信号。常用的 4 芯 Y/C 分离接口如图 1-34(a) 所示,其中 pin3 传输亮度及同步信号,pin4 传输色度信号,pin1 和 pin2 分别是 pin3 和 pin4 的地线。

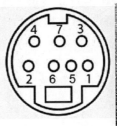

（a)4-pin Y/C 接口　　　　　　　　（b)7-pin Y/C 接口

图 1-34　Y/C 接口

接口标准:

(1)亮度信号 Y:$1V_{pp}$,正极性。

(2)色度信号 C:$0.3V_{pp}$(PAL 制)、$0.286V_{pp}$(NTSC 制)。

(3)接口阻抗:75 Ω。

(4)传输:非平衡型。

另一种是迷你 7 芯 Y/C 接口,如图 1-34(b) 所示。7 芯 Y/C 接口中的 pin1、pin2、pin3、pin4 可与 4 芯接口一致。pin7 还可传输模拟复合视频信号;pin5 是 pin7 的地线,pin6 不传输信号。

7 芯 Y/C 接口还可传输模拟分量信号,其 pin4、pin7、pin3 可分别传输 Y、P_B、P_R,也可传输 G、B、R 信号,剩下的 4 个芯是地线。

3.Y、P_B、P_R 模拟分量接口

常用的模拟分量信号标准有 BetaCam、MII、SMPTE/EBU N10、SMPTE 170M NTSC 和 ITU-R.BT 470 PAL 等,传输 Y、P_B、P_R 信号,其中我国常用标准为 EBU N10 和 SMPTE 标准。R、G、B 转换为 Y、P_B、P_R 信号的转换公式为:

(1)亮度信号:$Y=0.299 R+0.587 G+0.114 B$。

(2)色差信号:$P_R=0.713(R-Y)$、$P_B=0.564(B-Y)$。

EBU N10 和 SMPTE 标准参数为:

(1)亮度信号为正极性,带有行场同步和消隐信号,幅度为 $1V_{pp}$。

(2)两个色差信号为双极性信号,其幅度对 100/0/100/0 彩条来说是 $0.7V_{pp}$,对 100/0/75/0 彩条则是 $0.525V_{pp}$。

(3)阻抗:75Ω。

(4)传输:非平衡型传输。

（5）连接端:BNC 连接端。

图 1-35 是某设备上的视频接口,其中 Y、P_r、P_b 接口就是模拟分量接口（BNC）。与复合信号相似,民用设备上的模拟分量接口采用 RCA 接口。

4.R、G、B 分量接口

R、G、B 三路信号并行的接口,作为业务级和广播级摄像机使用。R、G、B 三路信号的带宽都和亮度信号相同;三个信号的特性一样,均为:

（1）电平:$0.7V_{pp}$ 电平。

（2）极性:正极性。

（3）阻抗:75Ω（或 50Ω）。

（4）传输:非平衡型。

图 1-35　模拟分量接口与模拟复合接口

（5）连接端:BNC 连接端。

民用设备上的模拟分量接口也会采用 RCA 接口。

R、G、B 信号中的同步信号传输处理方法有以下几种:

（1）G 信号带同步头,R、B 信号有行、场消隐脉冲,无同步头,这种方法只需要三个接口传输一路模拟电视信号。

（2）R、G、B 信号均带同步头,这种方法需要三个接口传输一路模拟电视信号。

（3）R、G、B 信号有行、场消隐脉冲,均无同步头,需要另传输一路复合脉冲一起使用,这种方法需要四个接口传输一路模拟电视信号。

（4）R、G、B 信号有行、场消隐脉冲,均无同步头,另加两路行、场同步脉冲,这种方法需要五个接口传输一路模拟电视信号。

5.串行数字传输接口——SDTI（Serial Data Transport Interface）

SDI 不能直接传输压缩的数字信号。如果想将压缩信号通过 SDI 线缆传输到设备上就需要进行解压,而如果目标设备需要以压缩形式存储该数据时,又要对传输以后的数据进行压缩操作。多次的压缩过程会造成图像信号下降,为避免此状况发生,多家公司使用了 SDTI 标准。SDTI 接口的目的是使压缩信号能够直接通过现有的 SDI 系统进行传送和分配。Sony 的同类接口为 SDDI（Serial Digital Data Interface）、QSDI（Quad Serial Data Interface）,Panasonic 的同类接口为 CSDI（Compressed Serial Data Interface）。

SDTI 的优点是:有利于数字视频网与计算机网的连接;数字录像机重放的压缩信号可直接通过矩阵,分配给其他录像机记录或直接送到服务器;可高效率传输数据,减少传输时间。SMPTE 为其指定的标准分别为 SMPTE 305M（270Mbps）、SMTPE 348M（1.485 Gbps）。

SDTI 接口数据通过 SDI 系统传输的过程如图 1-36 所示。

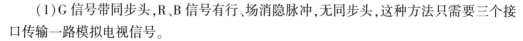

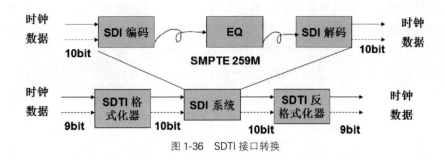

图 1-36　SDTI 接口转换

SDTI 传输的数据是经过编码的 8bit 信号；该信号可插入每行 SDI 信号中的行消隐信号和行有效数据中；每行 SDTI 含包头数据共 53 个字、校验码 CRC 2 个字。另外 SDI 中的 SAV 和 EAV 码(共 8 个字)必须保留,不能被其他数据代替。为保证切换 SDTI 信号时不损伤场有效数据,在场消隐数据中有 6 行是不传输 SDTI 数据的。因此,SDTI 的码率可由下式得出：

25 帧/秒×(625-6)行/帧×[(1728-8-2-53)]字/行×8 比特/字≈206Mbps

6.同步接口

同步接口是指同步信号的接口,用于视频设备之间的同步连接。常用的有以下几种类型：

(1)同步脉冲接口

用于传递模拟同步脉冲信号,包括复合同步脉冲、复合消隐脉冲、行推动脉冲、场推动脉冲、色同步门脉冲、PAL 识别脉冲、副载波,其中使用最多的是复合同步脉冲。我国使用的标准是 GY26-84,该接口特性为：电平 2Vpp±10%；负极性；75Ω；非平衡传输；BNC 接口。

同步脉冲接口中包含的信号有：

①复合同步脉冲：用于控制电视接收设备行、场扫描频率和相位,使其与发端同步。

②复合消隐脉冲：用于电视接收设备行、场的逆程消隐,避免逆程扫描线出现在屏幕上对电视图像形成干扰。

③行推动脉冲、场推动脉冲：电视中心系统内行、场扫描基准,用于摄像机头部分的行、场扫描推动脉冲和在视频处理电路中形成其他特需脉冲使用。

④色同步门脉冲：用于确定色同步信号出现的位置。

⑤PAL 识别脉冲：使电视中心系统内各编码器形成的 PAL 彩色电视信号中 V 分量逐行倒相的顺序一致。

⑥副载波：用于提供色度信号载频的频率和相位。

(2)副载波接口

用于传输副载波信号。在我国标准 GY26-84 中,其接口特性为：电平 2Vpp±10%；75Ω；非平衡传输；BNC 接口。

(3)黑场信号接口

用于传输黑场信号。一行黑场信号如图 1-37(a)所示,它包含了彩色全电视信号中的所有同步信号。由彩色全电视信号的接口标准可知,当图像信号全部为黑色电平时,即为黑场信号的接口标准:电平0.45Vpp;正极性75Ω;非平衡型传输;BNC接口。

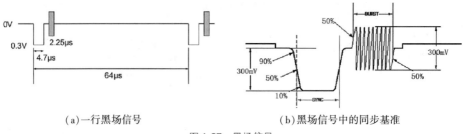

（a）一行黑场信号　　　　　　　　（b）黑场信号中的同步基准

图1-37　黑场信号

目前在数字电视演播室应用中,黑场信号经常被作为同步信号使用,为演播室提供极其重要的同步信息。标清演播室常用黑场信号作为同步信号,高清演播室系统一般也会使用黑场信号作为同步信号,不过有些高清演播室为了提高同步精度,会采用三电平信号作为同步信号。

另外,黑场信号的基准参考位置是其下降沿的50%处的位置,为了得到这个位置,需要先求得同步信号的最高电平和最低电平之差,再乘以50%。但当我们检测出该值(50%电平值)时,本行的关键位置已经错过了,很难及时得到同步基准位置。为解决这个问题,可以使用上一行同步信号中的50%下降沿电平作为本行信号50%下降沿电平来寻找同步基准的位置。然而,通过电缆长距离传输的信号电平可能有一定的漂移,这就造成同步基准位置的不准确,进而造成信号抖动。

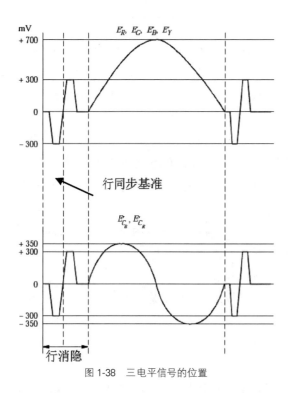

图1-38　三电平信号的位置

（4）三电平信号

三电平信号可满足各种帧率格式的电视信号的同步需求,而黑场信号只支持25fps与29.97fps的电视信号同步。

三电平信号如图1-38所示,该信号的同步基准位置处于上升沿50%的位置,该位置的电平对应的是行消隐电平,也就是说,这个电平属于已知电平,不存在使用黑场信号同步遇到的问题,所以使用三电平信号进行同步引起的抖动更小。

可以说,在高清系统中,我们应该尽可能使用三电平信号作为同步信号,然而,只要标清信号还在使用,黑场信号仍然会作为同步信号继续存在。

7.IEEE 1394 串行接口

IEEE 1394 串行接口是 1995 年确认的高速度、低成本串行总线标准,由 APPLE 和 TI 公司创始,Firewire、Texas Instruments 称之为 Lynx,Sony 称之为 i.Link,可用于局域多媒体设备 PC、摄像机、录像机、打印机、扫描仪。

两种总线结构如下:

(1)专用于计算机系统和其他硬件的内部,提供电路板间或系统部件的互联,在 12.5Mbps、25Mbps、50Mbps 的速率下工作。

(2)一种电缆结构,定义了点到点基于电缆连接的虚拟总线,传输速率可达 90.304Mb/s、196.608Mb/s、393.216Mb/s、786.432Mb/s、1.6 Gbit/s 和 3.2 Gbit/s,简称 S100、S200、S400、S800、S1600、S3200。

IEEE1394 是半双工工作方式,可以进行双向通信,但在某一时刻只能有一个方向传送数据。它包括等时同步方式和异步方式两种传输方式。

等时同步方式保证以一定周期接收/发送一定数量的信息包,适用于图像和音频数据流的传输。

异步方式以寻址形式将数据和处理层信息发送到指定地址的单元上,适用于文件数据的传输。

IEEE1394 常用线缆接口分为 6 芯与 4 芯两种,如图 1-39 所示。其中 6 芯线传输线包括:

(1)两对屏蔽双绞线:一对传输数据,一对传输时钟信号。

(2)一对电源线:为总线上处于等待方的设备供电。

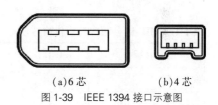

(a)6 芯　　　　(b)4 芯

图 1-39　IEEE 1394 接口示意图

8. USB 接口

USB(Universal Serial Bus)接口技术标准起初是由 Intel、Compaq、IBM、Microsoft 等七家电脑公司共同制定的。最新的版本是 USB 3.0。USB 接口示意图如图 1-40 所示,种类很多,其优点包括:

(1)使用简单,接口一致,系统可对设备进行自动检测和配置,支持热插拔。

(2)应用范围广,可同时支持同步传输和异步传输两种传输方式。

(3)较强的纠错能力 。

(4)提供 5V 电压/100mA 电流的供电。

(5)低成本。

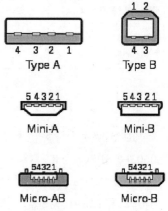

图 1-40　USB 多种接口

9. HDMI

HDMI(High-Definition Multimedia Interface)技术,中文全名为"高清多媒体接口",是目前在各种视频、音频领域应用较为广泛的一种接口标准。它主要用于传输视音频非压

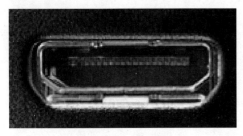

图 1-41　HDMI 接口

缩数据,可作为录放机、蓝光播放器、PC 机、切换台等视音频信号源设备向高清监视器传输信号的接口。

HDMI 经历了 1.0、1.1、1.2、1.3、1.4、1.4b 和 2.0 等版本。各版本传输码率见表 1-19。其特点包括:

(1)更好的抗干扰性能,能实现最长 20 米的无增益传输。

(2)针对大尺寸数字平板电视分辨率进行优化,兼容性好。

(3)设备之间可以智能选择最佳匹配的连接方式。

(4)拥有强大的版权保护机制(HDCP),有效防止盗版现象。

(5)接口体积小,各种设备都能轻松安装。

(6)一根线缆实现数字音频、视频信号同步传输,有效降低使用成本和繁杂程度。

(7)完全兼容 DVI 接口标准,用户不用担心新旧系统不匹配的问题。

(8)支持热插拔技术。

表 1-19　HDMI 各版本数据传输特性

HDMI 版本	1.0	1.1	1.2	1.3	1.4	2.0
发布时间	2002 年	2004 年	2005 年	2006 年	2009 年	2013 年
最高时钟速率（MHz）	165	165	165	340	340	600
最大传输码率（Gbit/s）	4.95	4.95	4.95	10.2	10.2	18
最高有效数据率（Gbit/s）	3.96	3.96	3.96	8.16	8.16	14.4
最大色彩深度（bit/px）	24	24	24	48	48	48
支持最大画幅分解力及帧率 24-bit/px	1920×1200p60	1920×1200p60	1920×1200p60	2560×1600p75	3840×2160p30	3840×2160p60

10. RJ45 网口

RJ45 是用于计算机网络数据传输的常用接口之一,相关产品一般使用标准为 IEC 60603-7 8P8C,为 8 芯接口。接口线缆颜色分 T568A 和 T568B 两类。按照管脚编号从 1 到 8 的顺序,T568A 管脚连线颜色分别是绿白、绿、橙白、蓝、蓝白、橙、棕白、棕,而 T568B 为橙白、橙;绿白、蓝;蓝白、绿;棕白、棕。千兆以太网中,该接口八根管脚对应四对差分传输线,如表 1-20 所示。

表 1-20　1000BASE-T RJ45 接口数据

管脚编号	1	2	3	4	5	6	7	8
信号 ID	DA+	DA-	DB+	DC+	DC-	DB-	DD+	DD-

采用以太网连接的演播室系统中,关键设备上一般都有 RJ45 网口,提供系统控制信号、数据信号的连接。在高码率视频传输方面,该接口也能起到一定的作用。在相同设备连接时,比如从路由器到路由器,可采用交叉线方式,即线缆一端接口为 T568A,另一端为 T568B。

另外,数字演播室为了发送一些具有统一协议的数据或实现远程触发等,还需要用遥控接口 RS-232、RS-422A、Tally 接口、提词信号等。遥控接口、提词信号接口的介绍见第 4 章,Tally 接口的介绍见第 5 章。

图 1-42 RJ45 接口

1.4 数字演播室的系统概述

由于电视台制作的节目种类五花八门,所需的摄制环境也有所不同。比如新闻播报需要的演播室尺寸不大,但是要求极强的时效性和安全性;访谈类节目可使用后期节目制作作为补偿,但是要求演播室最好是空间较大的实景演播室,有足够的位置设置观众席,并且音响要满足现场观众的听觉要求;有些专题节目需要利用美轮美奂的虚拟场景吸引观众,这时就需要虚拟演播室。无论何种演播室,核心系统结构都比较相似。

1.4.1 演播室分类

根据空间大小、处理信号和背景技术等特点的不同,演播室的分类方法有很多种。按照面积来分类,可分为小型演播室、中型演播室和大型演播室。

(1)小型演播室

面积小于 250 平方米,主要用于新闻播报、体育节目解说等主持人不多、场景相对简单的节目制作。

(2)中型演播室

面积大于 250 平方米、小于 400 平方米,这类演播室适合进行普通访谈类、竞技类、教学类节目的摄制,演播室空间允许少量观众参与。

(3)大型演播室

面积在 400 平方米以上,主要用于大型晚会或互动类节目,空间允许较多观众进入观众席参与拍摄。

按照节目信号来分,演播室可分为标清演播室、高清演播室、3D 高清演播室和超高清演播室。

(1)标清演播室

我国的标清演播室一般处理 720×576(50i)、4∶3 画幅的标清(SD)信号。

(2)高清演播室

我国的高清演播室一般处理 1920×1080(50i)、16∶9 画幅的高清(HD)信号。

(3)3D 高清演播室

3D 高清图像由左、右两幅高清图像组成。

（4）超高清演播室

分为 4K 高清和 8K 高清。当前国际使用的超高清演播室多为 4K 信号，即 3840×2160（50p/60p）、16：9 画幅。

按照背景生成方式的不同，演播室可分为实景演播室和虚拟演播室。

（1）实景演播室

一般演播室表演区的布景为人工搭建的实景舞台或使用景片作为背景。摄像机拍摄到图像后，切换台将信号直接切出。从技术上讲，该系统简单、稳定。其缺点是不同的节目组使用时可能需要重新搭建布景或更换景片，不够灵活。

（2）虚拟演播室

布景为蓝屏或绿屏，由计算机生成虚拟场景。场景的拍摄参数需用摄像机跟踪技术获得；色键器负责抠去主持人背景的蓝色或绿色，最后前景与虚拟背景合成，进而被切换台切出。其优点是节约拍摄空间、不必更换布景、虚拟效果绚丽；缺点是软硬件成本高、前期投入大、对现场灯光和主持人的灵活应变要求高。

1.4.2　演播室区域构成

演播室主要由演播区（表演区）、导播室（控制区）及演播室辅助区域组成。

演播区搭建布景，安装摄像机、话筒等拾音设备、灯光照明及部分控制设备、内部通话系统、演播室用监视器、提词器，墙壁上安装各种插座、跳线板。在这里工作的人员包括主持人、摄像师、导演助理等。

导播室又叫控制室，与演播室相邻，是导播协调所有制作活动的地方。在这里工作的人员包括导播、技术人员、音响师、灯光师等。

导播室主要由以下五大部门组成：

（1）节目控制：包括视频监视器、音频监听扬声器、内部通话系统、时钟和计时器。

（2）视频控制：由视频技术人员通过控制切换台、矩阵、录像机或视频服务器等完成。

（3）音频控制：音响师操作调音台。

（4）照明控制：灯光师操作灯光控制器。

（5）辅助控制：辅助人员操作。

演播室辅助区域包括布景与道具库、化妆间、服装间、排练室、休息室等。

1.4.3　演播室系统构成

传统的演播室包含视频系统、音频系统、同步系统、编辑控制系统、Tally 提示系统及时钟系统、通话系统、灯光系统。

1.视频系统

视频系统一般由信号源、特技切换设备、监看检测设备及路由设备等组成，如图 1-43 所示。左侧的摄像机、放像机属于信号源设备，它们输出的信号直接被送入切换台或矩阵，供制作人员切出并输出、存储，这些设备都属于信号源。另外，各类具备播放或输出视频信号功能的视频播放器、存储器、字幕机、图形工作站以及信号转换设备,只要其输出信号能够送入特技、切换设备的,都属于信号源。切换台是视频系统的核心设备,节目镜头的切换完全靠导播对切换台的操作完成。输出信号经视频分配器(VDA)分成多路内容相同的视频信号,送入不同的监看、监测或记录设备。导播在整体控制画面调度时,需要使用监视器对各信号源进行监看,从而选择当前哪路信号被输出。另外,切换台、特技机等设备可以对节目信号进行特技处理,特技的调整过程也需要监视器监看。除此之外,为了信号安全播出,节目信号还需要使用波形示波器、矢量示波器等监测设备对节目信号进行监看。

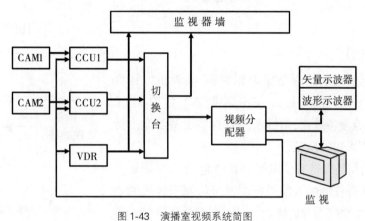

图 1-43 演播室视频系统简图

2.音频系统

与视频系统相似,音频系统由信号源、调音设备、监看检测设备及路由设备组成,其核心设备是调音台。调音师通过对不同声道的音频信号进行电平控制、增益、均衡、延时、限压等处理,对来自不同音频信号源的声音信号进行合成。音频信号源可以是摄像机、录像机以及其他音源 MD、CD、DAT 录音机输出的音频信号。输出的信号经音频分配放大器(ADA)分解成内容相同的多路声音信号,送入不同部门的监听或记录设备。周边处理设备包括混响器、均衡器、效果器、延时器、压限器、噪声门等。通过调音台辅助输出母线,指定的某一路声音信号可以进入到这些效果器中,经处理后再返回到调音台。监听设备包括功放、音箱和耳机,调音台设有音量表显示声音的大小。常用的音频信号是 AES/EBU 数字音频信号或模拟音频信号。

3.同步系统

演播室制作中的同步系统用于保障全系统的同步工作,以便使信号源及相关的设备受控于一个同步信号源。若没有稳定的同步系统保证全体信号源的同步,信号切换时,就会发生图像跳动,另外也无法保证视音频的同步。同步系统由同步机和视频分配系统组成。

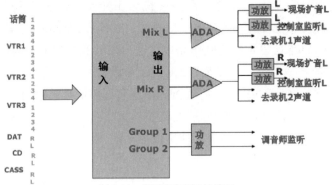

图 1-44　演播室音频系统简图

4.编辑控制系统

编辑控制系统的核心是编辑控制器、编辑机或计算机、服务器等。通过遥控接口,编辑控制器与放像机、录像机、切换台等设备连接,前提条件是这些设备都能支持编辑控制器所采用的协议。

现在有的切换台带有编辑控制器功能,系统的编辑控制就是由切换台控制的。编辑控制器可控制录像机的播放及工作方式(快进、倒退、搜索、重放、录制和编辑等)、编

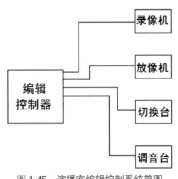

图 1-45　演播室编辑控制系统简图

辑方式(线性系统——组合编辑或插入编辑),确定画面的编辑入点和出点,执行自动编辑,还可以控制视频特技切换台的特技状态(混、扫、键、切)和特技持续(过渡)时间。

5.Tally 提示及时钟系统

Tally 提示及时钟系统是视频系统工作时的一种辅助系统,可以及时提醒节目导演、摄像师、技术人员演播室的工作状态,同时具有在节目进行中协调导演和摄像师、节目主持人工作的作用。切换台或矩阵将某一路信号从众多信号中选出,并且输出后,该信号源设备对应的监视器 Tally 灯就会亮起。如果信号源是摄像机,则摄像机上方、寻像器内及摄像机控制单元等设备上的 Tally 灯都会亮起,以此提醒对应区域的工作人员该路信号已被切出。由此可见,Tally 信号源来自切换台或矩阵。

电视演播室对时间的准确性有严格的要求。时钟系统是电视台节目制作播出的各个环节协同工作的关键。电视台的演播室机房都配有时钟设备,因此,整个电视台的标准时间同步于一个统一的时钟系统。常用的时钟源为 GPS 时钟信号和中央电视台节目场逆程中带有的标准时钟信号等。

6.通话系统

演播室需要专用的通话系统,为电视演播室制作和转播工作人员之间的通话提供解决方案,具有双向、点对点的通话功能特点。演播室常用的通话系统有三种类型:

(1)包含于摄像机讯道内的通话系统

如图 1-46 所示,该系统存在于摄像机到摄像机控制单元的双向通道中,摄像机上安装

有耳机麦克风接口。耳机帮助摄像师听到来自导播的声音;麦克风则可以拾取摄像师的声音。之后,声音通过摄像机讯道传输至摄像机控制单元,摄像机控制单元亦有通话信号的输出接口与输入接口。摄像师的通话信号由通话系统接口输出,再通过相应的连接线连至导播工作台前方;导播可通过耳机或扬声器听到摄像师的声音。该系统仅能提供摄像师与导播之间的通话,不能满足其他工作人员的需求。

图 1-46　摄像机讯道内的通话系统

（2）包含于音频系统内的通话系统

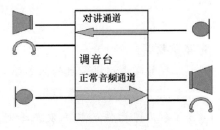

图 1-47　音频系统内的通话系统

该系统由调音台的对讲通道和正常音频通道构成,如图 1-47 所示。使用时,导播通过麦克风向演播间讲话,声音信号通过调音台调节,从演播间扬声器输出。为了防止啸叫——正反馈,该声音信号不能被演播区的麦克风拾取,所以必须中断从演播区返送到导播区的信号传输;通常系统会带有相应的通断开关供导播使用。一般按下开关时,导播的声音信号向演播区传输,松开开关时,演播区麦克风的声音信号返送回导播区。因此,导播如果希望听到演播区演职人员的回应,则必须停止自己的讲话。另外,由于演播区的扬声器在导演训话时被使用,此时须中断节目制作与播出。因此在现场直播类节目中,此类通话系统是不允许被使用的。

（3）专用通话系统

该系统在大、中型系统中被使用。通话的基本路径是:首先由通话端发出通话信息,经过通话矩阵进行分配交换,再将信息送到一个或多个授话端。内部通话系统由不同类型的内部通话子系统组成,分为有线和无线系统。

7.灯光系统

演播室灯光系统是指在电视演播室内,为完成电视节目制作的需要而设置的灯光设备及其控制系统。

电视演播室的灯光设备包括普通照明灯具、灯具吊挂、调光控制设备及布光控制设备、电脑效果灯具以及其他辅助设备等。演播室灯光系统主要包括调光控制系统、布光控制系统、电脑灯控制系统等。演播室灯具是为符合电视节目拍摄对照明的要求并能够产生一定灯光艺术效果而设定的装置。灯光吊挂系统则安装在演播室的顶棚、灯栅层、特殊固定吊点或某些特殊的支撑面上,是用来悬挂灯具或灯光设备的装置。而为了实现灯具的调光,完成控制灯光的亮暗变化,达到节目录制的照明需要,变换灯光的视觉效果从而达到创造意境、表达情绪和切换时空的艺术要求,需要使用调光控制系统。布光控制系统的主要作用则是实现灯具的自动升降、转动等控制,完成灵活的布光设计。电脑灯控系统可以完成电脑效果灯光控制,产生无限变化的灯光艺术效果。

第 2 章　数字电视摄像机

■ **本章要点:**

1.掌握数字电视摄像机的基本组成、各主要部件的功能作用。

2.重点掌握摄像机变焦距镜头的组成、相关参数以及镜头的调节和使用。

3.了解摄像器件的技术发展和感光原理,重点掌握摄像器件的性能参数、CCD 和 CMOS 的结构特点。

4.掌握视频处理放大器各模块的功能和原理,了解摄像机的其他功能。

5.掌握高清摄像机的特点,了解高清摄像的特殊要求。

　　摄像机是由贝尔德、费罗·法恩斯沃斯和维拉蒂米尔·斯福罗金三人各自独立发明的。从 19 世纪末至今,摄像机走过了原始机械技术时期(20 世纪 30 年代以前)、电子管技术时期(20 世纪 60 年代以前)、晶体管和集成电路技术时期(20 世纪 60 年代~80 年代初期)、微电子技术时期(20 世纪 80 年代开始)、数字化技术时期(20 世纪 90 年代开始)和高清技术时期(20 世纪 90 年代末开始)。如今摄像机按摄像器件可以分为 CCD 摄像机和 CMOS 摄像机;按信号种类可以分为数字(标清)摄像机、高清摄像机和 4K 摄像机;按使用领域可以分为广播级摄像机(主要应用于广播电视领域,机器性能全面、稳定,有较高的信噪比,价格昂贵)、专业级摄像机(主要应用于文化宣传、教育、工业、交通、医疗等领域,某些高档的专业级摄像机性能和图像质量已和广播级摄像机无多大区别)和家用摄像机(家庭文化娱乐用的摄像机,如 DV,功能操作简单,自动控制功能很强,小巧、轻便);按电视节目制作方式可以分为 ESP 用摄像机(主要用于演播室节目制作,通常体型大且沉重,配备 5 寸或 7 寸寻像器、摄像机适配器、变聚焦控制器和大型三脚架等附属设备)、EFP 用摄像机(主要用于电视节目现场制作,可以采用电池供电,可肩扛或置于摇臂上)和 ENG 用摄像机(主要用于电子新闻采集,一般是便携式的摄录一体机,用于复杂多变的环境中,有良好的适应性和稳定性,自动化程度较高,调整方便,配置的话筒具有优异性能)。

　　本章主要概述数字电视摄像机的组成,详细介绍其核心部件光学系统、摄像器件和视频信号处理放大器的结构、功能以及调整方法,并介绍高清/4K 摄像机有别于标清摄像机的特殊之处,包括机器构造和使用等方面。

2.1　数字电视摄像机的组成

数字电视摄像机的基本组成如图 2-1 所示,包括变焦距镜头、分光棱镜、摄像器件、数字视频信号处理放大器、寻像器、彩色编码器、彩条发生器、自动控制系统、同步信号发生器、声音信号系统、电源和适配器等。

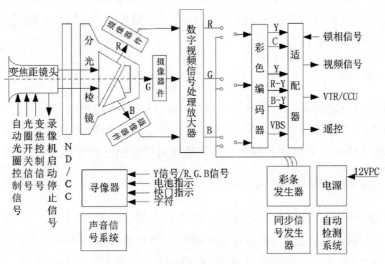

图 2-1　数字电视摄像机的组成

2.1.1　光学系统

数字电视摄像机的光学系统由变焦距镜头、分光棱镜和滤光片组成。

1.变焦距镜头

变焦距镜头的主要作用是将被拍摄景物清晰地成像在摄像器件上。输入到镜头上的信号主要有:电动变焦距控制电压,它是一个来自变焦距开关的可调直流电压;光圈关闭电压,当摄像机输出彩条信号或自动调节黑平衡时,由自动控制电路送来光圈关闭电压,使光圈自动关闭;自动光圈控制电压,它是一个来自自动控制电路的控制信号,自动调节光圈大小。当摄像机与录像机组成摄录一体机或者摄像机与合适的便携式录像机连接使用时,按下镜头上的“VTR S/S”开关,镜头输出录像机启动/停止电压,触发信号送至所连接的录像机,控制它记录或停止。

2.分光棱镜

分光棱镜将入射光分解成 R、G、B 三种基色光,即将一幅彩色图像分解成三个基色图像,分别投射到三片摄像器件上。

3.滤光片

在分光棱镜前装有中性滤光片(ND),也称灰片。中性滤光片可以辅助调节光通量。中性滤光片上镀有中性减光膜,对各种波长的可见光有相同的透射率,适合在室外光很强时使用。另外,也可用中性滤光片降低摄像器件的入射光强,配合大光圈,达到小景深的艺术效果。现在有的摄像机采用内置超薄灰片,而无须外置 ND 滤镜,可供选择的档位有 Clear、1/4 ND、1/16 ND 和 1/64 ND。2014 年 Sony PXW-X180 摄像机使用了电子灰片(Electronic ND),可实现从 1/4ND 到 1/128ND 的连续调节。

早期的摄像机由于处理放大器的增益调节范围不够,当光源的色温变化较大时,还需要用色温校正片辅助调节白平衡。这种滤光片对不同波长的可见光有不同的透射率。一般先用色温校正片对光源色温进行粗校正,再调节处理放大器增益进行精细校正,从而达到白平衡。现在很多数字电视摄像机取消了色温校正片,加大了增益调节范围,完全靠电子方法调节白平衡。

2.1.2　摄像器件

摄像器件又称成像器件或图像传感器(Image Sensor),它通过信息的获取、转换以构建图像。固态图像传感器是同一半导体衬底上布设的若干光敏单元与移位寄存器构成的集成化、功能化的光电器件。在数字电视摄像机中常用的摄像器件有 CCD 和 CMOS。

2.1.3　数字视频信号处理放大器

由于光学系统和摄像器件的性能都不是最理想的,经过光电变换产生的信号不仅很弱,而且有很多缺陷。因此,需要通过数字视频信号处理放大器对图像进行放大和补偿,否则所拍摄的图像就会出现清晰度不高、彩色不自然、亮度不均匀等问题。该模块的设计和调节以及稳定性对图像质量影响很大。

摄像器件输出的图像信号先通过放大器进行信号的解调和放大,输出达到一定电平的图像信号;然后进行自动黑斑校正、黑/白平衡调节、杂散光校正、自动白斑补偿、增益提升、彩色校正、轮廓校正(细节调整)、γ 校正、混消隐、白切割、色度孔阑(专门提高品红色的清晰度)、二维滤波(去除半行频奇数倍处的杂波和水平、垂直两个方向频谱混叠分量,减轻网纹干扰)、数据检测(为各种自动调节检测误差数据)等视频信号处理,使最终输出的图像信号达到播出质量要求。

数字视频信号处理后可输出数字复合信号,也可输出数字分量信号 Y、R-Y 和 B-Y直接供给数字分量设备使用,还可经过 D/A 变换后得到模拟分量信号或通过模拟编码器输出模拟复合信号。

2.1.4　其他模块

1.声音信号系统

声音信号系统包括内接话筒接口和外接话筒接口、声音信号放大器和电平调节电路、声音信号输出接口、摄像机与摄像控制单元(CCU)的通话系统、用于录像机记录和重放的监听系统。

2.寻像器

寻像器(见图 2-2)用来取景、检查图像质量和摄像机的工作状态,以进行正确的调整和操作。演播室摄像机大多使用 5 寸或 7 寸寻像器。发送给寻像器的图像信号通常是亮度信号 Y 或 R、G、B 信号；可用开关对各种信号进行选择。为了显示高质量图像,有些先进的寻像器采用 OLED 技术,从而在低功耗的情况下呈现卓越的色彩。

图 2-2　HDVF-EL70 演播室摄像机 7.4 英寸 OLED 寻像器

寻像器的图像信号来源可以自由选择。对于便携式摄像机,当拍摄记录时,它可以自动显示所拍摄的图像;当所连接的录像机重放时,它自动显示重放图像。如果在记录时要检查是否有记录信号,可按住镜头上的返送信号开关(RET),寻像器显示来自录像机的信号;放开后,寻像器的输入信号自动恢复为摄像信号。如果摄像机与 CCU 连接,按住 RET 时,寻像器上显示来自 CCU 的视频信号。

寻像器可接收自动控制板送来的字符信号,并叠加在显示图像上。这些字符内容受显示控制开关和调整开关(例如黑/白平衡开关、快门速度)的控制,显示摄像机的工作状态和调整状态。在摄录一体机中,各种自动诊断状态,例如低照度、手动/自动选择、记录时间、工作方式、工作状态等都用相应的字符显示在寻像器上。寻像器的图像还可以叠加图像中心位置指示符号"+"、记录安全区边框和高/标清构图提示框。

寻像器的荧光屏周围装有指示灯:

(1) 记录/提示灯(REC/TALLY):当所连接的便携式录像机在记录时,灯亮;当录像报警系统输出信号时,灯闪烁;若摄像机与 CCU 连接,受视频切换台控制;当图像信号被切出时,灯亮。

(2) 电池指示灯(BATT):当供电电池的电压低于 11V(若额定电压为 12V)时,指示灯闪烁;当电池电压低于 10.7V 时,灯长亮。

(3) 高增益指示灯(GAIN UP):当增益开关选择置于高增益档时,灯亮。

(4) 电子快门指示灯(SHUTTER):当快门开关接通时,灯亮。

寻像器的亮度、对比度、清晰度都由旋钮或开关调节,从而保证其显示最佳的图像。

3.自动控制系统

摄像机的自动化包括自动调节功能和自动诊断功能。自动调节功能包括自动黑/白平衡、自动光圈、自动聚焦、自动黑/白斑补偿、自动拐点等。不同摄像机的自动调节功能有所不同。自动诊断功能包括电池告警、磁带告警、低亮度指示和故障告警指示等。

自动控制系统以微计算机和存储器为中心,由误差检测电路、控制电压产生电路、运算和存储电路、字符发生器及逻辑开关等组成。操作板上的各种开关以及从控制单元和遥控单元来的控制信号和调节数据等都经过微计算机处理后发出调节和控制信号。自动化程度越高,自动控制系统越复杂。

4.同步信号发生器

同步信号发生器产生同步信号,包括以下各种脉冲:

（1）复合消隐脉冲：作为摄像机输出视频信号的基准电平，用以消隐显像时的行、场回扫线。

（2）复合同步脉冲：供摄像机和显像端行、场同步用，行、场同步脉冲前沿作为电视图像信号行、场时间基准。

（3）色同步门脉冲：又称 K 脉冲，用来形成色同步脉冲。

（4）PAL 开关脉冲：简称 P 脉冲，在 PAL 制编码器中控制信号逐行倒相。

（5）行推动脉冲：又称行频脉冲，它的前沿与行同步脉冲前沿一致，宽度比行同步脉冲宽，供摄像机内部使用。

（6）场推动脉冲：又称场频脉冲，它的前沿与场同步脉冲前沿一致，宽度比场同步脉冲宽。

（7）FLD 脉冲：又称奇/偶场控制脉冲，控制摄像器件输出奇/偶场信号。

（8）色度副载波：提供色差信号调制用的副载波。我国彩色电视制式规定色度副载波频率为 4.43361875MHz。

同步信号发生器应具备锁相功能。当摄像机输出信号与其他视频信号进行特技混合处理时，两种视频信号的同步信号、P 脉冲、色度副载波频率与相位必须一致。因此，本机内的同步信号发生器应能受外来信号控制，以实现与外来信号的频率和相位锁定。这种锁相功能被称为台从锁相（GEN LOCK）。

5.彩条信号发生器

摄像机内置的彩条信号发生器可以产生彩条的三基色信号，它受面板上的摄像/彩条（CAM/BAR）开关控制。彩条信号可以代替摄像信号送入编码器。摄像机内彩条信号的用途是：调节编码器，录像时调节记录电平，校准各摄像机之间的延时、同步及色度副载波相位，也可以用来调节寻像器或监视器的亮度、色度和对比度等。

6.彩色编码器

视频信号处理放大器输出的 R、G、B 信号经编码器形成彩色全电视信号，又称复合信号，供给录像机、视频切换台和监视器使用；输出亮度信号 Y、色差信号 R-Y 和 B-Y，供给分量录像机、分量切换台使用；输出亮/色分离信号 Y/C，供给某些录像机使用。

7.电源

一般摄像机的供电要求是+12V DC，只有 ESP 摄像机才可以用 220V AC 供电。摄像机内的电源电路是直流变换电路，可从 12V DC 电压变换出各电路板及摄像器件所需的各种直流电压。直流 12V 可以从以下几个来源供给：

（1）摄像机电池；

（2）所连接的录像机；

（3）所连接的摄像机控制单元（CCU）；

（4）交流附加器，交流附加器输入 220V AC、输出+12V DC。

8.摄像机适配器

以上所述各个部分装成一个整体，一般称为摄像机头，它可以直接与一个录像机装

成一体,组成摄录一体机。如果上述摄像机头单独使用或
与 CCU、便携式录像机连接,必须通过摄像机适配器(见图
2-3)。适配器是摄像机的外连接口部分。

　9.摄像机控制单元

　演播室往往是多讯道的,但不同摄像机需要统一参数
设置,以保证画面切换时的视觉连贯性。因此,演播室摄
像机需要通过摄像机控制单元(Camera Control Unit,CCU)
进行远程遥控(见图 2-4)。摄像机控制单元一般放置在演
播室的控制室,可以实现摄像机的部分甚至全部操作,如
光圈控制、白平衡调整等,还可提供摄像机与演播室各设
备之间的接口连接。CCU 是主机,每台 CCU 都由控制面
板(Remote Control Panel,RCP)对其进行操作。现在,还可

图 2-3　CA-702P 摄像机适配器

以通过 PC 软件代替 RCP 对多台摄像机进行远程遥控,例如 HZC-RCP5 应用软件能够通
过一台 Windows PC 远程控制多达五台与 HXCU-D70 CCU 协作的 HXC-D70 演播室摄
像机。

图 2-4　HXCU-D70 CCU(左)和 HZC-RCP5(右)

　演播室摄像机与 CCU 之间的通讯信息包括视频信号、音频信号、Tally 信号、控制信
号、内部通话信号、提词信号、同步信号和电源等。这种多信号的双向传输采用时分复用
(也叫时基压缩,见图 2-5)或频分复用(见图 2-6)的方式来实现。由于传输带宽受限,双
向传输优先保证摄像机与 CCU 的主视频信号的高质量传送(基带 SDI),通过加入辅助数
据方法传输数字音频、通话和摄像机控制信号。返送视频只供寻像器监看,可采用实时
数据压缩和行、场消隐数据不予传送等措施降低其数据率。

　演播室摄像机与 CCU 之间的信号传输有的使用三同轴电缆,有的使用光纤,还可以
通过无线 IP 网络进行传输。2015 年美国广播电视展期间 Sony 宣布与 30 家业内领先企
业联手,合作推广 IP 现场节目制作系统。新型 AV over IP 接口与当前的 SDI 标准接口结
合起来,具有低延迟、高清/4K 视音频无噪声切换和元数据功能。

2.2　摄像机的光学系统

　摄像机的光学系统包括变焦距镜头、滤光片和分光棱镜。

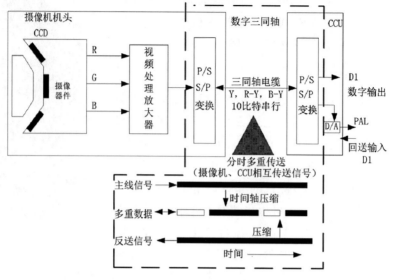

图 2-5 时分复用的信号传输

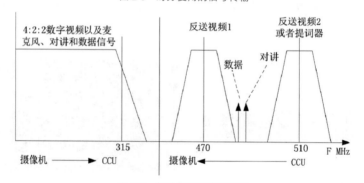

图 2-6 频分复用的信号传输

2.2.1 变焦距镜头

1.变焦距镜头的组成

从外观功能来看,变焦距镜头由遮光罩、聚焦环、变焦环、光圈、倍率镜、微距环和后焦环组成,以 Fujinon HA13×4.5BE 高清镜头为例(见图 2-7)。从内部镜片组来看,变焦距镜头的镜片可以分为五组或七组(见图 2-8),各组镜片的作用如下:

(1)聚焦组(调焦组):使一定距离的拍摄物体清晰地成像在摄像器件的光敏面上。

(2)变焦组(变倍组):通过这组镜片的前后移动可以调整镜头的焦距。

(3)补偿组:变焦距时与变焦组按一定轨迹同时移动,以保证成像的清晰度不变。

(4)光圈:孔径大小可以调节的薄片装置,用来控制镜头的光通量。

(5)固定组(移像组):将成像面后移一段距离(这段距离被称为后焦距),以便在镜头和成像器件之间安装分光棱镜和中性滤光片等。后焦距调节环装在镜头的后端。

(6)倍率镜(扩展镜):可使镜头的变焦倍数扩大 2 倍或 1.5 倍。

(7)微距镜:用于拍摄物距极近的物体。微距镜装在固定组后面,与后焦距调节环

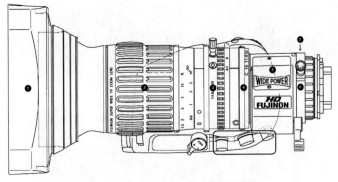

图 2-7　Fujinon HA13×4.5BE 高清镜头

注：①遮光罩(Hood)　②聚焦环(Focus Ring)　③变焦环(Zoom Ring)　④光圈环(Iris Ring)
　　⑤倍率镜(Extender)　⑥微距环(Macro Ring)　⑦后焦环(Back Focus Ring)

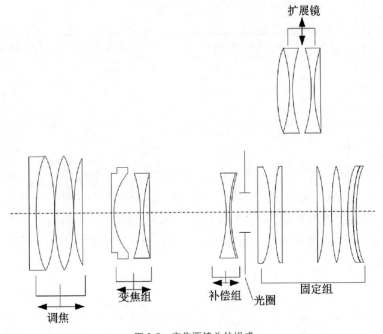

图 2-8　变焦距镜头的组成

相邻。微距镜调节环上标有"MACRO"字样。

2.内聚焦镜头

目前广播级和专业级摄像机上多安装内聚焦镜头,这种镜头在镜头调焦距时,调焦组的前三片镜片中最前面的一片或两片镜片固定不动(见图2-9),只有中间的一片或后面的一片镜片移动,移动镜片和固定镜片分别固定在两个套筒上。因此,固定在前套筒上的遮光罩不随调焦转动,允许遮光罩做成方形口,能更有效地减少杂散光,提高图像质量。这种双层套筒结构的内聚焦镜头对机械精度要求高。在内聚焦镜头前面安装具有确定位置关系的滤光镜(如偏光镜、交叉光镜和半彩色滤光镜等),调焦时不转动,从而保持其作用效果不变。在调焦组的镜片间还可以加像差校正片,以提高镜头质量。

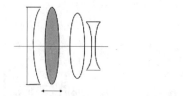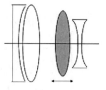

图 2-9 内聚焦镜头

注:图中白色透镜表示固定镜片,灰色透镜表示调焦移动镜片。

3.变焦距镜头的主要参数

(1) 成像尺寸

镜头的成像尺寸应与所用的摄像器件的像面尺寸一致。常用的成像尺寸有以下几种,见表 2-1。

表 2-1　常用的成像尺寸

	成像尺寸(宽×高)	像面对角线	相应摄像管直径
数字标清摄像机	8.8 mm × 6.6 mm	11 mm	2/3 in(18 mm)
数字高清摄像机	9.59 mm × 5.4 mm	11 mm	2/3 in(18 mm)
数字标清摄像机	6.4 mm × 4.8 mm	8 mm	1/2 in(12.7 mm)

(2) 光圈 F 数

调整光圈的大小可以改变到达像面的光通量,但是到达像面的光通量不仅与光圈大小有关,而且与镜头的焦距有关。入射到像面中心的光柱直径 D 可以准确地表示通过光圈的光通量,被称为入射光瞳,如图 2-10 所示。入射光瞳由光圈和焦距决定。假设被摄景物照度为 L_s,镜头的透过率为 τ,像距等于焦距 f,则到达像面中心的光照度 L_0 可以用下式确定,式中 $m \leq 1$。

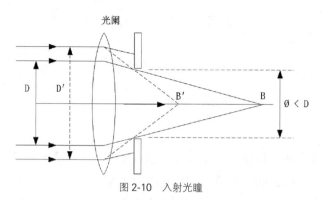

图 2-10　入射光瞳

$$L_0 = \frac{1}{4} \frac{\tau L_s}{1-m^2} \left(\frac{D}{f}\right)^2 \approx \frac{1}{4} \tau L_s \frac{1}{F^2} \qquad \text{公式}(2-1)$$

$\dfrac{D}{f}$ 为镜头的相对孔径,表示像面的进光亮;它的倒数 $\dfrac{f}{D}$ 定义为光圈 F 数,像面上单位

面积的照度与 F^2 成反比。常见的光圈 F 数：1.4、2、2.8、4、5.6、8、11、16、22。

　　在同样的拍摄条件下，当摄像器件的灵敏度相同但尺寸不同时，若扫描行数相同，像素数也相同，对于尺寸小的摄像器件，单位像素面积减少了，要输出相同幅度的信号，就必须增加像面上的进光亮，这时需要减小光圈 F 数。摄像器件 m 的对角线为 a_m，所用光圈为 F_m；摄像器件 n 的对角线为 a_n，所用光圈为 F_n。在摄像器件的灵敏度相同的情况下，有 $\dfrac{F_m}{F_n} = \dfrac{a_m}{a_n}$，则称 F_m 和 F_n 为等效光圈 F 数。

　　（3）视场角

　　视场角是指成像空间的边缘在镜头前的张角，包括垂直视角和水平视角。视场角的大小决定了摄像机的视野范围，视场角越大，视野就越大。按视场角可将镜头分为三类：标准镜头，视角约 30° 左右，使用范围较广；广角镜头，视角约 90° 以上，观察范围较大；远摄镜头（又称望远镜头），视角约 20° 以内，可在远距离情况下拍摄。

　　（4）焦距

　　当平行光线穿过透镜时，它将会聚到一点上，这个点叫作焦点。焦点到透镜光心的距离，称为焦距。焦距固定的镜头，称为定焦镜头；焦距可以调节变化的镜头，称为变焦镜头。较常见的焦距有 50mm、85mm、105mm、135mm、200mm 等。24mm 以内的焦距为超短焦，400mm 以上的焦距为超长焦。按焦距可将镜头分为三类：标准镜头（约 50～135mm）、短焦镜头（约 28～50mm）、长焦镜头（约 200mm 以上）。

　　电视摄像机使用的变焦距镜头的最长焦距与最短焦距之比称为变焦比（变倍比）。光学变焦是指依靠镜头光学结构来实现变焦，变焦时画面清晰度保持不变。光学变焦倍数一般在 10～20 倍，而用于大型赛事直播的摄像机变焦镜头变焦比可高达 99 倍。数码变焦的实质是画面的电子放大。摄像器件上的部分像素通过插值处理放大到整个像面，因此清晰度会有所下降（见图 2-11）。

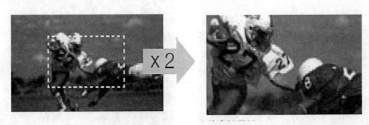

图 2-11　数码变焦

　　（5）景深

　　由于人眼视觉敏感度的存在，在被摄主体前后一定距离范围内的物体也能清晰成像，即被摄物体的前后纵深呈现在成像面的影像模糊度都在限定范围内，该限定范围由容许弥散圆给出。如图 2-12 所示，焦点前后各有一个容许弥散圆，它们之间的距离称为焦深，相应地，被摄主体前后清晰成像的纵深距离称为景深。景深计算如公式 2-4，其中 δ 为容许弥散圆直径，F 为光圈值，f 为焦距，L 为拍摄距离。小景深突出主体，能产生比较强的立体感；大景深能清晰容纳更多物体，使拍摄内容更全面。景深随焦距、光圈、拍摄距离的变化而变化。当固定焦距和光圈，拍摄距离越远则景深越大；当固定拍摄距离和焦距,光圈越大则景深越小(见图2-13);当固定拍摄距离和光圈,焦距越大则景深越小。

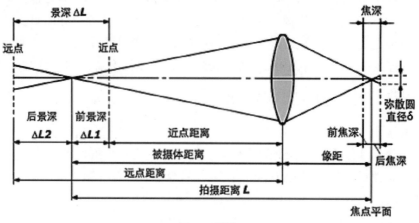

图 2-12 景深

$$前景深\ \Delta L_1 = \frac{F\delta L^2}{f^2 + F\delta L} \qquad\qquad\qquad 公式(2-2)$$

$$后景深\ \Delta L_2 = \frac{F\delta L^2}{f^2 - F\delta L} \qquad\qquad\qquad 公式(2-3)$$

$$景深\ \Delta L = \Delta L_1 + \Delta L_2$$
$$= \frac{2F\delta L^2 f^2}{f^4 - F^2 \delta^2 L^2} \qquad\qquad\qquad 公式(2-4)$$

F2. 8   F32

图 2-13   不同光圈的景深示例

4.变焦距镜头的调节和使用

(1) 变焦距

变焦方式有手动变焦(M-ZOOM)或电动变焦(E-ZOOM)。手动变焦是通过手动旋转镜头变焦环来改变焦距。电动变焦是通过控制镜头上的"E-ZOOM"按钮,由电动马达驱动镜头变焦环旋转。焦距的变化可引起景别、景深、视角等的变化。焦距越长,景别越小,景深越小,视角越小,即长焦对狭角;焦距越短,景别越大,景深越大,视角越大,即短焦对广角,见图 2-14。有的摄像机可提供平滑变焦功能(Smooth Rack Focus Effect)。使用此功能时先记录变焦的起止位置和变焦持续时间,然后只要按下"执行"(Execute)按钮,即可实现所设计的完整而平滑的变焦过程。

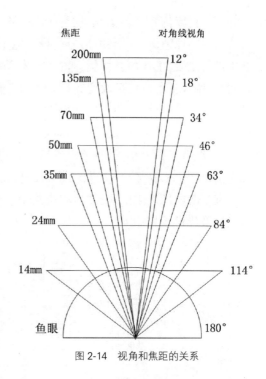

图 2-14　视角和焦距的关系

(2)调焦(聚焦)

调焦可以分为手动调焦和自动调焦。手动调焦是通过手动旋转镜头调焦环使得像面清晰度最佳。自动调焦有两种方法可以实现:一种是间接实测物距方式,它是利用间接距离测量方式来获取物距,例如,基于无源光学基线测距的自动聚焦、基于有源超声波测距的自动聚焦、基于主动红外测距的自动聚焦和基于激光测距的自动聚焦等。通过运算获得焦距后,伺服电路驱动焦距调节的微型马达,带动调焦镜片组轴向移动,实现自动焦距调节。另一种是通过分析摄像机视频信号的高频分量进行焦距调节。由于在清晰聚焦时图像细节丰富,边缘像素点清晰,高频分量有最大值。具体实现方法如下:设置屏幕中心的 1/3~1/5 区域为主要观察目标区,通过行、场扫描的时序控制将这一区域的视频信号截取下来,之后将截取下来的视频信号通过特定的高通滤波器析出对焦距变化敏感的高频分量,通过比较器电路伺服驱动调焦微型马达转动,直到得到最大值,即完成一次自动聚焦过程。在自动调焦时,有的摄像机可提供人脸检测功能,即在同一帧画面中出现多个人物时,可以指定人物的聚焦优先权。

(3)调光圈

光圈调整也可以分为手动调整和自动调整。手动光圈调整是通过手动旋转镜头光圈环改变镜头光通量。有的摄像机(特别是一些家用摄像机)设有程式曝光,可通过菜单选择摄像机预设的特殊环境下的最佳曝光方案,例如聚光灯、运动、柔和肖像、沙滩和雪地、黄昏和月色等模式。

自动光圈调整是根据图像亮度产生控制电压,用以控制光圈电机,调节光圈大小,使摄像机输出的图像信号白色电平保持在 0.7Vpp。图 2-15 给出了自动光圈控制电压产生电路的过程。摄像机视频处理放大器输出的 R、G、B 信号进入自动控制电路后,经过矩阵电路形成亮度信号 Y,作为图像亮度检测信号。为了保证图像中心部分的景物亮度合适,可加入光圈控制窗口脉冲。窗口一般定在图像中心的圆形、方形或椭圆形区域内。在窗口脉冲的作用下,只有窗口内的图像信号才能进入控制电压产生电路,产生光圈控制电压。亮度信号 Y 经过缓冲器分成两路:一路取出一帧信号的平均电平,另一路检出一帧信号的峰值电平。亮度信号的峰值电平和平均电平混合后送至比较放大器,与基准电压进行比较,上述混合比例、基准电压都可以通过摄像机菜单进行设定。在自动调整光圈时,调节基准电压可改变光圈的大小,根据不同场景选择不同的混合比例。有的摄像机还设置了峰值、平均值比例自动检测电路,可适应各种场景拍摄。比较放大器的输出信号经过自动/手动选择开关送到镜头,通过电机推动电路加到镜头上的光圈电机控制电路,调节光圈大小。当 CCU 或基站手动遥控调节光圈时,按动 CCU 上的手动选择开关送给摄像机 CPU 信号。摄像机 CPU 收到此信号后送出光圈自动/手动控制电压到自动光圈控制电压产生电路,然后将电路中的电子开关接到手动端,用来自 CCU 的光圈调节电压取代自动控制电压。

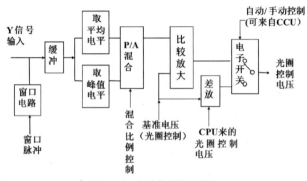

图 2-15　自动光圈控制原理

（4）调后焦

在镜头新安装到摄像机上或在变焦距时,图像清晰度随着焦距变化,需要调节后焦距。调节方法如下:

①拍摄一幅中心点清楚并具有不同细节的黑白图像,如西门子星卡。物距为 3~5m,镜头对准图像中心,调节光圈使白色电平达到 0.7Vpp,可在寻像器上看到清晰的图像。

②在长焦距下用调焦环将图像调到最佳清晰度。

③松开后焦距环的固定螺钉,在短焦距下调节后焦距环,使图像清晰度最佳。

④重复步骤②和③,直到焦点准确跟踪,即变焦距时图像清晰度始终保持不变;最后,拧紧后焦距环的固定螺钉。

（5）倍率镜(扩展镜)的使用

变焦距镜头焦距的连续调节范围是有限的,常用变焦距镜头的变焦比为 14 左右。例如,A14×8ESM 镜头,焦距变化范围是 8~14×8mm,若将倍率镜选择开关(EXT)从×1换到×2 档,则加入了 2 倍的倍率镜,焦距的变化范围则变成 2×(8~14×8)mm=16~224mm。

使用倍率镜应注意以下问题:

①加入倍率镜后,焦距变大,入射光瞳不变,镜头的相对孔径减小,到达像面的光通量减少到原来的1/4。因此,需要加大两档光圈。在光照较暗时不宜使用扩展镜。

②所拍图像的透视畸变和几何畸变将变大。

③可能要重新调节后焦距。

（6）微距镜的使用

一般摄像机近摄距离在 60cm 以下就对近摄距离内的物体无法聚焦。为了能拍摄贴近镜头的物体,可在镜头后部安装微距镜。

微距镜的使用方法如下:

①将微距环上的锁钉提起或松开,转动微距环,向标有 Macro 字的白线方向推去,直到推不动为止。

②转动镜头的调焦环到最近距离上。

③对准拍摄物,变短焦使画面清晰,进行拍摄。

④拍摄完后,应将微距环和锁钉恢复到原来状态。

2.2.2　分光棱镜

1. 分光原理

分光棱镜的分光原理是基于薄膜干涉原理的。在分光面上镀有一层金属薄膜,称为分色膜。图 2-16 中折射率为 n_0、厚度为 d 的分色膜镀在折射率为 n_2 的玻璃上。入射光从折射率为 n_1 的空气中射到分色膜表面(1)的 A 点时,入射角为 α,反射光为 F_1,折射光在分色膜表面(2)的 B 点又发生折射和反射。第二次反射的光折回到表面(1)的 C 点时,一部分光被折射到空气中,另一部分又被反射,把这次进入空气的折射光记为 F_2。因为

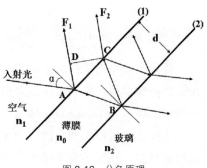

图 2-16　分色原理

薄膜非常薄,F_1 和 F_2 两束光相距非常近,F_1 和 F_2 会互相干涉。它们在 C、D 两点的光程差 δ 为:

$$\delta = 2d\sqrt{n_0^2 - n_1^2\sin^2\alpha} \qquad\qquad 公式(2-5)$$

当光程差等于光的波长时,F_1 和 F_2 在 C、D 处的相位相同,互相加强;若光程差等于光的半波长时,F_1 和 F_2 的相位相反,互相抵消。因此,通过设计膜的厚度 d 和折射率 n_0 以及膜的结构,可以使某些波长的入射光在膜上全部反射,另一些波长的光全部透射,从而实现分色。

由于像面上不同部位的光在分色膜上的入射角不同,同样波长的光在不同部位的光程差也不同,因而在整个像面上反射与透射量之比也不同,造成像面上分光不均匀,在重现图像上会出现色渐变。

2.分光棱镜的结构

不同分光棱镜的结构不同,分光次序也不同。有的摄像机使用 3 片分光棱镜,也有的用 4 片分光棱镜。在图 2-17 给出的 4 片分光棱镜中,第一分色面 Mg 反射出绿光 G,第二分色面 Mb 反射出蓝光 B,红光则透过两个分色面。这种结构的分光棱镜可以减小分色面的倾斜度和光程差的不均匀度,减轻色渐变程度。

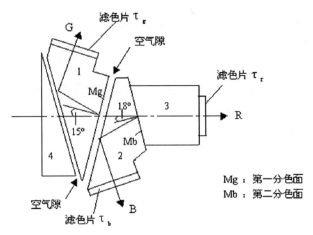

图 2-17　分光棱镜的结构示意图

2.3　摄像器件

摄像器件是摄像机的核心部件,是将光学图像转换成电子信号的图像传感器设备。现在的摄像器件主要有电荷耦合器件(Charge Coupled Device,CCD)和互补式金属氧化物半导体器件(Complementary Metal-Oxide Semiconductor,CMOS)。1969 年,美国贝尔实验室的威拉德·博伊尔和乔治·史密斯发明了 CCD,它是在 MOS 集成电路技术的基础上发展起来的。相比早期的摄像器件摄像管,CCD 具有体积小、性能优良、结构简单、寿命长等优点,主要占领广播级/专业级视频设备领域。目前有能力生产 CCD 的公司主要有 Sony、Philips、Kodak、Panasonic、Fuji、Sanyo 和 Sharp。有关 CMOS 的研究与 CCD 几乎是同时起步的,但是由于受当时工艺水平的限制,早期 CMOS 分辨率低、噪声大、灵敏度低、画质较差,应用受限。随着集成电路设计技术和工艺水平的提高,CMOS 过去存在的缺点现在都可以有效克服,而且它固有的集成度高、功耗低、成本低和设计简单等优点,再加上高清市场的成熟,迅速促使 CMOS 被广泛应用。

2.3.1　感光原理

基本感光元件是由 MOS 电容器构成的一个光电二极管(Photodiode),其结构如图 2-18 所示。MOS 电容器的形成方法是在 P 型或 N 型单晶硅的衬底上用氧化的办法生成一层厚度约为 $100\sim150nm$ 的 SiO_2 绝缘层,再在 SiO_2 表面按一定层次蒸镀一个金属电极或多晶硅电极,最后在衬底和电极间加上一个偏置电压(栅极电压)。

P 型硅里的多数载流子是带正电荷的空

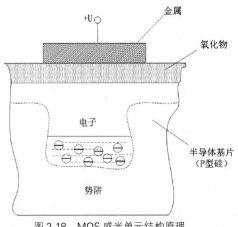

图 2-18　MOS 感光单元结构原理

穴,少数载流子是带负电荷的电子。当金属电极上施加正电压时,其电场能够透过 SiO_2 绝缘层对这些载流子进行排斥或吸引。于是带正电的空穴被排斥到远离电极处,剩下的带负电的少数载流子在紧靠 SiO_2 层形成负电荷层(耗尽层),又称电子势阱。

当受到光照时,光子的能量被吸收,产生电子—空穴对,这时出现的电子被吸引存储在势阱中。光越强,势阱中收集的电子越多,光弱则反之。光的强弱对应电荷数量的多少,实现了光与电的转换。而势阱中收集的电子处于存储状态,即使停止光照,在一定时间内也不会受损,这就实现了对光照的"记忆"。由此可见,产生的电荷量与光照强度和曝光时间有关。

一片摄像器件就是由类似马赛克网格的上百万个感光单元组成的芯片;每个感光单元对应一个像素点。

2.3.2 摄像器件的结构

1.CCD 结构

CCD 上除了光电二极管之外,还有水平/垂直转移寄存器(Shift Register)。曝光之后产生的电荷都会被转移到邻近的转移寄存器中,并且逐次逐行地读取出来。早期的 CCD 在每个感光单元的右侧有溢出漏,后来为了增加感光单元的面积,将溢出漏做在 CCD 片的衬底上(感光单元底下)。当光照过强时,过量的电子将从感光单元流到溢出漏中排出,使得高亮度图像静止时没有"开花"现象,活动时没有"拖彗尾"现象。

根据电荷转移方式的不同,CCD 可以分为行间转移式(Interline Transfer,IT)、帧间转移式(Frame Transfer,FT)和帧行间转移式(Frame Interline Transfer,FIT),如图2-19。

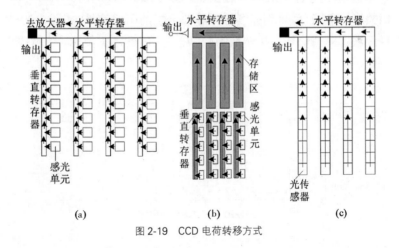

图 2-19 CCD 电荷转移方式

（1）行间转移式

图 2-19(a)给出了行间转移式 CCD 的基本结构。在垂直方向上,感光单元组成感光列。在各感光单元列的左侧是垂直转移寄存器,上面有遮光层,在垂直转移寄存器上加驱动脉冲电压以控制电荷的垂直转移。水平转移寄存器加驱动脉冲电压可使电荷以水平方向向输出端转移。在输出端,电荷转变成信号电压送到输出放大器。

在电视场扫描的正程期间,光像在 CCD 的感光部分形成电荷像;在场逆程期间,全部电荷包迅速从感光列转移到垂直转移寄存器。在下一个场正程时,一方面感光列产生新的电荷像;另一方面,上一场的电荷包从垂直转移寄存器逐行向水平转移寄存器转移。在行逆程期间,垂直转移寄存器向水平转移寄存器转移一行电荷包;在行正程期间,水平转移寄存器中的电荷包逐一向输出端转移,并形成信号电压送到外电路。

（2）帧间转移式

图 2-19(c)给出了帧间转移式 CCD 的基本结构,它分为感光区和存储区两部分。感光区进行感光生成电荷像。感光单元一列列紧密排列,两列之间只有阻挡层,没有垂直转移寄存器。存储区和感光区像素数目相同,但它是被遮光的。在场逆程期间,全部电荷包从感光区转移到存储区内;在场正程期间,电荷从存储区逐行转移到水平转移寄存器。电荷从水平转移寄存器的输出与行间转移式 CCD 相同。

（3）帧行间转移式

图 2-19(b)给出了帧行间转移式 CCD 的基本结构。图中下部的结构与行间转移式 CCD 相同,上部是与帧间转移式 CCD 类似的存储区。帧行间转移式的光像转成电荷像的过程与行间转移式 CCD 相同。但是,在场逆程期间,电荷包从感光单元转移到垂直转移寄存器后,又立即转移到存储区,即在垂直转移寄存器中的停留时间极短;在场正程期间,从存储区内逐行向水平转移寄存器转移,之后的过程又与行间转移式 CCD 相同。

光电二极管直接输出的是电荷。在 CCD 中,每个感光单元都不对其做进一步的处理,而是将它直接转移输出。水平转移寄存器将电荷逐次输出至芯片末级的输出放大器,将电荷转变为信号电压后放大输出。图 2-20(a)所示 CCD 输出的电压是负极性的脉冲调幅信号。由于感光元件生成的电信号太微弱,因此 CCD 输出的信号必须经预放器解调放大(双相关取样电路)后得到连续的无脉冲干扰的图像信号,如图 2-20(b)所示。同时,CCD 本身无法将模拟信号直接转换为数字信号,因此还需要由专门的模数转换芯片进行 A/D 变换。

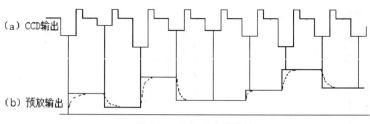

图 2-20　CCD 输出的信号

无论是 FT CCD 还是 IT CCD,都存在垂直亮带的问题,但是产生的原因不同。

FT CCD 的垂直亮带是在电荷从成像区向存储区转移的过程中产生的。电荷转移需要 0.5ms,在这期间高亮点产生的电荷不可忽略。如图 2-21 所示,假设在图像上有个高亮点,高亮点以前的各电荷包经过它后,都增加了少许电荷。当这场图像电荷转移完后,在亮点以后的各单元中都存留下了从亮点转移来的少许电荷,这些电荷又添加在下一场图像的电荷中,因此在重现图像上出现了通过亮点的垂直亮带。为了消除垂直亮带,FT

CCD 摄像机在分光棱镜前安装了机械叶子板,实现了在电荷从成像区向存储区转移期间将光挡住。扇形叶子板的张角为 70°,并以每秒 50 周的速度转动(PAL 制)。

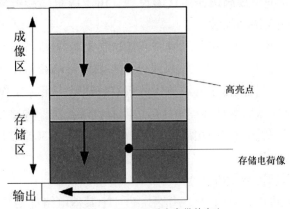

图 2-21　FT CCD 垂直亮带的产生

IT CCD 中斜射到 CCD 的强光会漏进垂直转移寄存器并产生电荷,或者强光照入衬底深处产生的光电子进入寄存器。当电荷在垂直转移寄存器中逐行地向水平转移寄存器转移时,这些电子就会不断添加到通过高亮点的电荷包中,从而产生通过高亮点的垂直亮带。IT CCD 只能通过改进 CCD 的结构来减轻垂直亮带,但不能完全消除。IT CCD 为了减轻垂直亮带采取的一种方法是增加存储区,使之成为 FIT CCD。由于电荷在垂直转移寄存器中停留的时间很短,因此 FIT CCD 可以将垂直亮带减到很轻的程度(0.7V 为 0dB)。另外,增加内置透镜可以进一步减轻垂直亮带,低至-140dB。

2.CMOS 结构

CMOS 上除了光电二极管之外,还包括放大器、模数转换电路等。每个感光单元中光电二极管的面积只占整个元件的一小部分。根据 CMOS 的结构不同,可以分为无源像素图像传感器(Passive Pixel Sensor,PPS)、有源像素图像传感器(Active Pixel Sensor,APS)和数字像素图像传感器(Digital Pixel Sensor,DPS)。

(1) 无源像素图像传感器(PPS)

PPS 由光电二极管和 MOS 开关管组成。在场正程时 MOS 开关管处于断开状态,感光单元进行光电转换;在场逆程时 MOS 开关管导通,光电二极管与垂直列线接通,电荷被送往列线,在列线末端由电荷积分放大器转换为相应的信号电压输出。当光电二极管中存储的信号电荷被读出时,由控制电路往列线上加一复位电压,使感光元件恢复初始状态,随即再将 MOS 开关管断开,以备进入下一个曝光周期。

PPS 的优点是结构简单、开口率大(约 60%~80%)、灵敏度高,缺点是存在固有图形杂波,感光单元的驱动能量相对较弱。同时,列线不能过长,以降低其分布参数的影响。再加上受多路传输线寄生电容及读出速率的限制,PPS 难以向大型阵列发展。

(2) 有源像素图像传感器(APS)

APS 由光电二极管、复位管、源跟随器、有源放大器和行选读出晶体管组成。光照射到光电二极管生成电荷,这些电荷通过源跟随器缓冲输出。当行选读出晶体管连通时,电荷通过列线输出;当行选读出晶体管关闭时,打开复位管对光电二极管进行复位。在这种结构中,输出信号通过源跟随器予以缓冲以增强像元的驱动能力,其读出功能受到与它相串联的行选读出晶体管的控制。由于源跟随器不具备双向导通能力,故须另行配备独立的复位晶体管。

相比 PPS,这种结构在像素单元里增加了有源放大器,减少了读出噪声,提升了读出速度。由于有源像元的驱动能力较强,列线分布参数的影响相对较小,因而有利于制作像元阵列较大的器件。另外,由于有源放大管仅在读出状态下才工作,所以 APS 的功耗比 CCD 还要小。同时,像元本身具备的行选功能有益于二维图像输出控制电路的简化。但是,APS 在提高性能的同时也付出了开口率减小(约 20%~30%,与 IT CCD 接近)的代价,因而 APS 芯片尺寸较大。

(3) 数字像素图像传感器(DPS)

DPS 的感光单元可以直接输出数字信号;芯片上其他电路都是数字逻辑电路。根据 A/D 转换器的集成方法可以将其分为像素级、列级和芯片级三种。像素级是指每一个像素有一个 A/D 转换器;列级是指每一列像素有一个 A/D 转换器;芯片级是指每一个图像传感器阵列有一个 A/D 转换器。像素级 A/D 转换器与列级、芯片级 A/D 转换器相比有许多优点,比如噪声低、功耗低、动态范围较宽等。由于增加了像素单元内的晶体管数目,DPS 需要较大的像素单元面积,加之生产工艺受限,像素级的 A/D 转换器不易实现。目前,CMOS 器件多采用的是列级 A/D 转换器。

DPS 的优点是噪声小,数字信号输出和读出速度快,适合高速应用,但是,同样存在开口率小的问题。

PPS 不具备像素级的放大器,无法在感光单元内将积累电荷转换成信号电压,而是由列线末端的单一放大器将电荷转换成信号电压输出。每个感光单元需要很长的列线(几毫米)连接感光单元与输出放大器,传输过程中电荷损耗较大,因此 PPS 较 CCD 质量差很多。这也正是早期 CMOS 不如 CCD 发展迅速的主要原因。APS 或 DPS 的每个感光单元都包含一个放大器,因而整个芯片有上百万个放大器,像素与放大器的连接线缩短到几微米,上述问题才能得到有效解决。

由于电荷带负电,当 CMOS 未开始积累电荷时,势阱无电荷存储,感光单元表面电压为高;当 CMOS 开始积累电荷时,感光单元表面电压相应开始降低,如图 2-22 所示。经过双相关取样,这种表面差异电压经由微导线输出到感光单元内部的输出放大器,进一步放大后最终输出信号电压。像素间差异产生的固有图形噪声也可以通过双相关取样电路被消除。虽然 CCD 也采用双相关取样电路消除噪声,但是 CCD 的双相关取样电路并不是集成在每个感光单元,而是在芯片末级的输出端。

而后,信号电压经由像素选择开关和列线选择开关控制输出,每条独立的微导线一次输出一个像素的电压。具体过程是:首先某一行的像素选择开关被打开,被选中像素的信号电压输出到相应的列线电路,进行信号处理并临时存储;然后,列线选择开关被打开,该行中像素输出的信号电压经由列线按顺序输出。重复上述步骤,芯片上所有像素的信号电压从左上至右下全部被输出。

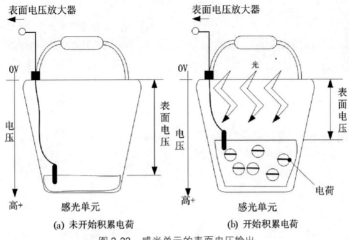

(a) 未开始积累电荷　　　　　(b) 开始积累电荷

图 2-22　感光单元的表面电压输出

3.CCD 和 CMOS 结构比较

从结构上来看(见图 2-23),CCD 每个像素通过专门的转移通道将信号顺序输出到同一放大器再做同一处理,可以保证处理效果的一致性,但是这种线性输出使得信号读出速度和读出方式受限,而 CMOS 可以通过直接选址输出独立像素信号,实现灵活的随机读取。CMOS 没有专门的转移通道,各像素由各自的放大器处理后,再统一输出。由于每个像素的放大器或多或少存在差异,很难达到同步放大的效果,因此信号失真比 CCD 更多。但也正是由于不存在转移寄存器,CMOS 可以很好地抑制"开花"或垂直亮带现象。CMOS 的驱动方式为主动式,光电二极管所产生的电荷直接由感光单元内的晶体管放大输出,3.3V 电压即可驱动;CCD 的驱动方式是被动式,必须外加电压(通常 12V DC)让每个像素中的电荷移动输出,其功耗远高于 CMOS,因此 CCD 需要有更精密的电源线路设计。

2.3.3　摄像器件的性能参数

1.摄像器件的尺寸

摄像器件的尺寸有两种表示方法:一种是沿用相应的摄像管直径尺寸来表示(见图 2-24),例如 1/2 英寸、2/3 英寸等;另一种是沿用胶片系统的尺寸类型来表示,例如全画幅、APS-C 等(见图 2-25)。在 35mm (135 型) 胶卷相机中,36mm×24mm 为全画幅 (Full Frame)。APS(Advanced Photo System) 是 1996 年由 Kodak、Fuji、Canon、Konica Minolta、Nikon 五大摄影器材厂商推出的不同于 35mm 胶片系统的新一代摄影系统的规范。对于相同条件(相同像素数、相同开口率)的摄像器件,尺寸越大,感光面积越大,越不容易产生噪点,图像质量越好。

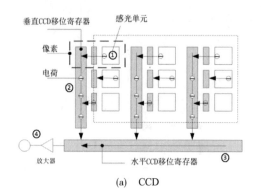

注释:
① 光电二极管接收光子,转换并积累电荷;
② 电荷同步转移至垂直转存器;
③ 电荷经过垂直转存器向水平转存器转移;
④ 电荷经水平转存器向外输出,转换为电压,并通过放大器放大后送至视频信号处理单元。

(a)　CCD

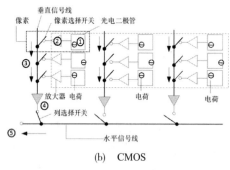

注释:
① 光电二极管接收光子,转换并积累电荷;
② 积累的电荷通过放大器转换成电压输出;
③ 根据选择开关,将感光单元的输出电压转移至垂直信号线;
④ 在列线电路的双相关取样电路中消除随机噪声和固有图形噪声;
⑤ 图像信号电压经水平信号线输出。

(b)　CMOS

图 2-23　CCD 和 CMOS 结构比较

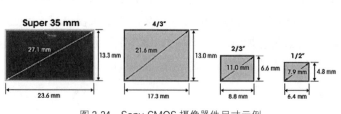

图 2-24　Sony CMOS 摄像器件尺寸示例

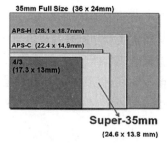

图 2-25　CANON CMOS
摄像器件尺寸示例

2.分解力

分解力是指电视系统分解与综合图像细节的能力,包括垂直分解力和水平分解力。摄像器件可以实现画面的空间抽样,其分解力越高,电视系统处理并表现视频图像细节的能力越强,图像清晰度越高;其分解力不够高,易产生混叠干扰,最明显的是基带内的差频干扰。图像信号幅度受到差频信号的调制,可用示波器测量差频分量的调制度来度量混叠干扰的大小。实验证明:当差频分量的调制度大于 5% 时,干扰可见,即调制度越大,干扰越明显,降低了原图像的可见度。这些干扰条纹被称为莫尔条纹,见图 2-26。对于相同尺寸的摄像器件,在相同灵敏度的条件下,CCD 的分解力通常优于 CMOS。但是对于大尺寸的摄像器件,特别是全画幅尺寸,CMOS 可以克服设计、制造上的困难,实现较高的分解力。目前 CMOS 摄像器件可以达到 1400 万像素的设计要求。

(a) 无混叠干扰　　　　　　　　　　　　(b) 莫尔条纹

图 2-26　混叠干扰

　　影响摄像机分解力的因素主要有感光单元的数量、尺寸和密度。为提高分解力,可采取的措施有:

　　(1) 增加感光单元数量,提高空间抽样频率。

　　(2) 采用光学低通滤波器(Optical Low Pass Filter)。

　　光学低通滤波器的原理是基于晶体的双折射现象。双折射是一条光束入射到各向异性的晶体,分解为两条光束沿不同方向折射的现象。例如,如图 2-27 光线沿光轴 L_1 入射时,折射率为 n_1;沿光轴 L_2 入射时,折射率为 n_2;光线垂直入射时,输出为两条距离为 d 的平行光线。晶体的厚度适当时,两条紧邻的平行光线犹如一条变粗的光线,经过 OLPF 信号高频分量被滤除,降低(或去除)了混叠干扰。

晶体双折射原理　　　　　　　　透过方解石晶体的线条

图 2-27　晶体双折射原理

　　(3) 采用空间像素偏置技术。

　　将三片 CCD 安装到分光棱镜的三个像面上时,在水平方向上将 G 路 CCD 与 R 路和 B 路 CCD 错开半个像素的距离,如图 2-28(a)所示。这样可以降低亮度信号的混叠干扰,提高水平分解力。这种方法被称为空间像素偏置技术。

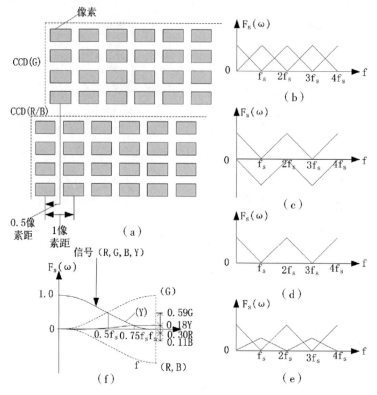

图 2-28　空间像素偏置技术

　　R 路和 B 路 CCD 输出信号的频谱如图 2-28(b)所示,偏置半个像素的 G 路 CCD 输出信号的频谱如图 2-28(c)所示,以抽样信号的 $(2n+1)f_s$ 为中心的延拓频谱都反相 $180°$,$n=0,1,2$……若用一个矩阵电路将 R、G、B 信号按 $G+(R+B)/2$ 的比例混合,则对于黑白图像可得混合信号的频谱如图 2-28(d)所示。奇次抽样信号的频谱全部抵消,通过后置滤波器可完全消除谐波干扰,混叠部分完全消除。若 G 路 CCD 不能精确地偏移半个像素,则尚有残留混叠部分存在,如图 2-28(e)所示。

　　实际上在编码器的亮度矩阵中,$Y=0.30R+0.59G+0.11B$。对于黑白图像,由于 R、G、B 信号的混叠分量相等,所以 Y 信号中的混叠分量为 $Y_a=-0.30R_a+0.59G_a-0.11B_a=0.18G_a$,如图 2-28(f)所示(以下分析都以 G_a 为参考)。显然,混叠干扰在亮度信号中减小到18%,提高了亮度分解力。

　　但这种方法对色度分量效果不佳,并易引起彩色过渡处的亮度沿变陡,幅度也发生变化,还会产生伪彩色。例如,对于黑白图像,$R-Y=B-Y=0$,但是三个混叠分量在 R-Y 和 B-Y 矩阵中却产生伪色差信号 $(R-Y)_a=-1.18G_a$,$(B-Y)_a=-1.18G_a$。这两个伪色差信号会产生彩色干扰网纹。实际上,由于色差信号频带窄,只有低于 1.5MHz 的伪色差信号才能造成彩色干扰,而这种低频混叠分量的幅度已经很小了,干扰很小。总的来说,由于 Y 信号的干扰减小,这种空间偏置技术有效提高了摄像机的分解力。

　　3.开口率/填充系数

　　开口率是指光电转换部分在一个像素中所占面积的比例。在 CCD 感光单元中,光电转换部分占了大部分面积,即 CCD 感光单元中有效感光面积较大,在同等条件下可接收到更多的光照,相应地,输出电信号也更强。在 CMOS 感光单元中,除了光电二极管之外,还包括放大器、A/D 转换电路等,光电二极管只占整个感光单元的一小部分。因此,在同等条件下,CMOS 能捕捉到的光信号小于 CCD,灵敏度较低、图像噪声较大,这也是早期 CMOS 只能用于低端场合的主要原因。CMOS 开口率低带来的另一问题是,像素点密度无法做到与 CCD 媲美的地步,图像细节丢失情况会更严重。因此,在相同尺寸的条件下,CCD 的像素规模总是高于同时期的 CMOS,这也是 CMOS 在很长一段时间未能进入主流广电级/专业级摄像领域的重要原因。现今,CMOS 已通过各种技术手段解决了由这一原因带来的图像质量差的问题。

4. 灵敏度

光源色温应为 3200K 的白光。投射到摄像器件上 1 流明光通量所产生的电流定为摄像器件的灵敏度。摄像器件的灵敏度与以下因素有关:

(1) 开口率对灵敏度影响很大。开口率越大,灵敏度越高。

(2) 感光单元电极形式和材料对进入片内的光量影响较大,例如多晶硅吸收蓝光,电极多并且面积大会影响光的透过率。

(3) 片内的杂波大小会影响灵敏度。

(4) 输出放大器的放大倍数会影响灵敏度。通过改变芯片内放大器的放大倍数,可以改变感光度 ISO 值。典型的 ISO 范围是 100～1600,最新的摄像器件最高可达 64000。高感光度同时也带来了高噪点问题。有的摄像机支持在高速快门条件下自动提高感光度。

摄像器件的光谱灵敏度是指在照度相同的条件下,分别测量各波长单独照射时的输出电流。光谱灵敏度影响摄像机的彩色还原特性。图 2-29 所示的曲线为一种 FIT CCD 的光谱响应。显然,CCD 的红色响应相对较强,蓝色响应较低。红色响应超过可见光范围时,需要在分光棱镜前加红外滤波器滤除红外线。但总的来说,CCD 在可见光谱内的响应比较均匀。因此有的摄像机不用色温校正片,只通过增益调节就可以在各种色温下调好白平衡,这样可减少光的损失。

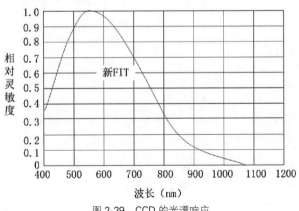

图 2-29　CCD 的光谱响应

5.噪声

摄像器件的输出信号的噪声来源有以下几个方面：

（1）短时间光电感应产生的随机光子噪声。

（2）来自放大器的 $1/f$ 噪声。

（3）重置噪声（Reset Noise），即当信号输出放大器被重置时的热噪声。

（4）输出放大器噪声，芯片上的 MOS 场效应管从电荷存储电容器输出的噪声。

（5）固有图形噪声（Fixed Pattern Noise，FPN），并不像其他图像噪声是随机的，它产生恒定的图形文案，特别是在图像暗部区域。CCD 的 FPN 主要由暗电流（由热激励产生的电子—空穴对）产生，在半导体中有缺陷的地方会出现暗电流峰值，因而在图像上产生固定的干扰图形。通过精心选择半导体内掺杂物，减小感光单元内特殊部分的电场，以及改进 CCD 内部结构，可有效地减少固定图形杂波，使得在一般亮度的图像上看不出 FPN。CMOS 的 FPN 主要是由于 MOS 晶体管放大器门限电压的不同而产生的。APS CMOS 的每个感光单元都有复位开关，负责将积累电荷清零，但是复位开关的清零效果并不理想，仍然会残留一些电荷，这些电荷将会成为 FPN。

6.动态范围

摄像器件的动态范围（Dynamic Range）取决于光电二极管能收集的最大电荷量与受杂波限制的本底噪声之比。

$$DR(dB) = 20Log\left(\frac{\text{Peak photodiode signal at saturation}}{\text{r.m.s. Noise}}\right) \qquad 公式（2-6）$$

例如 Canon 35mm CMOS 单个 RGB 感光单元的最大电荷量约为 40000e,本底噪声约为 12e,动态范围则为 70dB。如果采用了双绿空间偏置技术，亮度信号的动态范围可以达到 72dB（4000∶1）。

7.功耗/供电

所有的摄像器件都需要直流电压供电,CCD 一般需要 7~12V 的直流电压供电,而 CMOS 只需要 3.3~5.3V 的直流电压供电，相对功耗较低。这有利于延长便携式摄像机的电池使用时间，同时也降低了摄像器件的冷却需求，突出了 CMOS 在小型、轻便型摄像机中的使用优势。

2.3.4 快门和扫描

1.电子快门原理

电视摄像机在拍摄快速运动物体，例如赛跑、跳水等场面时，图像易模糊，这就要求缩短曝光时间。摄像机可以控制每个像素的电荷积累时间以控制入射光在感光单元上的作用时间，即在每一场内只将某一段时间产生的电荷作为图像信号输出，而将其余时间产生的电荷排放掉，不予使用。这就缩短了积累电荷的有效时间，相当于缩短光线照射的时间，这就是电子快门。电子快门的作用是提高活动图像的清晰度。常见的电子快门速度档位有：OFF、1/60s、1/100s、1/250s、1/500s、1/1000s、1/2000s。

图 2-30 给出了电子快门的控制方法。当电子快门开关为 ON 时,行频快门脉冲使感光单元的电荷一行一行地放掉,直到快门脉冲停止,电荷停止泄放,开始积累。积累电荷时间的长短,由每场出现的行频脉冲个数决定。脉冲个数由快门速度选择开关控制,快门速度越高,脉冲数越多。

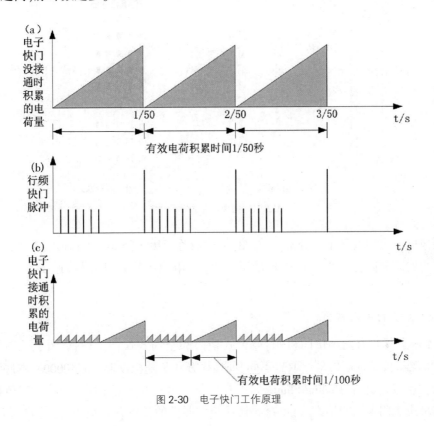

图 2-30　电子快门工作原理

由于计算机的垂直扫描频率与电视的场频不同,所以用摄像机拍摄计算机显示屏时,重现图像会在垂直方向出现滚动的暗条。这时可通过连续可调的微调电子快门调节快门速度,使之与计算机的垂直扫描频率一致,清除滚动的暗条。快门速度可从 50.3Hz 变化到 101.1Hz,共分 157 档。这就是摄像机的清晰扫描技术。

2.隔行扫描

实现隔行扫描的方式有两种:场积累式和帧积累式。

每个感光单元积累电荷的时间为一场 20ms 时,称为场积累式,如图 2-31(a)。电荷从感光单元转移到垂直转移寄存器后,相邻两行的电荷合并为一行信号。在奇数场是第 1 和第 2 行合并,第 3 和第 4 行合并;在偶数场是第 2 和第 3 行合并,第 4 和第 5 行合并。场积累式虽能提高活动图像清晰度,但会造成画面的垂直分解力下降。

帧积累式每场输出的电荷是隔行输出,如图 2-31(b),即在奇数场时只有奇数行感光单元的电荷在场逆程时转移到垂直转移寄存器中;在偶数场时,只有偶数行感光单元的电荷转移。因此每个感光单元积累电荷的时间是 40ms。虽然帧积累式拍摄静止图像的垂直分解力高,但是拍摄活动图像时惰性增大。

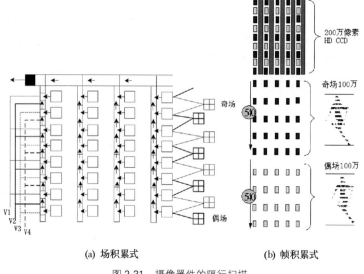

(a) 场积累式　　　　　　　　(b) 帧积累式

图 2-31　摄像器件的隔行扫描

摄像机可采用增强垂直分解力(EVS)方式或称超级 V(Super V)方式,在提高静态垂直分解力的同时降低惰性。在这种情况下,可选用帧积累式,同时接通 1/50 秒的电子快门。

3.CMOS 的快门机制

CMOS 摄像机有两种快门机制:卷帘式快门和全局式快门。根据快门方式的不同,CMOS 摄像器件的电荷信号读取也不同,即扫描方式和随机读取方式(见图 2-32)。

(1) 卷帘式快门(Rolling Shutter)

卷帘式快门采用扫描方式读取信号,从摄像器件的顶端开始向下,逐行进行复位,直到底部。复位后进行电荷积累,固定时间后,电荷被读出,见图 2-33。光电二极管不停地捕获入射光子并转换成电荷存储在势阱中;控制部分可以将其读出和清零,但不能停止曝光。卷帘式快门的优点是价格低、功耗小、开口率高;缺点是拍摄运动物体会出现明显的几何失真,见图 2-34。

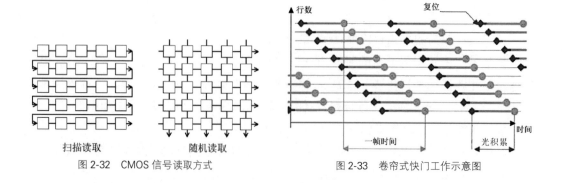

图 2-32　CMOS 信号读取方式　　　　　　图 2-33　卷帘式快门工作示意图

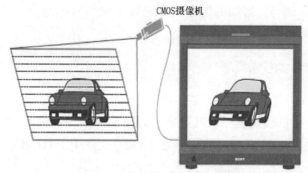

图 2-34 卷帘式快门产生的几何失真

假设 CMOS 数据的读出速度是每秒 20 帧,那么图像顶部和底部的曝光先后差 50 毫秒。采用卷帘式快门的 CMOS 图像传感器在拍摄水平运动物体时,画面中物体底部会向运动方向倾斜;在拍摄从上到下运动的物体时,物体会拉长。这种几何失真在行业中被称作"果冻"效应。为了减小或消除"果冻"效应,通常须配合机械快门,在曝光开始时整个摄像器件清零(目前绝大多数摄像器件都具备快速清零功能,可以在几个时钟周期内完成整个摄像器件的清零),然后机械快门打开,此时 CMOS 才开始积累电荷;曝光结束后机械快门关闭,所以没有电荷积累,最后数据按顺序读出。

另一种方法是提高数据的读出速度。高速信号读出有利于降低卷帘式快门造成的倾斜效应。图 2-35 给出了以每秒 60 帧和每秒 120 帧读出信号对输出图像倾斜度的影响差异。

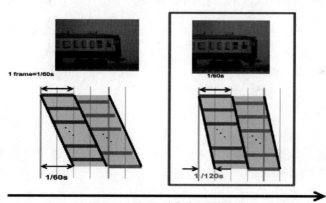

图 2-35 以不同速率读出积累电荷

（2）全局式快门（Global Shutter/ Snapshot Shutter）

全局式快门在每个像素处增加了转移区。全体像素在电荷积累开始前同时复位,同时开始收集光,生成电荷,见图 2-36。电荷积累结束后,每个像素中积累的电荷输出到转移区,然后信号将从那里被随机读取。由于增加了转移区,采用全局

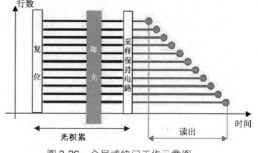

图 2-36 全局式快门工作示意图

式快门的 CMOS 开口率低,增加的转移区还引入了新的噪声源。但其优点是画面无变形,适用于超高速摄影。

2.3.5 摄像器件的技术发展

从上个世纪 80 年代开始,经过不断的研究,设备商终于制造出了高分辨率且高品质的 CCD,到了 90 年代已经能生产百万像素的高分辨率 CCD。进入 90 年代中期后,CCD 技术得到了迅猛发展,CCD 的尺寸也越来越小,相继出现了 HAD CCD、Power HAD CCD、Super CCD 等。

与此同时,通过不断努力,CMOS 器件推陈出新,成像质量已经可以与 CCD 相媲美。CCD 的很多既有技术也可以直接应用在 CMOS 器件上,而且 CMOS 可以拥有高像素数的大型摄像器件,而成本却没有上升多少。进入 21 世纪以后,相对于 CCD 的停滞不前,CMOS 展示出了蓬勃的活力,已经有逐渐取代 CCD 的趋势。

1.HAD CCD/CMOS

图像噪声的来源之一是光电感应区域的随机光子噪声。一方面,当感光单元表面暴露在外时,一些离散的自由电子会随机地附着到感光单元表面,增加了积累电荷;另一方面,当势阱中积累电荷增加至感光单元表面时会离散出去(类似酒精挥发),以致减少了积累电荷(见图 2-37a)。为解决上述问题,1984 年 Sony 研发了 HAD(Hole Accumulated Diode) CCD,采用薄片(Hole Accumulated Layer,HAL)覆盖感光单元(见图 2-37b),可阻止自由电子进入势阱,同时也防止积累电荷"挥发"。

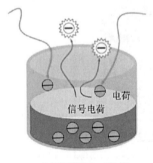
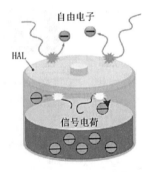

(a)传统光电二极管　　　　　　　　　　　(b)覆盖式光电二极管

图 2-37　HAD CCD

HAD 技术也被应用于 CMOS 摄像器件以改善图像质量。但是,如果 CMOS 直接使用覆盖式光电二极管,HAL 将阻止感光单元输出表面差异电压,使得 CMOS 无法正常工作。为此,Sony 研发了新的 CMOS 结构:用 HAL 覆盖光电二极管,在每个像素点的边上增加一个被遮光的浮动转移区(Floating Diffusion),类似 CCD 的垂直转移寄存器,然后将光电二极管产生的电荷迅速倒入浮动转移区,存储电荷并输出表面差异电压。

2.Hyper/Super HAD CCD/CMOS

摄像器件的灵敏度是其重要性能参数之一,不论是 CCD 还是 CMOS,入射光并不是完全被利用,在芯片的某些位置没有光电转换功能,因而入射光被白白消耗掉。如果能有效利用这部分入射光,将有助于提高摄像器件的灵敏度。1997 年 Sony 研发了 Hyper HAD CCD(用于广播级摄像机)和 Super HAD CCD(用于非广播级摄像机),采用片上微透镜技术(见图 2-38),引导更多的入射光有效照射到每个像素的感光区域。同时,该技术还有助于减轻垂直亮带。

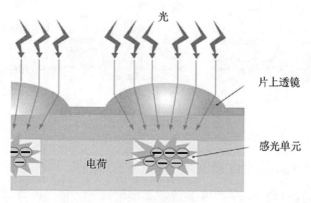

图 2-38 片上微透镜技术

为了补偿开口率较低引起的低灵敏度问题,CMOS 也借用 CCD 制造工艺中的片上微透镜技术,从而可将 APS 的有效填充系数提高 2~3 倍。

3.Power HAD CCD/Power HAD EX/Exwave HAD CCD

1998 年 Sony 研发了 Power HAD CCD(用于广播级摄像机),提升了片上微透镜的生产制造工艺,减小了像素透镜之间的间隔带,从而进一步提高了摄像器件的灵敏度,见图2-39。

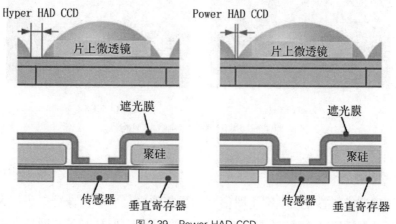

图 2-39 Power HAD CCD

1998 年 Sony 研发的 Exwave HAD CCD(用于广播级摄像机)和 2000 年推出的 Power HAD EX CCD,在片上微透镜和感光单元的遮罩层之间增加了一个内置透镜(见图 2-40)。该双凸透镜使得入射光更加有效地被利用,也有助于抑制片内杂散光,防止入射光进入垂直转移寄存器,可进一步减轻垂直亮带。

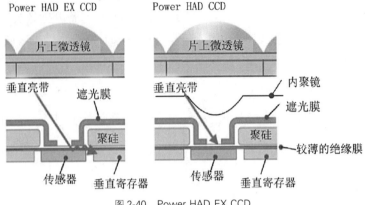

图 2-40　Power HAD EX CCD

4.Super CCD/Super CCD EXR

1999 年,Fuji 推出的 Super CCD 并没有采用常规正方形二极管排列,而是使用了一种八边形的二极管,以蜂窝状形式排列,这就增大了单位像素的面积,在排列结构上比传统 CCD 更紧密,使灵敏度、信噪比和动态范围都有所提高。

Super CCD EXR 以 Super CCD 为基础,改变了彩色滤镜阵列,将颜色相同的两个相邻像素合并为一个像素单元,从而进一步提高灵敏度、降低噪点;同时,采用双重曝光控制,实现高动态范围。

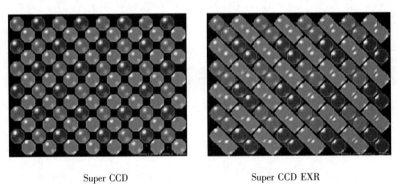

图 2-41　Super CCD/Super CCD EXR

5.ClearVid CMOS

任何一项图像传感器技术都企图很好地平衡像素尺寸和图像分解力。大尺寸像素意味着较高的灵敏度、较大的动态范围和较高的信噪比,但是对于相同尺寸的芯片则分解力较低。ClearVid CMOS 采用独特的光电二极管格状排列,其中每个二极管都可以旋转 45°,从而优化了 CMOS 的分解力,同时最大限度地扩展了感光面积。对于相同的芯片尺寸,旋转后像素线宽减小为 $1/\sqrt{2}$,可以得到高密度的像素阵列,如图 2-42(a)和(b)所示;反之,对于相同的像素线宽,ClearVid CMOS 可以提供更大的像素面积,如图2-42(c)

和(d)所示。

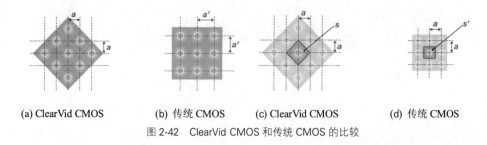

(a) ClearVid CMOS　　(b) 传统 CMOS　　(c) ClearVid CMOS　　(d) 传统 CMOS

图 2-42　ClearVid CMOS 和传统 CMOS 的比较

ClearVid CMOS 的一半像素信息直接来自光电转换,另一半像素信息通过插值运算得到。例如 ClearVid CMOS 实际有 960×1080 个感光单元,通过差值运算可使其达到高清的 1920×1080 像素数,见图 2-43。插值运算由增强图像处理器(Enhanced Imaging Processor)中的大尺寸整合电路(Large-scale Integrated Circuit)实现,能提供精确的插值方案(Interpolation Scheme),以进一步提高图像分解力。

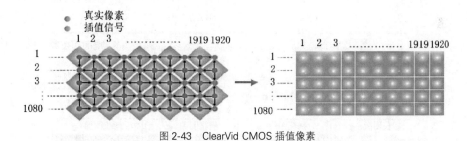

图 2-43　ClearVid CMOS 插值像素

6.Exmor CMOS/Exmor R CMOS

在 Exmor CMOS 中,一些结构性单元被合并到感光单元中,有助于降低噪声。除了用双相关取样电路输出表面差异信号,消除像素间差异产生的 FPN 外,还采用数字双相关取样去除列线电路间差异产生的 FPN。另外,传统的 DPS CMOS 采用芯片级 A/D 转换,在芯片底部的行线末端将模拟信号转换成数字信号,在这之前模拟信号容易产生高频噪声,有损图像质量。Exmor CMOS 集成列级 A/D 变换器,减少了模拟信号传输距离,具有更强的抗噪性能,见图 2-44。

通过上述方法消除噪声后,使得 CMOS 摄像器件的质量可与 CCD 相媲美。Exmor CMOS 的最低照度可降至 0.2lx。

除了抑制噪声,Exmor CMOS 还具有 View-DR 功能,即宽动态范围(Wide-D)技术。例如 60fps 的视频序列,其中 30 帧采用长时间曝光,另 30 帧采用短时间曝光,通过色度和亮度的视觉增强图像处理,将这两部分合并后实时输出,从而实现高动态范围,如图 2-45所示。

传统 CMOS 制造工艺中 A/D 转换器和放大电路位于光电二极管的上层,"挡住了"一部分光线。Exmor R CMOS 采用了背面照射技术(Back-illuminated High-sensitivity

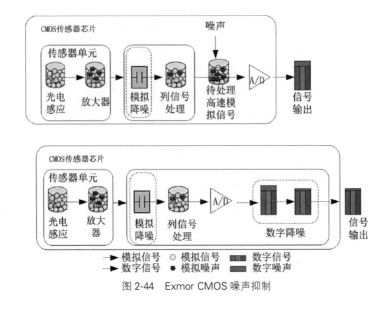

图 2-44 Exmor CMOS 噪声抑制

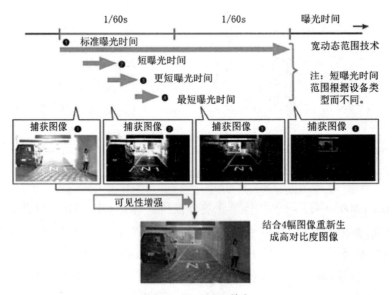

图 2-45 View-DR 技术

CMOS image sensor),将光电二极管放置在了摄像器件芯片的最上层,把 A/D 转换器及放大电路放置在芯片的背面,如图 2-46 所示。由于不受金属线路和晶体管的阻碍,开口率可提高至近 100%,这大大提高了感光度。因此在光线不足的环境下拍摄,能够大幅降低图像噪点,获得更清晰的图像。

CMOS 的优势是低成本、低功耗和高集成度,同时制造技术的不断改进、更新,使得 CMOS 与 CCD 的成像质量差异逐渐缩小。新一代的 CCD 以耗电量减少为改进目标,而 CMOS 开始向大尺寸、高速影像处理方向发展;CMOS 跨足高端影像市场已开篇。

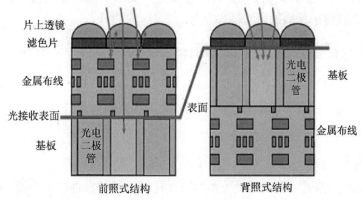

图 2-46　背照式 CMOS

2.4　摄像机中的视频信号处理

2.4.1　需要解决的问题

摄像机光学系统和摄像器件的性能都是不理想的。摄像机光学系统可能存在的缺陷主要有以下几点：

（1）入射光在各镜片之间反复地反射和透射，造成大量杂散光。

（2）镜头的透光率在整个像面上不均匀。

（3）分光棱镜在整个像面上分光不均匀，造成色渐变。

（4）理想镜头成像必须满足点成像为点、垂直的面与光轴垂直成像、物与像互为相似形。而实际镜头并不理想：镜片的球面形状使得点非点，不同波长的光焦点也不同。镜头可能出现各种几何畸变，最典型的是桶形失真（Barrel Distortion）和枕形失真（Pillow Distortion），见图 2-47。

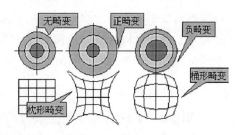

图 2-47　镜头的几何畸变

摄像机摄像器件可能存在的缺陷主要有：

（1）由于摄像器件像素数有限，对于某些高频图像来说分解力仍然不够高，画面会出现混叠失真。

（2）由于摄像器件的像素面积不可能无限小，画面会出现孔阑失真。

（3）灵敏度不够高，这与摄像器件的开口率、感光单元的电极形式和材料以及片内杂波有关。

（4）片内分子热运动产生少量电荷，且不均匀，有缺陷的地方出现峰值，在图像上产生固定干扰图形。

（5）片内的晶体结构和各半导体之间有少量反射光，也会出现杂散光。

（6）安装精度造成三片摄像器件与像面配准度不一致。

上述可能存在的缺陷需要在视频处理放大器中得到有效补偿。除此以外，视频处理放大器还需要扩大摄像机的动态范围、校正摄像—显像系统的非线性、补偿摄像机的光谱响应、混消隐以输出标准的电视图像信号。

2.4.2　视频信号处理放大器各模块的功能和原理

摄像器件输出信号分别被送入三路视频信号处理放大器。三路放大器的结构相同，在某些摄像机中，三路放大器集成于一个芯片之内。视频信号处理放大器各模块的功能和原理具体如下：

1.黑斑校正

黑斑现象在图像上的表现是黑色不均匀。这是由摄像器件的暗电流不均匀引起的。没有光进入镜头时，摄像器件本应无信号电压输出，但由于片内的分子热运动产生很少的电荷，而且在整个像面上电荷量不一致，从而引起黑色不均匀。

摄像器件输出信号被送到视频信号处理放大器后，首先在黑斑校正电路进行黑斑补偿和黑色设定（BLK SET）。黑斑补偿使得无光照时的黑色信号波形变平，使画面黑色均匀。黑色设定是将输入到增益可控放大器的黑色电平与消隐电平都设置在零电平上，以保证放大器在增益变换时黑色电平不变，这又称黑跟踪。

在数字校正电路中，整个像面被分成 114（水平）×228（垂直）= 25992 个区进行检查。光圈关闭时，数字自动检测电路检测出的误差值存储在存储器里，工作时从存储器中读出校正数据，控制黑斑校正电路进行黑斑校正。消隐期间不存在黑斑，不应该有校正信号。

黑色设定是用一个与黑色信号大小相等、极性相反的黑脉冲信号与黑色信号相加，将黑色信号抵消为零，或在摄像器件四边加光学黑边，在光学黑边处进行钳位。光学黑处与光学像面处同样有暗电流产生的信号，将这部分信号钳位到零电平，并将零电平以下的消隐部分切掉，消除由暗电流产生的信号。

2.增益提升

当拍摄场景较暗时，需要提高处理放大器的增益，使白色电平达到 0.7Vpp。自动控制电路中的微计算机根据增益开关的位置，送出相应的控制电压使增益提升。常见的增益档位有−3dB、0dB、6dB、9dB、12dB、18dB、24dB 和 30dB 等。一般情况下应采用 0dB 档，因为增益加大时，图像信噪比降低。在照明足够的情况下，用负增益可以提高信噪比，画面质量略有提升。

3.白平衡调节

无论环境光如何，屏幕上应重现出标准白色，但是由于摄像机光谱特性和环境光色温的变化，往往实际场景中的白色在屏幕上呈现的不是标准白色。摄像机的光谱特性由镜头的透光特性、分光棱镜的分光特性和摄像器件的彩色还原特性（光谱灵敏度）决定。

白平衡调节就是用来解决上述问题的。拍摄一幅纯白图像，使得白色占画面的 70%或 3/4 以上，可手动调节红路和蓝路增益，使红路和蓝路的电平与绿路电平相等。这样，荧光屏上就能重现出标准白色。白平衡调节电路可进行增益微调，既可以手动调节，也可以自动调节。自动白平衡是假设场景的色彩平均值落在一个特定的范围内。如果白平衡感测器测量得到的结果偏离该范围,则调整相应参数并校正,直到其均值落入指定范围内。该处理过程可基于 YUV 空间或 RGB 空间。通常的处理方式是通过校正 R/B 增益,使得 UV 值落在一个指定的范围内,从而实现自动白平衡。调节白平衡时还需要注意合适的曝光量,一般选择自动光圈。

通常先自动调节白平衡,使多台摄像机输出的色彩基本一致。如果由于摄像机精度受到限制,色彩略有不同,则可手动微调白平衡。

4.白斑校正

当拍摄均匀的白色画面时,荧光屏上重现出的白色不均匀,容易形成白斑。产生白斑的原因是由于镜头的透光率在整个像面上不均匀,分光棱镜存在色渐变,使得白色电平在水平方向和垂直方向上不一致。白斑的程度与图像亮度成比例,因此白斑也被称为调制型黑斑。

白斑校正的方法与黑斑校正类似。摄像机对任意形状的白斑都可以准确地校正,且整个操作都在计算机控制下自动完成。同样,在消隐期间不存在白斑,也不应该有校正信号。

5.杂散光校正

光线通过镜头中的各片透镜时仍有很小的反射量,这部分反射光在各镜片之间反复地反射和透射,形成杂散光。此外,摄像器件内的晶体结构和各半导体之间也会有很少的反射光,形成杂散光。杂散光提高了白色周围的电平,降低了图像的黑白对比度,使得图像看上去如蒙上一层雾。同时,由于光的反射量与波长有关,波长较长的红光反射量最大,因此杂散光会使得黑色偏红,破坏黑平衡。

杂散光校正的基本方法是对图像信号的平均电平进行负反馈,调节反馈量,使之恰好抑制杂散光所引起的黑电平变化。

6.黑平衡调节

当摄像机拍摄纯黑物体时,即图像对光的反射率小于3%或关闭光圈时,红、绿、蓝三路输出的电平被称为黑色电平。该电平使得显示器呈现黑色。重现纯黑色要求摄像机输出的红、绿、蓝三路的黑色电平相等,即为摄像机的黑平衡。

关闭光圈后,调节红路和蓝路的黑色电平,使它们与绿路的黑色电平相等,以实现黑平衡调节。与白平衡调节相似,黑平衡调节也分为自动和手动两种。通常演播室先调黑再调白。

如果红、绿、蓝黑色电平同时调节,而且不影响黑平衡,则称为总黑电平调节(M. PED)或底电平调节。

7.白压缩

（1）摄像机的动态范围

摄像机的动态范围是指一幅拍摄图像上所能传送的最大亮度变化范围,即拍摄景物的最大对比度。这个亮度范围以外的亮度变化在输出的图像上已无反应。

在光圈确定后,摄像机可拍摄的最低亮度主要受摄像器件的热杂波限制。如果图像信号电平接近杂波电平,图像就无法分辨了。当杂波功率低于信号功率 20dB 时,图像才能看清楚。摄像机可重现的最高亮度由视频处理放大器的白切割电平限定。白电平超过 110%(PAL 制)或 115%(NTSC 制)时,由白切割电路将其限定在 110% 或 115%,即景物亮度超过 110%~115% 后,摄像机输出的信号电平不再随景物亮度增强而提高,荧光屏上呈现的白色不变。

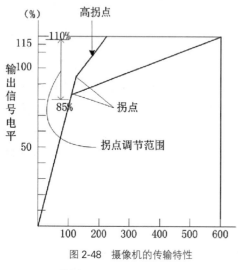

图 2-48　摄像机的传输特性

摄像机的动态范围可以用传输特性曲线来描述,如图 2-48 所示,它表示入射光强度与摄像机输出信号电平之间的映射关系。摄像机输出信号的消隐电平为 0mV,标准白色电平为 0.7Vpp,归一化后设定为 100% 信号电平。当放大器增益为 0dB 时,相应 100% 信号电平的景物照度定为 100% 的入射光强度。传输特性曲线的斜率表明了摄像机处理放大器的增益及图像亮度层次。斜率越大,增益越大,亮度层次越丰富。摄像机的动态范围反映了图像有亮度层次的入射光强的最大值,即达到白切割电平的入射光强的最小值。

（2）拐点

为提高摄像机的动态范围,在电平为 100%~115% 部分采取白压缩,使放大器增益减小。这样在入射光超过 200% 以后,输出信号的电平才达到白切割电平,使得入射光在 100%~200% 的范围内,图像的亮度层次仍能呈现在显示器上,从而扩大了摄像机的动态范围,只是重现图像的亮度层次减少了一些。白压缩开始作用的点,即增益减小的起始点,被称为拐点。

拍摄高对比度的场景时,如逆光像,若把拐点设在 100% 电平处,动态范围还是不够。若调节光圈使得较暗的前景图像亮度合适了,则很亮的背景部分就完全失去了亮度层次而呈现一片均匀白色。相反,若调节光圈使得背景层次分明,前景就显得暗了。为进一步提高拍摄质量,摄像机在处理放大器内设计了自动拐点(AUTO KNEE)、动态拐点(DY-NAMIC KNEE)、动态对比度控制(DCC)电路。自动拐点可随入射光的强度自动调节,当入射光强时拐点自动降低。一般,在拐点降低到 85%、入射光强度增大到 600% 时,摄像机输出的信号电平仍满足不超过切割电平,见图 2-48 中拐点较低的曲线。此时,摄像机的动态范围已扩大到 600%。由于拐点以上的亮度层次并不丰富,在入射光不太强时,拐点自动升高,以扩大传输特性曲线的线性范围。同时,拐点以上的传输特性曲线斜率也可调。

8.轮廓校正

（1）摄像机的孔阑特性

由于摄像器件感光单元面积不是极小,孔阑失真使图像细节变模糊。孔阑失真引起的高频衰落不同于一般放大器的高频失真,它只引起高频信号的幅度下降,没有相位失真。

摄像器件的感光单元对景物成像沿水平方向进行空间采样时,抽样脉冲不是理想的δ脉冲,而是有一定宽度的脉冲序列。摄像器件输出的高频信号幅度会明显降低,这就是摄像机的水平孔阑效应。

摄像器件对光学信息的传送在垂直方向是按扫描行进行采样的,与水平方向相同,也存在孔阑失真。垂直孔阑特性与信号沿垂直方向变化频率有关。频率为$f_H/2$的奇数倍时,垂直孔阑效应使输出信号幅度下降为零。

对于活动图像来说,还要考虑由于时域采样产生的孔阑效应。在时域内是按帧抽样。活动图像的电视信号总频谱图如图 2-49 所示。图中外层虚线 $a_x(f)$ 表示水平孔阑失真的影响,整个频谱的高频响应下降;中间的虚线表示垂直孔阑失真的影响,幅度在半行频的奇数倍处下降为零;内层的实线表示时间轴采样的影响,这些谱线的间隔是帧频。

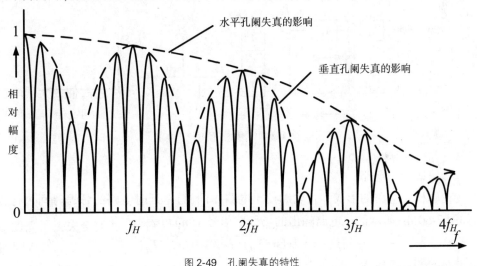

图 2-49　孔阑失真的特性

（2）摄像机的轮廓校正电路

摄像机的轮廓校正电路可对水平孔阑失真和垂直孔阑失真进行校正。轮廓校正电路中产生水平和垂直方向的边缘信号,称为细节信号 DTL,并叠加到 R、G、B 信号上。

①行轮廓校正电路

用同一行内相邻的 3 个样点进行运算的行细节产生电路,如图 2-50(a)所示。输出的行细节信号为:

$$y(n) = 2x(n-T_s) - x(n) - x(n-2T_s) \qquad 公式(2-7)$$

公式中,$x(n)$ 为当前输入信号,T_s 为延时单元的延时时间,等于采样时钟周期,$n=0$,1,2……可以求得该系统的频率响应为:

$$H(e^{jw}) = 4\sin^2\left(\frac{\omega}{2}\right)e^{-j\omega} \qquad 公式(2-8)$$

其相频特性是线性的,幅频响应为

$$H_x(f) = 4\sin^2(\pi f T_s) \qquad 公式(2-9)$$

频率响应的峰值出现在下列各个频率上:

$$f_{px} = (2n+1)\frac{1}{2\,T_s} \qquad 公式(2-10)$$

在视频带宽内出现峰值的频率为 $1/2T_s$,行细节信号的宽度为 T_s。图 2-50(a)中还示出了 $0 \sim f_s$ 范围内的电路频率响应 H(f)、单位脉冲响应 h(n) 和运算样点的空间分布及其加权系数。

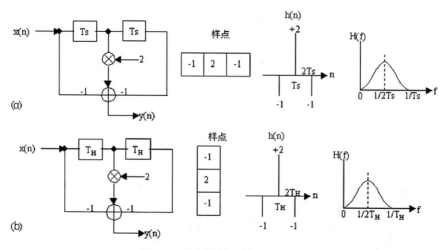

图 2-50　数字轮廓校正信号产生电路

②场轮廓校正电路

场轮廓校正电路的形式和行轮廓校正电路相同,只是延时电路的延迟时间为行周期 T_H,如图 2-50(b)所示。该电路输出的场细节信号 $y(n)$ 可表示如下:

$$y(n) = 2x(n-T_H) - x(n) - x(n-2T_H) \qquad 公式(2-11)$$

电路的幅频响应为:

$$H_y(f) = 4\sin^2(\pi f T_H) \qquad 公式(2-12)$$

其出现峰值的频率为:

$$f_{py} = (2n+1)\frac{1}{2\,T_H} \qquad 公式(2-13)$$

可见,峰值频率为半行频的奇数倍。图 2-50(b)中只画出了第一个峰值点。

(3)多种形式的轮廓校正

采用 FIR 滤波器产生 DTL 信号,只要在数字滤波器中增加运算的样点数、改变样点的空间分布、控制滤波器的各个加权系数即可对各种图像产生准确的校正信号并改变细节信号的宽度。实际可做到的细节宽度在 $0.07 \sim 0.18\mu s$ 范围可调;纤细或粗阔的线条都能使其轮廓清晰;还可单独增强任意彩色的细节。例如单独对红玫瑰加强细节,而不影响其他彩色的细节量。另外,采用多级亮度灵敏度算法,专对暗处产生适当的细节信号,将噪声降低到最低程度,使暗处的头发等细节图像清晰度提高。

轮廓校正提高了图像的清晰度,也使人物的皮肤纹理及斑点加重,变得粗糙。尤其是对于人物特写镜头,斑点会显得更加突出。因此在数字轮廓校正电路中可以准确地计算出图像上的肤色部位,产生控制信号,使其校正信号减至最小,重现自然皮肤,而对其他颜色校正信号毫无影响。这种功能称为肤色孔阑校正。肤色孔阑的关键电路是肤色检测电路,该电路根据确定的肤色范围进行计算。肤色范围可以调节。当 R-Y 和 B-Y 的二进制数值和符号属于这个范围时,检测电路就送出抑制脉冲到校正信号放大电路。

9.彩色校正

摄像机光谱响应由镜头的透光特性、分光棱镜的分光特性和摄像器件的光谱灵敏度综合决定。实际的光谱响应缺少理想光谱特性曲线中的负瓣和正次瓣,这必然使摄像机输出 R、G、B 电压之比偏离理想值,引起彩色失真。因此必须对输出电压的光谱响应进行校正。在视频处理放大器中可采用电子的方法模拟理想光谱响应的负瓣和正次瓣。

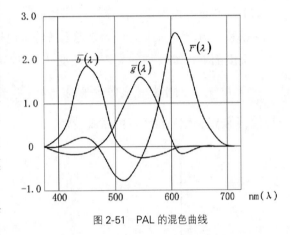

图 2-51　PAL 的混色曲线

根据理想光谱特性曲线的形状,每个基色光谱响应的负瓣和正次瓣都可以用其他两个基色信号模拟。校正后的信号与校正前的信号关系可用线性矩阵形式表示。因此,这种彩色校正电路也叫线性矩阵电路。

令 R_o、G_o、B_o 为校正后的信号,R、G、B 为校正前的信号,则彩色校正信号可表示为:

$$\begin{bmatrix} R_o \\ G_o \\ B_o \end{bmatrix} = \begin{bmatrix} a & b & c \\ d & e & f \\ g & h & i \end{bmatrix} \begin{bmatrix} R \\ G \\ B \end{bmatrix} \qquad 公式(2-14)$$

彩色校正电路对黑白图像应没有影响,校正后不影响黑、白平衡。为此,9 个校正系数应满足下式:

$$\begin{aligned} a+b+c &= 1 \\ d+e+f &= 1 \\ g+h+i &= 1 \end{aligned} \qquad 公式(2-15)$$

将上式写成:

$$\begin{aligned} a &= 1-b-c \\ e &= 1-d-f \\ i &= 1-g-h \end{aligned} \qquad 公式(2-16)$$

并带入公式 2-14,可得到:

$$R_0 = R + b(G-R) + c(B-R)$$
$$G_0 = G + d(R-G) + f(B-G)$$
$$B_0 = B + g(R-B) + h(G-B)$$

公式(2-17)

按上式可以得到另一种形式的校正电路,称为差信号校正电路。这种电路只需要 6 个系数,便于调节,有助于解决不同彩色摄像机的彩色匹配问题。在数字处理放大器中可存储几组校正系数供选用,也可以修改校正系数。由于在图像相加和相减时,噪声功率总是相加的,所以彩色校正后噪声会增加。为了限制噪声的增加,校正系数应小于 1.5。

10. γ 校正

γ 校正电路是用来校正摄像—显像系统非线性的,在摄像机中主要是对显像系统电光的非线性进行预校正。摄像器件的光电变换关系为 $u = k_1 B_1^{\gamma_1}$, $\gamma_1 = 1$。显像系统的电光变换特性 $B_2 = k_2 u_g^{\gamma_2}$, u_g 为显像系统输入电压。彩色显像管的 $\gamma_2 = 2.8$。要想使显像系统亮度随着拍摄景物的亮度线性变化,γ 校正放大器的传输特性应为 $u_g = k_u^{\gamma}$, $\gamma = \frac{1}{\gamma_1 \gamma_2} = 1/\gamma_2$。对于彩色显像管来说,$\gamma = \frac{1}{2.8} = 0.35$。图 2-52 示出了显像管的电光变换特性、γ 校正特性和校正后的系统特性。

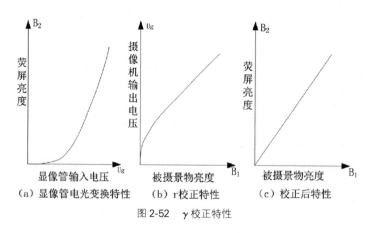

图 2-52 γ 校正特性

实践证明,由于电视观看环境不是极黑,显像系统重现图像会受环境光的影响,对比度和饱和度都有所下降,当 $\gamma \cdot \gamma_2 = 1$ 时,观看效果并不是最佳的。实际上,γ 值可在1~0.45 之间调节,以得到最佳的校正效果。

对输入信号电平抽取 500 个点,计算其输出电平,将各种典型 γ 值(如 0.4,0.45,0.7,……)的计算结果存入存储器中,生成相应的 γ 表,在工作中用输入信号作为地址,用查表方法读出计算结果,因此数字 γ 校正电路也称 γ 表。在摄像机中实际上都存储了几个可供选择的 γ 表。数字 γ 校正能使 R、G、B 三路信号的 γ 校正特性精确一致,变光圈时保持色调不变,从而提高了重现图像的彩色质量。

11.混消隐和黑电平建立

混消隐模块将符合电视图像信号标准的行消隐(12μs 的脉冲)和场消隐(1.6ms 的脉冲)混入图像信号。

消隐电平为 0 时,电视图像信号的白色电平规定为 700mV,称为 100%电平;黑色电平为 14~35mV,为白色电平的 2%~5%。把黑色电平与消隐电平之差称为黑电平或黑电平提升,用"PED"表示。

如前文所述,在增益调节电路之前,必须使黑色电平与消隐电平一致,并等于零,以保证改变增益时黑色电平不变。但是,摄像机最后输出的黑电平是在混入标准消隐脉冲后建立的,如图 2-53 所示。在消隐脉冲期间,电路中的开关接通使消隐电平降低,在消隐脉冲以外的期间开关断开,使图像信号电平保持不变。信号通过开关电路后,进入黑切割电路。黑切割电路可将消隐脉冲期间的杂波及不用的图像信号切除,并将消隐电平固定在切割电平上,图 2-53 中设为 3.5V。确定了黑色电平与消隐电平之差,即建立了黑电平。虽然调节切割电平可以调节黑电平提升量,但实际上消隐电平是固定的。在黑电平调节电路中调节放大器的直流电平,以此改变黑色电平与消隐电平之差,从而实现黑电平提升。

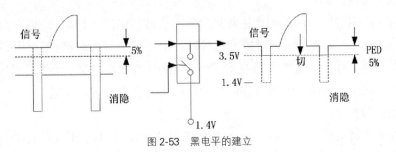

图 2-53　黑电平的建立

2.4.3　摄像机的其他功能介绍

1.黑扩展和黑压缩

黑扩展只对电平在 30%(或 40%)以下的信号进行 γ 校正,提高图像暗部的亮度,增强暗处的灰度层次,而不影响图像的明亮部分,见图 2-54。黑压缩只对电平在 30%以下的信号进行 $1/\gamma$ 校正,它可以加大暗处的反差,降低其平均电平,提高暗处的清晰度,但不影响亮处图像。

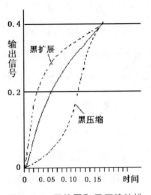

图 2-54　黑扩展和黑压缩特性

2.高亮度区色度保真

白压缩扩大了动态范围,但在拐点以上的高亮度处容易出现色度失真。高亮度区色度保真数字处理电路可单独计算每个像素的彩色信息,让各路信号做出最佳的压缩特性,压缩时兼顾亮度和色度。例如,某基色信号达到拐点开始压缩时,其他两个基色信号以相同的压缩系数同时开始压缩,这样可保持色调和饱和度都不变。亮度再高时,出现第二个拐点,某些彩色的色饱和度开始变化,但色调仍可保持不变,如图 2-55。

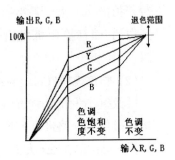

图 2-55　高亮度区色度保真的白压缩

3.数字降噪

摄像机在正常的景物照度下输出的图像信号具有很高的信噪比,但是在低照度下拍摄时需要采用高增益,这时信噪比会大幅降低。摄像机可采用数字降噪电路提高图像质量。根据图像的帧相关性和噪声的随机性,将图像信号在时间上以帧为单位进行平均。例如,将每相邻两帧图像信号相加,信号电平增加 2 倍,而噪声是功率相加的,其有效电平增加 $\sqrt{2}$ 倍,于是信噪比提高了 3dB;若每 n 个相邻帧信号相加,信噪比可提高 $\sqrt{n}$ 倍。

4.防抖功能

摄像机在使用过程中由于抖动会造成影像不稳定。如今摄像机防抖的方法有以下几种:

（1）电子防抖(SIS)

使用数字电路进行画面处理产生防抖效果。当防抖电路工作时,拍摄画面只有实际画面的 90% 左右,然后数字电路对摄像机抖动方向进行检测和跟踪,进而用剩下的 10% 左右画面进行抖动补偿。这种防抖技术成本低,但对画面清晰度会带来一定的损失,不过这种损失肉眼难以分辨。多数低档的单片摄像机具有电子防抖装置。

（2）光学防抖(OIS)

利用安装在镜头里的一组可以上下左右活动的镜片(PSD 镜片)来完成。当发生抖动时,检测电路检测出抖动的方向,经控制电路控制 PSD 镜片相应地移动,对抖动进行补偿。这种防抖技术补偿效果好,补偿后画面没有质量损失,但电路及光学结构复杂,成本相对较高。一般高档的三片摄像机配备此技术,例如 Nikon 的 VR(Vibration Reduction)系统、Canon 的 IS(Image Stabilization)系统、Pentax 的 SR(Shake Reduction)系统和 Sony 的 SSS(Super Steady-Shot)系统等。

5.夜视功能

摄像机在光线很暗甚至一点光线都没有的情况下也能拍出图像。

（1）主动红外夜视(0 Lux Night View)

在夜视状态下,摄像机会发出人们肉眼看不到的红外光线去照亮被拍摄的物体;红外线经物体反射后进入镜头进行成像。这种夜视功能可以在完全没有光线的条件下进行拍摄。但由于采用的是红外摄影,无法进行彩色的还原,所以拍摄出来的画面是黑白的,而且摄像机发出的红外光线只能照亮摄像机前面一小片区域,拍摄范围有限。

（2）彩色夜视(Color Night View)

摄像机不发出任何光线,而是采用延长摄像器件的曝光时间,通过延长电荷积累并运用摄像机电路进行高增益运算来进行低照度拍摄。这种夜视功能要求拍摄环境至少有 1 Lux 的光线(大概一支蜡烛的亮度),拍摄出的画面是彩色的。但由于摄像机曝光时间延长,拍摄的画面会产生拖尾现象,因此只适用于拍摄静止的物体或慢速移动的物体。

6.自适应细节控制功能

此功能可有效地消除由于细节增强带来的在高亮度区、高对比度环境中物体边缘产生的勾边现象,同时可以随意控制物体边缘的"厚度",使整个画面更加自然、真实,见图2-56。

图 2-56　自适应细节控制功能

7.电子柔焦功能

减小原始信号的细节,可以使整个画面的锐度降低,提供与柔焦滤光片相似的效果,见图2-57。此功能可以与肤色细节校正功能配合使用,使粗糙的皮肤看起来变得光滑。

图 2-57　电子柔焦功能

8.慢动作记录(高速摄像)

如图 2-58 所示,倘若摄像机使用 60 帧/秒的速度进行 10 秒钟的升格拍摄,那么总共就记录下了 600 帧画面。如果这些画面以每秒 24 帧的速度播放,播放时间将持续 25 秒,于是就得到了慢动作效果(也称为高速摄像)。反之,倘若使用 10 帧/秒的速度降格拍摄 10 秒钟的画面,再用 25 帧/秒的速度重放,那么重放时间仅有 4 秒,这就形成了快动作效果。

高速摄像要求摄像机有高灵敏度的摄像器件和高速处理器。摄像机处理器将一路高速的视频转换为多路正常速度的视频(如三相视频)输出到慢动作服务器;服务器可以

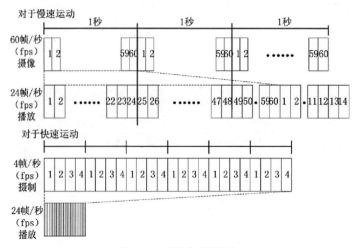

图 2-58   慢动作和快动作

提供从静帧到快速播放的一系列视频输出。

高速摄像还存在交流灯光闪烁问题。如图 2-59 所示,当三倍速拍摄时,交流灯光的频闪问题造成每帧画面的亮度不匀。解决这个问题的方法有:

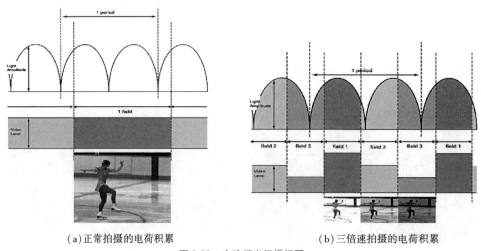

(a)正常拍摄的电荷积累   (b)三倍速拍摄的电荷积累

图 2-59   交流灯光闪烁问题

(1)使用高速摄像机频闪仪进行光线补偿或采用三相照明(3-phase Lighting)。

(2)使用摄像机预置去闪烁系统(例如汤姆逊 LDK 23HS mkII Camera Flicker Reduction System),可针对不同的灯光选择不同的档位。

(3)使用自动亮度控制(Auto Lighting Function)的去闪烁功能补偿电路。

9.多种伽马

电视伽马拍摄的画面色彩过于夸张,而用电影伽马拍摄的画面色彩还原接近于胶片。电影伽马还可以弱化画面暗部的对比度,增强亮部区域的层次,它是根据电影胶片的平均转换特性设定的,如图 2-60 传输特性曲线在暗区域的斜率比较小,在中灰度区的斜率是一致的,而在高亮度区则变平坦了,因而提高了总体的动态范围。图 2-61 给出了 PanasonicAJ-DVC180AMC 摄像机提供的多种伽马曲线,其中 Cine-like 为电影伽马, Cine-like-D 为电影模式被调整到动态范围优先,Cine-like-V 为电影模式被调整到对比度优先,NORM 为标准的电视伽马校正。

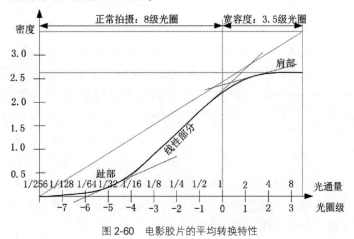

图 2-60　电影胶片的平均转换特性

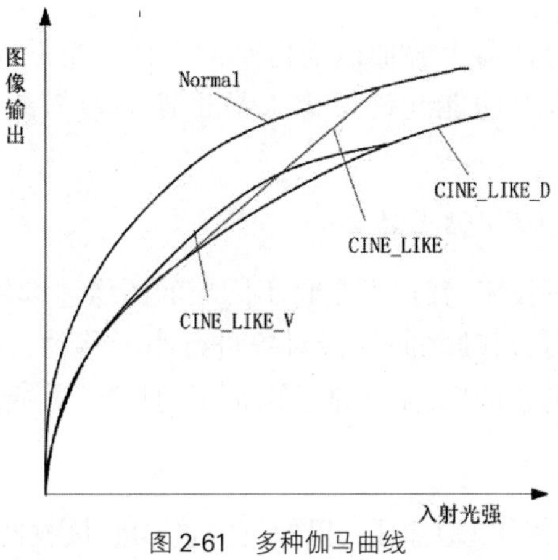

图 2-61　多种伽马曲线

10.间隔记录

间隔记录指按预定间隔(不小于 30 秒)和预定时间长度(不小于 0.5 秒)间隔地记录信号,如图 2-62 所示。它非常适合长时间拍摄,如云的运动和花开的过程。

间隔记录可分为自动间隔记录(A.INT)和手动间隔记录(M.INT)。在自动间隔记录模式中,

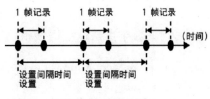

图 2-62　间隔记录

摄像机可以每隔一段指定的时间,自动拍摄一帧图像,并把它存储在存储器中。自动间隔记录需要在用户菜单的功能页上设置总拍摄时间(TAKE TOTAL TIME)和记录在磁带上的时间(REC TIME)。在自动间隔记录模式下,不用记录音频信号。手动间隔记录模式包括单触发模式和连续触发模式。单触发模式需要设置一次拍摄的帧数,每按一次

VTR START(开始记录)按键或镜头上的 VTR(录像单元)按键,摄录一体机就记录预置的帧数。使用连续触发模式时,按 VTR START(开始记录)按键或镜头上 VTR(录像单元)按键,摄录一体机就自动按预置间隔拍摄预置的帧数。

11.预记录

以往使用磁带摄像机时,只有按下"记录"按键,摄像机才开始记录画面,并且因为录像系统走带机构设计问题,在按下"记录"按键后还要大概延迟 1~2 秒左右才能开始记录画面。现在数字摄像机在拍摄时不但不延迟,而且还可以记录按下"REC"键前几秒的画面。这就是预记录功能,如图 2-63。

图 2-63   预记录

不过,在没有按下"REC"键之前,这些记录下的内容并不写入记录介质,只是循环写入摄像机的内存中,始终保持几秒钟的视频数据在内存里。当按下"REC"键时,摄像机会把内存中的数据和按下"REC"键后产生的数据一起写入记录介质里。目前有预记录功能的数字摄像机大都是存储卡或硬盘式摄像机。

12.静帧混合

静帧混合可实现在寻像器上叠加以前记录的影像。当需要从同一个位置或在同一个帧框中继续拍摄时,这项功能允许摄像人员迅速而轻松地对拍摄对象进行取景和定位。

13.逐帧拍摄(定格动画/黏土动画)

逐帧拍摄是一种动画技术,其原理是将不同帧的图像连续播放,从而产生动画效果。逐帧拍摄一连串的画面时,每帧之间拍摄对象进行小量移动,最后画面连续播放即出现动画效果。橡皮泥因为易于改动,是定格动画常用的材料,其成品常被称为黏土动画。

14.地理定位

当进行外景拍摄时,例如海上拍摄,摄像机内置 GPS 接收器可提供地理定位,以便于后期处理时的场景识别。摄像机将获取的位置元数据记录到 AVCHD 文件中,后期可利用相应的软件(如 Content Management Utility)精确提取位置信息。

2.5   数字高清电视摄像机

2.5.1   数字高清电视摄像机的特点

数字高清电视摄像机在拍摄时,如果光线很强,那么拍摄的画面很清晰,以至于不想表现的东西(如飞舞的蚊虫)也显现了出来;如果光线较暗,则图像清晰度大打折扣。另外,高清图像的景深要比标清图像的景深小,聚焦困难。造成上述现象的原因是数字高清电视摄像机存在以下特点:

1.宽高比为 16∶9

高清摄像机要求输出画面的宽高比为 16∶9,使得同样尺寸的高清摄像器件成像面积减小,导致摄像机接收的光量降低约 10%。例如,2/3 英寸像面的对角线为 11mm,标清摄像器件的宽高比为 4:3,像面尺寸为 8.8mm×6.6mm = 58.1mm²;高清摄像器件的宽高比为 16:9,像面尺寸为 9.6mm×5.4mm = 51.84mm²。所以,当光线不足时,图像清晰度大打折扣。

2.足够高的分解力

相对于标清摄像机,高清摄像机有更高的分解力,像素数更多,导致单位像素的接收光量下降。例如,1920×1080 的高清画面每帧的像素数约为 207 万个;720×576 的标清画面每帧的像素数约为 41 万个。高清摄像器件的像素数约为标清摄像器件的 5 倍,这意味着高清摄像器件的单位像素接收光量将降至 SDTV 的 1/5。

对于相同尺寸的摄像器件,高清图像的像点小,聚焦困难。因为变焦距镜头在变焦距过程中普遍存在微量的像面飘移,不同焦距处的最佳焦点位置未必精确一致。像素尺寸较大的标清拍摄是觉察不出这点儿聚焦变化的,但像素尺寸减小到标清的 1/5 的高清拍摄却会令人明显感觉到图像变模糊了。

3.容许弥散圆小

高清摄像比标清摄像的容许弥散圆小,这就使得同样拍摄环境和拍摄条件下,高清图像的景深要比标清图像的景深小。如图 2-64,假设有规格完全相同的高清镜头和标清镜头,在完全相同条件下拍摄时(光圈 F:F1.4;被摄体距离 L:10m;焦距 f:40mm),高清摄像机的景深范围是 9.3~10.9m,标清摄像机的景深范围是 8.5~12.1m。

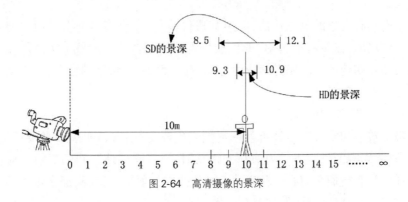

图 2-64　高清摄像的景深

4.镜头性能

为满足高清拍摄对镜头性能指标的高要求,摄像机广播级镜头制造公司 Canon 和 Fujinon 等公司在镜片材料、制造工艺以及电子控制系统等技术方面做了许多发明和革新,使镜头在透光率、色散、几何变形等方面有了质的飞跃和提高。

(1) 非球面镜片

如图 2-65 所示,普通球面镜片有球差,而非球面镜片没有球差问题,可使镜片边缘部分和中心区域的光线对焦在一点上,有效光通量加大,透射到摄像器件上的光线增多,画面也变得更加清晰、锐利。同时,采用非球面镜片的镜头还可以扩大视角。为了发挥非球面镜的最好特性,其最佳位置是放在镜头组的最前面。

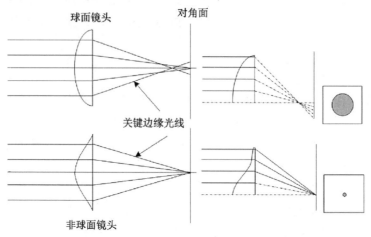

图 2-65　非球面镜片技术原理示意图

（2）萤石（Fluorite）材料和超高强化玻璃（Hi-UD Glass）

光线通过一般透镜产生的焦点偏离会出现色散,使拍摄图像的锐度下降,产生色差。萤石的特征是折射率和色散极低,对红外线、紫外线的透过率好,画面鲜艳、细腻。所以萤石是制作镜片的理想材料,但在自然界中几乎没有可用于制作镜头的那么大的萤石。佳能公司开发出人工结晶生成萤石,从而使折射率极低、色散小的萤石镜片应用于高清摄像机镜头。

虽然萤石具有理想的色差补偿,但因其造价昂贵,在众多镜头上采用大型萤石镜片比较困难。UD 镜片是具有低折射、低色散特点的光学镜片。两枚 UD 镜片几乎能获得与一枚萤石镜片相等的高性能光学特性,并具有体积小、重量轻的特点,可以大大提高镜头的性价比,减小镜片的体积。

（3）SWC 镀膜和 EBC 镀膜

由于镜片玻璃和空气边界处折射率突然发生改变,引起镜头表面光线反射,产生眩光和鬼影,这将影响图像画质。为抑制光线反射,空气和玻璃之间的折射率应该逐渐减小。如果在空气和玻璃之间有一种能够平稳地改变折射率的镀膜,那么进入镜头的光从空气到玻璃或从玻璃到空气时,就不会产生多次反射。

蒸气镀膜是镜头表面形成的一层小于可见光波长的薄膜,可以抑制光线反射,但随着光线入射角的增大,它的效果也会随之下降。Canon 研发的 SWC 镀膜即亚波长结构镀膜（Sub Wave Length Structure Coating）在镜头表面形成一个小于可见光波长的楔形显微结构。这种结构能够持续改变折射率,从而消除折射率突变的边界,实现比蒸气镀膜更理想的抑制反射效果。这项技术对镜头（特别是广角镜头）在抑制鬼影和眩光方面有着非常重要的作用。Fujinon 镜头采用了"电子束镀膜"EBC（Electronic Beam Coating）技术,通过真空舱电子束技术在镜片上涂一层化学物质,使镜头有效降低光线反射,减少散光和重影,增强透射度。

高清镜头由于采用了高超的镀膜技术,每个透镜表面的反射率降至 0.2%以下,透光率更高,并在整个像场透光更均匀。

5.高速信号读出

高清摄像器件拥有的像素数目 5 倍于普通分解力的摄像器件,因此需要更快的信号处理速度和读出速度。在这方面,CMOS 摄像器件就具有天然优势。实现高速读出的一种方法是多通道读出。CMOS 可以提供多个水平通道用来读出信号,如图 2-66 三通道水平读出,采用微导丝使得生产制造更为容易实现。虽然 CCD 也可以提供多通道读出,但是需要增加大量的水平转移寄存器,从而占用更多的芯片空间,设计复杂度要高于CMOS。而 CMOS 为每个像素设计独立的放大器,处理速度也将大幅提高。

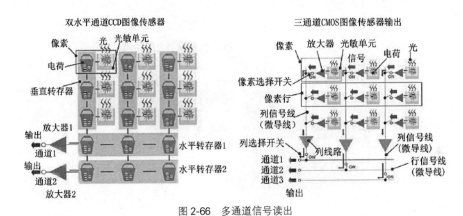

图 2-66　多通道信号读出

2.5.2　数字高清电视摄像的要求

1.构图

高清采用 16∶9 构图,更加符合人们的视觉习惯。对于拍摄大全景或一些宏大的场面,标清摄像机只有通过摇镜头才能表现出全貌。高清的构图视角宽广,更接近于电影效果,给人的视觉冲击力更强。高清构图时要合理安排景物在画面中的比例关系,以适应更宽的画幅和信息量,实现协调一致的画面布局。由于画面变宽,摄像师必须注意画面四角和被拍摄物体的背景,否则很可能拍到并不想要的东西。另外,高清 16∶9 的幅型使得上下空间变小了,所以拍摄时要尽量使用重一些的三脚架,而且阻尼要比较平滑;移动拍摄时还要尽可能地使用减震器。

特别要注意的是,在高标清同播阶段,高清摄像机和标清摄像机输出画面的水平视角差异明显。而画面的幅型变换,无论是高清下变换,还是标清上变换,都会直接影响到原始画面信息的缺失或无用画面的填充,并对画面质量产生影响。

2.环境光

高清摄像要求提高景物照度,并要求照明光线柔和、布光均匀、光比小。同时,为降低对照度要求,要提高高清摄像机的灵敏度,加强信号处理。

3.聚焦

在高清拍摄时需要把寻像器的锐度尽量调大,以固定镜头或缓慢移动的画面为主。如果被摄物体产生位移,就需要进行手动跟焦,必要时要把电子快门打开,保证镜头在运动过程中清晰,避免产生拖尾现象。为精确聚焦,可在拍摄现场配备高性能专业监视器监看图像质量;在所用的焦距下先拍摄静态景物,调焦后再拍摄动态场景。

为精确聚焦,有的高清摄像机具有将图像局部放大的功能,可以提供4倍和8倍的扩展放大聚焦功能(Expanded Focus Magnification),而且扩展放大聚焦窗口可移动,以便准确观察对焦状态,见图2-67。

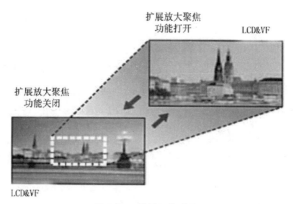

图2-67 扩展聚焦功能

另外,精确聚焦辅助系统(Precision Focus Assist System, PF)可以辅助精确聚焦。与一般自动聚焦系统不同,PF系统可在手动调节的焦点上,通过自动检测将焦点精确对准。PF镜头构造如图2-68所示。来自被摄体的入射光通过布置在镜头光轴上的直角分光棱镜分成两部分,分别供摄像机和PF系统用。PF系统设置两个光程不同的辅助像面CCD-A和CCD-B,它们与摄像机主像面CCD的光程不同。

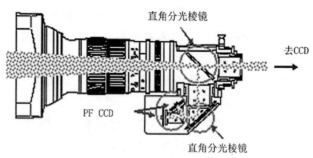

图2-68 PF镜头的光学构造

PF原理如图2-69所示,分光到PF的入射光在PF的两片CCD上成像。这两片CCD以前后等间隔分别布置在摄像机CCD的成像面的两侧,分别求两片CCD上像的对比度值,调整焦距使两个像的电平值一致。假设近焦侧的一片为CCD-A,远焦侧的一片为CCD-B,那么第一种情况:如果焦距位置比CCD-A更靠向近焦侧,CCD-A的对比度比

CCD-B 的对比度大,即 A>B,镜头未聚焦,那么 PF 系统会驱动调焦组往远焦侧移动,直到 A=B。第二种情况:如果焦距位置在靠近无限远侧,CCD-A 的对比度会比 CCD-B 的对比度小,即 A<B,镜头未聚焦,那么 PF 系统会驱动调焦组往最短焦侧移动,直到 A=B。第三种情况:CCD-A 的对比度和 CCD-B 的对比度相等,即 A=B,主像面的信号幅度最大,实现精确聚焦。

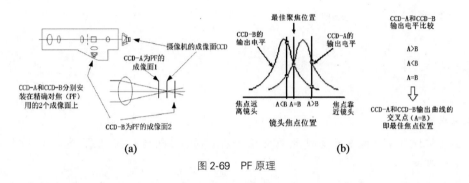

图 2-69　PF 原理

4.曝光

如果希望拍摄大景深的图像,则高清拍摄时光圈不能太大,现场最好使用彩色监视器进行观察,并借助示波器调整曝光值,把曝光调整转化为电平参数的调整,以保证摄像机较合理地曝光;拍摄时还要注意营造景物的透视感。

5.白平衡调整

高清摄像机的摄像器件灵敏度很高。机器开机时间的长短、温度变化都会使摄像器件的灵敏度产生偏差,因此有可能需要经常调节白平衡。

第3章 数字电视演播室信号的记录和存储

■ **本章要点：**

1. 要求掌握数字电视演播室信号的记录和存储方法，包括磁性记录、光记录和半导体记录原理。

2. 重点要求掌握磁带录像机、硬盘录像机、蓝光录像机和P2录像机的设备结构及特点。

随着技术的发展，数字音视频信号的记录存储介质已经从单一的磁带发展成为磁性介质（如磁带、硬盘）、光盘介质（如DVD、蓝光光盘）和半导体介质（如SD卡、P2卡），而音视频记录设备则可依据存储介质的不同分为磁带录像机、光盘录像机和硬盘录像机等。

本章主要介绍了数字电视演播室信号的存储方式；基于不同存储介质的信号记录原理，简要介绍了几种常见的记录格式。

3.1 数字存储技术概述

3.1.1 存储方式

大型的存储系统包括硬盘阵列、光盘库、数据流磁带库等。对于大型存储系统的管理通常采用分级存储管理HSM（Hierarchical Storage Management），即根据不同数据的重要性、访问频次等指标采用不同的存储方式存储在不同性能的设备上。这不仅可以大大减少非重要数据占用的本地存储空间，还可以提升整个系统的存储性能。

1. 在线存储

在线存储（On Store）指存储设备和所存储的数据时刻保持"在线"状态，可以随时读取和修改，以满足前端应用服务器或数据库对数据访问速度的要求。在线存储一般为硬盘和硬盘阵列等，价格相对昂贵，性能较好。

2. 离线存储

离线存储（Off Store）指在存取数据时需要将设备或介质临时性地装载或连接到计算机系统，当数据访问完成时可以断开连接，断开连接后可更换介质。离线存储的典型产品就是磁带和磁带库,价格低,移动性强,总存储量可做得很大。但是由于离线到在线的介质装载过程较长,慢速低效,所以离线存储一般用来存储不常使用的冷数据,或用于对在线存储的数据进行备份,以防范可能发生的数据灾难,因此又被称为备份级存储。

3.近线存储

近线存储(Near Store)介于离线和在线之间,既可以做到较大的存储容量,又可以获得较快的存取速度。近线存储设备一般采用自动化的硬盘阵列、数据流磁带库或光盘塔。近线设备上存储的是和在线设备发生频繁读写交换的数据。

3.1.2 数据迁移和回迁

数据迁移是一种将离线存储、近线存储与在线存储融合的技术,它将上一级存储设备(如在线存储)中不常用的数据,按照指定的策略或规则自动迁移到下一级存储设备(如近线存储)上。迁移的路径是在线到近线、近线到离线。它可以实现把大量不经常访问的数据放置在离线或近线设备上,提高存储资源利用率,大大降低设备管理成本。迁移条件是数据已经不符合所在存储级别的数据标准,如在线存储要求的数据访问频率一般为 5 次/天;或者存储设备上存储空间已满或将满,如定义存储设备的预留空间必须为 20%,当达到这一条件时,将对本级存储中的数据进行检测,将部分不常用的数据进行迁移。迁移通过档案管理软件或专门的分级存储管理软件实现。

数据回迁是数据迁移的一个反向操作过程;分级存储系统会按照指定的策略或规则自动将数据从下一级存储设备调回到上一级存储设备上。回迁的路径是从离线到近线,从近线到在线。回迁条件是基于用户对该数据的访问请求而激活,或者一段时间内数据已经超过了所在存储级别的数据标准。

3.2 磁带记录和存储

3.2.1 磁性录放原理

磁带录像机中的磁头负责记录、消除或读取信号。视音频等信号以磁迹的形式记录在磁带上。

1.磁头的基本结构

磁头由磁头铁芯和感应线圈组成,如图 3-1 所示。磁头铁芯存在工作缝隙,工作缝隙方向和磁头厚度方向的夹角称为方位角。为了实现互换重放,同一格式的录像机录放磁头必须有相同的方位角,如家用盒式录音机的磁头方位角为 0°。方位角过大会影响信号的录放效率,一般不能超过 20°。

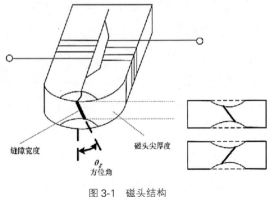

图 3-1 磁头结构

2.磁带的基本结构

磁带由带基和磁性层组成。带基由厚度约 $10 \sim 20\mu m$ 的强力塑料薄膜构成,它决定了磁带的机械性能。磁性层厚度约 $1\mu m$ 或零点几 μm,它决定了磁带的电磁性能。磁带按磁性层形成方法可以分为涂敷型磁带和蒸镀型磁带。前者将呈针状的磁粉与黏合剂等混合成磁浆均匀涂敷在带基上;后者直接将磁性合金粉末通过真空镀膜蒸镀在带基上。磁带按磁性层的材料可以分为氧化物带和金属带。前者的磁粉原料主要有渗钴的氧化铁、二氧化铬,氧化物带均为涂敷型;后者的原料主要是以铁为主,是由铁、钴、镍组成的合金粉末,金属带有涂敷型与蒸镀型两种。

记录模拟信号一个周期或数字信号两个比特所对应的磁迹长度称为记录波长 λ。最短记录波长 λ_{min} 决定了磁头磁带的性能,减小 λ_{min} 可以提高记录密度。氧化物带最短记录波长可达 $0.6\mu m$ 左右,涂敷型金属带最短记录波长可达 $0.5\mu m$,蒸镀型金属带最短记录波长可小于 $0.5\mu m$。

3.磁性记录/重放原理

录像机的工作过程实际上是一个电—磁—电的换能过程,其原理是利用铁磁物质的剩磁特性,靠磁头在磁带上扫描来实现。

在记录时,如图 3-2 所示,录像机的磁头线圈中通以信号电流,磁头铁芯中就产生磁通,并在磁头缝隙周围产生强度与信号电流成正比的磁场。磁带紧贴磁头工作缝隙运行,在离开磁头缝隙的瞬间就会形成与磁头缝隙附近磁通成正比的剩磁,留下一条条磁迹。磁迹上各点剩磁的强弱和极性,由磁头缝隙间的磁场强弱和极性决定,即由信号电流的大小和方向所决定。

在重放时,如图 3-2 所示,录有磁迹的磁带与磁头按记录时同样的相对状态运动。因磁头铁心的磁阻较空气的磁阻小,磁迹上各处剩磁在带外产生的磁力线将集中通过磁头铁心,穿过磁头线圈。由于磁迹上各处剩磁的强度和极性是变化的,因此,只要磁头与磁带相对运动,穿过磁头的磁通量便发生变化,磁头线圈两端便感应出电动势,从而得到重放信号。

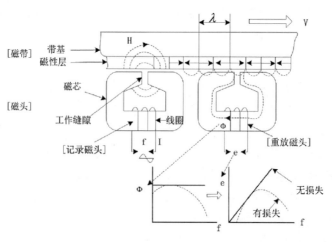

图 3-2　磁性记录/重放原理

显然,这种相对运动(扫描)的速度越快,或剩磁量变化越快(即记录信号的频率越高),重放电动势就会越大。在一定的频率范围内,重放输出频率特性是按 6dB/oct 的斜率上升的,但频率过高时,各种高频损失会造成重放信号幅度下降,见图 3-2。例如方位损失:重放磁头的方位角与记录磁头方位角有偏差引起重放信号的高频损失。方位损失随放录磁头方位角误差的增大而增大,方位角的误差必须控制在 ±10′ 以内。再例如当记录波长等于磁头工作缝隙宽度时,输出幅度为零。为了提高重放信号的频率上限,应力求减小磁头缝隙宽度和提高磁头—磁带相对速度。

4.消磁原理

消磁由消磁头完成。交流消磁(零消磁)法是在消磁头线圈中通以一个振荡频率较高、幅度较大的等幅交流电。当磁带上每微段的磁性体从消磁头工作缝隙前通过时,首先受到一个逐渐增幅的交变磁场作用,不管原来的剩磁是多大,在每微段磁性体到达消磁头工作缝隙中心时,其磁感应强度都沿最大磁滞回线变化;离开中心后,每微段磁性体开始受逐渐减幅的交变磁场作用,磁感应强度沿逐渐缩小的磁滞回线变化;最后,当每微段磁性体完全离开消磁头工作缝隙时,磁感应强度减小到零。

消磁电流不能包含直流成分,否则会留下固定剩磁;幅度必须足够大,以确保每微段磁性体到达消磁头工作缝隙中心时处于饱和磁滞回线上的磁化状态;频率必须足够高,以确保每微段磁性体离开消磁头工作缝隙中心后,至少经过 10 周以上的减幅交变磁化过程。

3.2.2 数字磁带录像机的构成

磁带录像机是利用磁带与磁头间的相对运动,在磁带上记录图像和声音信号的磁性录放设备。磁带录像机的输入信号有来自话筒的信号、摄像机的信号和线路的信号等;输出信号有重放信号和电—电信号等。重放信号是在重放状态由磁头从磁带上拾取的信号;电—电信号是在非重放状态输入信号经录、放电路后直接输出的信号,可用于在记录状态下监看图像或检查录放电路的工作是否正常。

磁带上记录的信号有视频信号、音频信号、控制信号 CTL(Control)和时间码信号 TC(Time Code)等。控制信号是帧频方波,由固定的 CTL 磁头录放,其作用包括在重放时提供磁带移动的实际速度和视频磁迹移动的位置,以实现磁迹跟踪;提供重放视频信号的黑白场序,以实现黑白成帧;通过对重放 CTL 脉冲的计数还可以得到时间信息。时间码信号包括纵向时间码 LTC(Longitidinal Time Code,由 LTC 磁头记录)和场消隐时间码 VITC(Vertical Interval Time Code,插在视频信号场消隐某一行的正程)。

数字磁带录像机由视频录放系统、声音录放系统、机械系统、伺服系统、系统控制和电源等部分构成。

1.视频录放系统

视频录放系统包括视频记录电路、视频重放电路、旋转变压器、视频记录磁头和视频重放磁头。视频记录电路的主要任务首先是将输入的模拟视频信号通过 A/D 变换转换成数字信号或者从数字接口获取数字视频信号,经过数据压缩、纠错编码、通道编码(码型变换,也称调制)、交织等处理后,通过旋转变压器送给视频记录磁头。在重放状态,视频重放磁头拾取的微弱信号经旋转变压器送到视频重放电路,经过放大、解调、误码纠正、解压缩等处理后,恢复成数字视频信号或模拟视频信号(经 D/A 变换)送出录像机。

2.声音录放系统

声音信号的记录方法有两种:一种是纵向录音,采用加交流偏磁的直接记录法,录放质量与普通的模拟家用盒式录音机相当;另一种方法是声音记录电路将输入的多路音频信号进行 A/D 变换或者从数字接口获取数字音频信号,经过交织、纠错编码等处理后和数字视频信号时分复用,再一起进行通道编码,最后送往旋转变压器,由视频记录磁头记录在磁带上。重放时,视频重放磁头拾取的数字信号经过放大、解调,从中分离出数字音频信号后,由声音重放电路进行误码纠正、去交织等处理,最后恢复成数字音频信号或模拟声音信号(经 D/A 变换)送出录像机。

3.机械系统

磁带录像机中有一套结构复杂、加工和安装精度很高的机械系统。机械系统的设计与调整不仅直接影响视音频信号的录放质量,而且影响节目带的互换性。尽管同一格式的录像机机械系统的结构设计可以不同,但形成的磁迹位形和影响节目互换性的其他参数(包括磁带运行过程中所受的张力,声音录放磁头、控制磁头和时间码录放磁头与磁鼓间的距离等)必须相同。

机械系统的主要任务有以下几个方面:

(1)建立走带路径:从带盒中勾出磁带并建立起走带路径。

(2)为磁带提供合适的张力:所谓张力是指沿磁带纵向的拉力。为了拉紧磁带,并使磁带对磁头有一定的接触压力,录放期间磁带必须维持标称张力。若张力过小,磁带不能紧贴磁头,录放效果差;若张力过大,会增加磁头的磨损。另外,张力还会影响磁带纵向的延伸率。录放状态磁带延伸率不一致时,在两个视频磁头重放的信号相接处会出现相位跳变,引起画面扭曲。为此,机械系统要设置张力检测部件,并通过带盘伺服来自动调节张力,使其保持在一定的范围之内。

(3)驱动视频磁头以标称速度旋转。

(4)为磁带运行提供牵引力:在记录或重放期间(包括搜索重放),要求磁带匀速运行。磁带的运行是由主导轴与压带轮提供牵引力的,此时收带盘主动旋转,起收带作用。

(5)设置传感器为系统控制电路提供机械部件到位(如盒舱到位、穿带机构到位)、磁带运行到带头或带尾以及机械系统出现故障等各种检测信号,使系统控制电路进行适时的状态转换或自动进入保护状态。

机械系统主要由磁鼓组件、穿带机构、走带系统、带盘机构四个部分组成。形成倾斜视频磁迹的方法有两种:一种是如图 3-3 (a)所示,将磁鼓倾斜安装,磁带的走带路径与录像机底板平行;另一种方法如图 3-3 (b)所示,磁鼓的倾斜度很小,主要靠磁带在磁鼓上的倾斜缠绕(即磁带入口、出口间有高度差)来形成倾斜的视频磁迹。无论采用哪一种方法,高速旋转的视频磁头都能在低速运行的磁带上从磁带磁性层下边缘倾斜扫描到上边缘,得到一条条与磁带纵向有一定夹角、相互平行的扫描轨迹。扫描轨迹与磁带纵向的夹角称为扫描倾角,实际的扫描倾角取决于磁鼓的倾斜度、磁带在磁鼓上的缠绕位置(即高度差)以及带速 V_t 和磁头线速度 V_h 的比值。视频磁迹与磁带纵向的夹角称为磁迹角,它是磁迹位形的重要参数之一。每一种格式的录像机都有规定的磁迹角。无论是记录或是正常重放状态,录像机必须保证视频磁头按磁迹角扫描,使得记录时形成的磁迹位形符合标准,只有这样,互换重放时才有可能让磁头始终对准视频磁迹拾取信号。

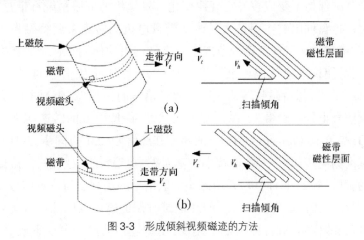

图 3-3　形成倾斜视频磁迹的方法

磁鼓组件是录像机的关键部件。磁鼓材料通常使用不易变形的铝合金。为减小对磁带的摩擦力,磁鼓表面还要进行抛光处理。视频录放磁头安装在上磁鼓(或中磁鼓)的边缘,由下磁鼓内部的磁鼓电机驱动上磁鼓高速旋转,下磁鼓内的旋转变压器实现旋转磁头与电路板间的信号传递;位于下磁鼓内的测速装置为伺服电路提供反映视频磁头实际转速和旋转位置的测速信号,使磁鼓电机在伺服电路控制下工作,确保视频磁头转速和旋转位置的准确性。

走带系统要保证磁带以十分精确的位置与速度通过磁鼓与其他磁头,并使磁带在运行过程中维持标称张力。因此,在走带系统中除了有磁头组件、主导轴、压带轮之外,还要设置一定数量的定位导柱或导辊来导引磁带,并要有张力检测导柱来检测磁带张力,与带盘伺服系统配合实现张力伺服。主导轴和压带轮在录放状态为磁带运行提供牵引力。总消磁头在记录状态抹去磁带上所有的剩磁信号。CTL 磁头录放 CTL 信号。声音消磁头对纵向声音磁迹起消磁作用。声音录放磁头用来录、放纵向声音信号。走带路径上的所有部件都是可以移动的,它们由穿带机构带动,在带盒进入录像机后由它们的移动来勾出磁带,建立走带路径。

穿带机构的主要任务有:一是完成带盒的进出,从带盒中勾出磁带和建立走带路径;二是穿带与退带。从磁带盒内勾出磁带并建立走带路径的过程称为穿带(或加载);反之,在出盒前将磁带收回带盒的过程称为退带(或卸载),它们由穿带电机及其传动机构实现。

带盘机构主要包括带盘电机、制动装置、收带盘底座、供带盘底座和带盘转速检测器等。除了完成快进、倒带、录放时的收带及停止时的刹车等任务外,带盘机构还要在带盘伺服电路的控制下,控制电机转矩使磁带运行过程中受到的张力保持在设计值所允许的范围内。

4.伺服系统

所谓伺服就是以机械量(如物体的运行速度、位置等)作为控制量的自动控制系统,它能使机械量基本保持不变或按一定规律变化。录像机的伺服系统有带盘伺服、磁鼓伺服和主导伺服。带盘伺服的作用是通过改变带盘电机的转矩来调整磁带运行过程中所受的张力,使磁带张力保持在规定的范围内。磁鼓伺服的作用是在录放状态控制磁鼓的转速和旋转位置,使视频磁头以标准速度录放信号,减小重放信号的相位失真;在记录(包括编辑记录)状态,保持磁鼓转速和记录视频信号的帧频(25Hz)同步,并以规定的记录相位将视频信号记录在磁带上;在正常重放状态,保持磁鼓的转速与来自数字时基矫正器(Digital Time Base Corrector,DTBC)的超前基准信号(25Hz)同步,并使磁头拾取信号的场同步与基准场同步相位一致,以减小时基误差;在编辑重放状态,保持磁鼓转速与待录视频信号的帧脉冲(25Hz)同步,并使磁头拾取信号的场同步与待录信号场同步相位一致,以减小编辑点的相位跳变。主导伺服在记录时保证磁带以标准带速运行。在正常重放状态,主导伺服的作用包括:控制走带速度,使磁迹移动速率等于重放磁头扫描速率;调整磁带纵向位置,实现跟踪和成帧。

为了确保重放信号有足够高的信噪比,重放时视频磁头必须准确地沿视频磁迹扫描拾取信号,这称为视频磁迹的跟踪(或循迹)。实现跟踪,首先要求同一格式录像机在录、放两种状态有统一的扫描倾角。为了做到这一点,除了靠机械系统以极高的精度来固定磁带在磁鼓上的缠绕位置外,还需要在录、放两种状态下保持标准的磁鼓转速和走带速度。然而,这仅仅也只能保证在重放状态下使旋转磁头在磁带上的扫描轨迹与视频磁迹平行,不能保证实现跟踪。因此,还要求在重放状态下录像机具有自动调整磁带纵向位置的能力,以便使移动的视频磁迹和扫描轨迹重合。实现跟踪的具体方法有:

(1)在记录视频磁迹的同时,在磁带边缘记录 CTL 信号,形成纵向的 CTL 磁迹。在重放时,重放 CTL 信号的频率表示重放时的走带速度,相位表示视频磁迹的移动位置。根据 CTL 信号和磁鼓测速信号的相位关系,就能检测出倾斜视频磁迹和磁头扫描线的位置差异,然后通过主导伺服电路,瞬间加快或放慢带速来调整磁带纵向位置,实现跟踪。这种方法存在的问题是磁带互换重放时,放、录两台录像机 CTL 磁头沿磁带纵向安装位置的误差(简称 X 值误差)会影响跟踪的精度。对于视频磁迹较窄的数字录像机,必须增加辅助跟踪措施,避免 X 值误差的影响。

(2)采用自动磁迹搜索(Automatic Track Finding,ATF)技术。在每条磁迹记录信号中加入不同的导频信号(或称监控信号),重放时利用从前后磁迹漏过来的导频信号幅度差来检测跟踪误差。这种方法的优点是直接由视频磁迹上的信号找出跟踪误差,可避免 X 值误差对互换重放时跟踪精度的影响,特别适合视频磁迹较窄的数字录像机。

将不同磁带上的节目通过电子编辑组合在一起时,需要使编辑后磁带上节目的场序保持连续。录像机在重放状态中如果有基准信号(通常为黑场信号)或有记录的视频信号输入时,能使重放视频信号场序和输入信号场序一致,这种功能被称为成帧。只能使奇、偶两场场序一致的成帧被称为黑白成帧;同时还能保证 PAL 制色同步相位一致(四场场序一致)的成帧被称为四场彩色成帧;能使 PAL 制副载波相位一致(八场场序一致)的成帧被称为八场彩色成帧。成帧必须由主导伺服通过调整磁带纵向位置来实现。比如黑白成帧,当外部输入信号为奇数场时,主导伺服将记录有奇数场的磁迹拉到视频磁头扫描线位置,让视频磁头拾取奇数场信号。场序可以直接从重放视频信号中提取,也可以在记录时预先记录在 CTL 信号中,从重放 CTL 信号中拾取场序(比如用高电平表示奇数场,低电平表示偶数场;可以用不同的占空比表示八场场序)。

5.系统控制

系统控制是以微机为中心,配上输入、输出设备的微机控制系统,主要有以下两项功能:一是操作功能。微机系统不断地查询面板操作键、遥控输入和检测机内各个元件,对来自这些输入设备的信号按照预先存储的程序进行逻辑运算,送出相应的动作信号,并通过电机、电磁铁等执行元件对录放电路进行控制,建立相应的运行状态。另一项是自动保护功能。比如在规定时间内没有完成进盒动作,就自动出盒;在规定时间内没有完成穿带动作,就自动退带;在快进、正放、记录状态磁带到达带尾时,自动进入倒带状态;出现磁带松弛能自动停止录放;磁带盒上的防误抹片被取下时,录像机将不能进入记录状态;录像机内太潮湿,就自动关机。在自动关机状态下磁带能自动出盒,磁鼓高速旋转,所有功能键失效,并在显示屏上或者由指示灯显示出潮湿的标志。

6.电源电路

电源电路为上述各电路、电机驱动器、电磁铁驱动器、显示屏提供所需的直流电源。

以上 6 个部分只是磁带录像机内部的基本构成,不同用途的录像机在此基础上还会增加相应的电路,比如能进行电子编辑的录像机,磁鼓上要增设旋转消磁头、编辑控制电路、时间码发生与读出器等。

3.2.3 数字磁带录像机的关键技术

数字磁带录像机除了具有录放、搜索、编辑等功能,还有以下特殊功能:

1.无杂波特技重放

由于特技重放时的走带速度和标准走带速度不同,视频磁头不可能沿同一条视频磁迹从头到尾拾取信号。所以一般视频磁头拾取的特技重放画面有杂波或马赛克干扰,不能作为播出用信号,只能在编辑时用于画面搜索。为了得到无杂波的播出用的特技重放图像,数字录像机须增设动态跟踪重放磁头(Dynamic Tracking, DT),在磁鼓上作横向摆动;同时,设置一套伺服电路,根据磁带的实际运行速度和运行位置,自动控制 DT 磁头横向摆动的速度和位置,使之沿着一条磁迹来拾取信号。比如两倍速重放,DT 磁头在磁带上每扫描一次,能得到一场信号。由于带速为正常速度的两倍,所以,磁迹是隔条被拾取的,画面呈现无杂波的两倍速图像。

　　数字录像机在磁鼓上增加专用重放磁头(无 DT 功能),磁头尖厚度比记录磁头稍厚一些,大于磁迹宽度,即使磁头扫描线的位置不十分准确,仍能拾取到磁迹上的信号,这可以降低对跟踪的要求。在特技重放时,只要带速偏离正常重放速度不是很多(此时,磁头扫描倾角和磁迹角稍有差别),专用重放磁头还能拾取到整条磁迹的信号,可实现无杂波特技重放。不过,这种专用重放磁头能得到的无杂波重放画面的带速范围要比采用 DT 磁头的小,通常只能实现慢动作和接近正常重放速度的快动作。由于数字录像机采用场分段记录,所以无杂波特技重放和停像都要有存储器予以配合。

　　另外,多磁头跟踪重放技术也可以实现无杂波特技重放,还兼有快速数据读取功能。多磁头跟踪重放技术就是一个记录磁头记录的磁迹由多个重放磁头来重放。比如使用两个重放磁头(方位角和记录磁头相同)拾取一条磁迹,要求这两个磁头在磁鼓上安装高度稍有差异,确保一个磁头偏离磁迹时,另一个磁头刚好对准磁迹,这样,即使这两个磁头的扫描倾角和磁迹角有差别,但由于它们的扫描位置不同,总能从两个磁头重放信号中取出信噪比较高的部分,并拼出一条完整的磁迹信号。通常采用比记录磁头多一倍的重放磁头(无 DT 功能)能实现−1 到+2 倍带速的无杂波特技重放功能。如图 3-4 所示,Betacam-SX 格式数字录像机磁鼓上有两个数字记录磁头,每转一圈在磁带上记录两条倾斜磁迹;有 16 个数字重放磁头,它们的安装高度是经过精心设计的,并采用较大的磁头尖厚度。当磁带按 4 倍带速(磁鼓转速不变)运行时,磁鼓每转一圈,16 个磁头能同时拾取 8 条倾斜磁迹(每两个磁头拾取一条磁迹),重放 8 条磁迹的信号。它们经存储、时钟频率变换和时分复用,可得到 4 倍速度读取的数据。需要说明的是,快速数据读取不等同于快速特技重放,它不会丢失任何数据,其作用是提高传输速度,比如对于非线性编辑就可以缩短录入时间。

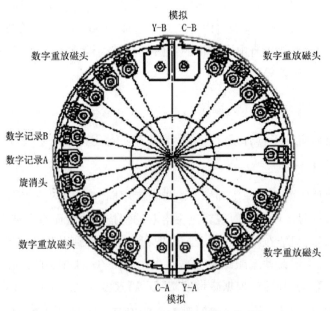

图 3-4　Betacam-SX 格式数字录像机的磁头

在数字录像机中,还有一种 DT 多磁头跟踪重放技术。在 DT 磁头上安装多个重放磁头,既可横向运动,又扩大了无杂波特技重放的带速范围,提高了画面质量。图 3-5 给出了 HDCAM/D-Betacam 格式数字录像机的磁头。一个 DT 磁头有 4 对重放磁头,每对重放磁头负责拾取 1 条磁迹。

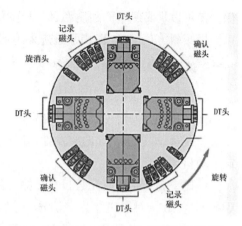

图 3-5 HDCAM/D-Betacam 格式数字录像机的磁头

2.预读功能

所谓预读就是在旋转消磁头进行消磁、记录磁头进行记录的同时,利用超前重放磁头(或 DT 磁头)把即将消去的信号重放出来。将重放磁头设置在比记录磁头稍高的地方(称为超前重放磁头),提前重放带上的信号,可以达到预读的目的,如图 3-6 所示。

有了预读功能,两台录像机(一台放机和一台录机)加上特技机就能实现 A/B 卷编辑(通常 A/B 卷编辑需要有两台放机和一台录机)。录机上的预读信号和放机上的输出信号经特技处理后重新记录在磁带上。为了实现预读,要求超前重放磁头重放信号的提前量大于录放处理电路(包括解压缩、压缩过程)和特技机的延时量,再配合机内的延时量自动补偿电路,使得超前重放磁头拾取的信号经过重放处理电路从录机输出,然后经特技机再送入录机,最后经过记录处理电路到达记录磁头时,记录磁头正好处于该信号原磁迹的位置上。

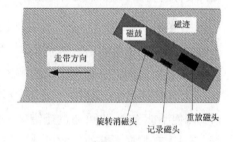

图 3-6 超前重放磁头的预读功能

3.自信重放

该重放磁头安装在视频记录头的后面,在记录状态,可以重放视频记录磁头刚刚记录的信号,起到即时重放的作用,即在记录的同时监看重放图像,因此自信重放也称即时重放。它比在记录状态监看电—电信号效果更好,不仅能发现记录电路的故障,而且能发现记录磁头的问题(比如记录磁头被堵塞)。

4.提高记录密度

数字录像机提高记录密度的方法主要有:视频数据压缩技术,特别是帧间压缩技术可以有效降低数据率。但为做到零帧精度的编辑,并且可以对压缩数据直接进行编辑,通常只进行帧内压缩处理。为保证高质量,压缩比不能太大,同时为降低成本,编解码电路不能太复杂。通过改善磁头与磁带性能,减小最短记录波长,可以提高记录密度。然而录像机发展到现在,磁头和磁带的性能已经达到很高的水平了,要进一步大幅度提高的难度较大,而减小磁迹宽度可以提高记录密度。但是采用更窄的磁迹,必须同时设法提高跟踪性能,例如采用分段记录减小磁迹长度,采取辅助跟踪措施或 ATF 技术。取消保护带可以提高磁带的利用率,但是,重放时磁头跟踪不良会出现邻迹信号串扰,这时可以采用倾斜方位记录(即相邻磁迹采用不同方位角的磁头进行记录)防止串扰的发生。

5.误码纠正与掩错

数字信号在录放过程中,因磁带本底杂波过大、磁粉脱落、传输系统带宽不合适引起的码间干扰、时钟脉冲抖动等会导致出现误码。根据原因不同,误码分两种类型:一是磁带磁粉脱落,即失落引起的突发性误码(连续较长时间的误码);二是杂波、码间干扰等引起的随机误码。

误码率是指错误码元数目与传输总码元数目的比值。对于无压缩数字信号,允许的误码率为 10^{-7};对于压缩数字信号,允许的误码率更低,为 $10^{-8} \sim 10^{-9}$。降低误码率的方法有两种:第一,当误码不是很多时,利用纠错编码进行直接纠错,即找出错码并予以纠正,被称为误码纠正。纠错编码会增加数字信号的冗余度,纠错能力越强,冗余度越大。在数字录像机中,纠错编码通常采用二维 RS 码。第二,当误码数目很多超出误码纠正范围时,利用电视信号的相关性,通过对周围像素内插运算得到预测值来代替有误码的像素,被称为掩错(或误码修正)。

6.数据交织

对于无数据压缩的数字录像机,交织只在通道编码过程中进行,以减小误码的影响。交织是将原来按扫描顺序排列的一场数据以一定的交织规律重新排列后分给各个磁头,记录在不同磁迹上。这样,当出现较长时间的突发性误码时,误码将会分散在整个画面上,即使不能纠错,也可通过掩错减小误码对图像质量的影响。

对于有数据压缩的录像机,除了在通道编码过程中需要进行数据交织外,在数据压缩过程中也采用交织技术,即按一定规律从一帧画面不同位置上抽取一定数量的宏块,组成视频段进行压缩。压缩过程中的交织技术可以将不同信息量的宏块放在一起按不同的压缩比压缩,信息量大的宏块压缩比小,信息量小的宏块压缩比大,从而使得在总压缩比不变的情况下,图像质量更优。因此,压缩过程中的交织技术可以使得信息量均匀化,从而提高压缩效率。

7.通道编码(基带调制)

在录像机中,数字信号通常是以非归零(Non Return to Zero,NRZ)码形式进行处理的,但这种码含有很高的高频成分和极低的低频成分,不适合于磁记录。其原因一是旋转变压器不能通过极低频成分;二是为防止邻迹串扰所采取的倾斜方位记录措施,对低频会失效;三是对磁头磁带传输特性(即电磁转换频响特性)的带宽要求太高;四是有可能出现连 0 或连 1 的情况,不利于重放时准确提取时钟。

通道编码是一种码型变换技术,目的是减少数字信号中的低频和高频成分,使能量集中在中频范围,形成适合于记录的码型(称为记录码)。对于记录码有以下要求:记录码中不应包含直流和极低频成分,或者虽有直流成分,但直流成分丢失不影响重放时的解码;尽量减少记录码中的高频成分,以降低对磁头磁带传输特性的要求;便于获取时钟信息;最好具有内在检错能力,即码元间有一定的相关性。实用的记录码有扰码+新8-4

调制、扰码+交错非归零倒相码。

3.3　硬盘记录和存储

硬盘记录(磁盘记录)原理与磁带记录原理相同,都属于磁性介质存储器。磁性介质存储器具有存储容量大、价格低、可以重复读/写以及保存期长久等优点。1956 年 IBM 研发的 IBM 350RAMAC 是现代硬盘的雏形,它相当于两个冰箱的体积,其储存容量只有 5MB。1973 年 IBM 3340 问世,它包含两个 30MB 的储存单元,并且就此确立了硬盘的基本架构。1980 年,希捷(Seagate)推出面向台式机的 5.25 英寸规格的 5MB 硬盘。1991

年,IBM 推出了 3.5 英寸 1GB 储存密度 60%~80% 的硬盘,采用磁阻(Magneto Resistive,MR)技术和巨磁阻(Giant Magneto Resistive,GMR)技术来提高磁头灵敏度,进一步提高了存储密度。该技术为硬盘容量的大幅提升奠定了基础。1999 年,高达 10GB 的 ATA 硬盘面世。2005 年,日立和希捷采用磁盘垂直写入技术(Perpendicular Recording),将平行于盘片的磁场方向改变为垂直方向,从而能更充分地利用储存空间。2007 年,日立推出 1TB 的硬盘。2010 年 12 月,日立推出 3TB、2TB 和 1.5TB Deskstar 7K3000 硬盘系列。随着技术的不断发展,硬盘体积越来越小、存储容量越来越大,灵活性、可靠性、响应精确性等方面的性能都有大幅提升。

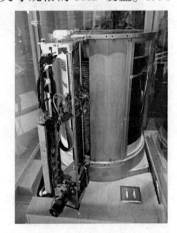

图 3-7　IBM 350RAMAC

3.3.1　硬盘基本结构

硬盘由磁盘盘片、盘片主轴、磁头、控制电机、磁头控制器、数据转换器、接口、缓存等部分组成,见图 3-8。在盘片主轴(同心轴)上叠放数张磁盘,由主轴带动磁盘匀速转动。磁盘是由非磁性材料制成的圆盘衬底,上面涂了一层磁性材料。大多数磁盘都是两面涂层,一些低成本的磁盘系统采用单面涂层。最新的衬底采用玻璃制成,具有更好的机械性能(如刚度高、耐冲击和耐损等),也改善了表面均匀性,有助于读写错误的减少。数据读写通过磁头实现。磁头是带缝、绕有线圈的镍铁合金环。传统的系统采用两个磁头,分别负责读操作和写操作。磁头与盘片的间距比发丝直径还小。所有磁头连在一个磁头控制器上,由磁头控制器负责各个磁头的径向移动,这样的磁盘称为可移动磁头磁盘(Movable Head Disk)。磁头也可以是固定的(Fixed Head Disk),所有磁头安装在跨越所有磁道的金属支架上。在工作过程中,盘片将以主轴为中心高速旋转,这样磁头就可以实现对盘片上任意指定位置的数据读写操作。

硬盘读写操作也是基于电磁感应原理。现代硬盘系统的读机制是基于磁阻(MR)技术和巨磁阻(GMR)技术,读取效率和精度大幅提高,从而允许记录密度进一步提升(可达每平方英寸 100Gbit)。它还可以采用多磁头技术,通过在同一盘片上增加多个磁头同时读或写来为硬盘提速,多用于服务器和数据库中心。传统的记录方式是水平记录方式,

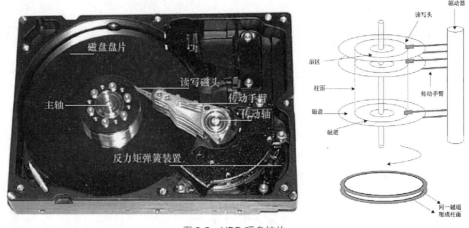

图 3-8　HDD 硬盘结构

每个被磁化的存储单位会互相受影响,甚至有时候会产生极性反转,导致存放的数据丢失。因此水平记录方式的信息记录密度很难提高,限制存储容量的增加。随着垂直磁性记录技术的出现,硬盘存储容量和密度都有了大幅提高。磁粒垂直排列在盘片上,理论上其面密度可达每平方英寸1Tbit。

通常硬盘驱动器内会垂直安装多个盘片,盘片间相隔约1英寸。每个盘面都被划分为数目相等的同心圆环,被称为磁道。磁道与磁头同宽。相邻磁道间有一定的间隙,可以防止由磁头未对准或其他干扰引起的错误。从外缘的"0"开始编号,具有相同编号的磁道形成一个圆柱,被称为磁盘柱面。磁盘的柱面数与一个盘单面上的磁道数是相等的。此外,每个磁道又被细分成不同的扇区。通常每个磁道有上百个扇区;扇区的长度可以固定,也可以变化。目前多数系统采用固定512字节大小的扇区,扇区间同样存在一定的间隙。磁盘驱动器在向磁盘读取和写入数据时,以扇区为单位。为了获得平稳的数据读出速率,通过改变各个磁道上数据分布方式实现CAV(Constant Angular Velocity, CAV)磁盘。即磁盘在恒定角速度旋转情况下,通过拉大外侧磁道上数据信息位之间的间隔来保证磁头输出的信息速率一致,见图3-9。CAV磁盘外圈的长磁道上信息"线密度"要低于内侧磁道,这在一定程度上造成了容量浪费。为了提高记录密度,现在采用多带式记录(Multiple Zone Recording)技术。外侧磁道比内侧磁道拥有更多的扇区,存储"位容量"的改变将通过读写时序电路进行相应处理,以适应不同的输出速率。

描述硬盘性能的参数包括:

(1)硬盘的总容量:盘面数×柱面数×扇区数×扇区容量(字节)。

(2)每分钟转速:电机主轴的旋转速度,是硬盘盘片在1分钟内所能完成的最大转数。

(3)平均寻道时间:硬盘接到读写指令后,到磁头移到指定磁道上方所需的平均时间。

(4)平均潜伏期:磁头移到指定磁道后,指定扇区移到磁头下方的时间。

(5)平均访问时间:从读写指令发出,到第一笔数据读写所用的时间。

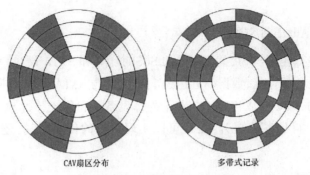

图 3-9　磁盘扇区布局

（6）内部传输率（Internal Transfer Rate）：也被称为持续传输率（Sustained Transfer Rate），它反映硬盘缓冲区未用时的性能。内部传输率主要依赖于硬盘的旋转速度。

（7）外部传输率（External Transfer Rate）：也被称为突发数据传输率（Burst Data Transfer Rate）或接口传输率，它表示系统总线与硬盘缓冲区之间的数据传输率。外部数据传输率与硬盘接口类型和硬盘缓存的大小有关。

3.3.2　硬盘接口

磁盘驱动器接口是连接硬盘驱动器和录像机、计算机、服务器等的专用器件，它对录像机的性能及在扩展系统时对其他设备的连接有很大影响。常见的接口有 IDE、SCSI 接口、FC 接口等。

1.IDE（Integrated Drive Electronics）

IDE 接口，也叫 ATA（Advanced Technology Attachment）接口，常用于 PC 机的硬盘。1986 年，IDE 接口由西部数据（Western Digital）与康柏（COMPAQ Computer）两家公司共同开发。IDE 接口允许硬盘驱动器的突发数据率为 133MBps；数据线与控制线共用 40 芯扁平线缆。由于排线占空间，不利于散热、抗干扰性太差，因此 ATA 逐渐被 SATA 接口代替。

2.SATA（Serial Advanced Technology Attachment）

SATA 接口的全称是串行高级技术附件，以连续串行的方式传送数据，可以通过较高的工作频率来提高数据传输的带宽。2001 年，由 Intel、APT、Dell、IBM、希捷、迈拓（Maxtor，已被希捷收购）几大厂商组成的 Serial ATA 委员会正式确立了 Serial ATA 1.0 规范，定义的数据传输率为 150MBps（1.5Gbps）。Serial ATA 3.2 的数据传输率将达到 1969 MBps（16Gbps）。

3.SCSI（Small Computer System Interface）

SCSI 接口是小型计算机系统接口，被广泛应用于高速数据传输的中、高端服务器和高档工作站。它使用 50 针接口，外观和普通硬盘接口有些相似。SCSI 硬盘和普通 IDE 硬盘相比有很多优点：速度快，缓存容量大，CPU 占用率低，其扩展性远优于 IDE 硬盘，并且支持热插拔。

4.SAS(Serial Attached SCSI)

SAS 接口即串行连接 SCSI,是新一代的 SCSI 技术,和 SATA 硬盘一样都是采取串行技术以获得更好的传输性能,数据率可达 3Gbps,支持与 SATA 硬盘的兼容。SAS 结构有非常好的扩展能力,最多可以连接 16256 个外部设备。和传统并行 SCSI 接口相比,SAS 不仅在接口速度上得到显著提升,而且可以实现更长的传输距离,还能够提高抗干扰能力。

5.光纤通道(Fibre Channel)

光纤通道标准由美国国家标准协会(American National Standards Institute,ANSI)开发,为服务器与存储设备之间提供高速连接。早先的光纤通道是专门为网络设计的,随着数据存储对带宽需求的提高,才被逐渐应用到存储系统上。它具有热插拔性、高速带宽、远程连接等优点,能满足高端工作站、服务器、海量存储子网络、外设间进行双向、串行数据通讯时系统对高数据传输率的要求。光纤通道现在能提供 100MBps 的实际带宽,它的理论极限值为 1.06GBps。

3.3.3　硬盘阵列

硬盘阵列(Redundant Arrays of Independent Disks,RAID)是通过把若干个磁盘连接在一起,以获得倍增的容量和数据输出带宽的磁盘组合形式。硬盘阵列能随时提供具有一定数据率的持续数据流,能可靠存储数据,发生错误时(磁盘损坏、断电)对数据存储影响小或无影响。对硬盘阵列的操作需要有配套的软件或硬件的支持,有直观界面可以对存储器进行在线管理,也需要硬件连接设备对硬盘阵列进行物理连接。

在构造硬盘阵列的方法中,硬盘阵列通常采用 RAID 技术(1987,加利福尼亚大学伯克利分校发表的"A Case for Redundant Arrays of Inexpensive Disks"文章中定义了 RAID 的 5 层级、容错和逻辑数据备份,提出了 RAID 理论。)。RAID 在阵列中内置了 RAID 控制器和数据缓存,用控制器实现带区划分和数据存取,因此 RAID 功能完全在阵列内部完成,无须主机参与。RAID 的"冗余"是通过把阵列存储容量的一部分专门用作校验数据来实现的。发生故障的磁盘接收到来自程序的请求时,可用校验数据重新生成对应的数据块,或者全部重建错误磁盘上的内容来恢复数据。

组成磁盘阵列的方式被称为 RAID 级。常用的 RAID 级有 RAID 0、RAID 1、RAID 3、RAID 5,还有一些基本 RAID 级的组合形式,如 RAID 10(RAID 0 与 RAID 1 的组合)、RAID 30(RAID 0 与 RAID 3 的组合)、RAID 50(RAID 0 与 RAID 5 的组合)等。

1.RAID 0

把连续的数据分成若干大小相等的小块,并把它们并行写在磁盘组内不同的磁盘上,这种技术被称为数据分条(Stripping)。例如数据段 1 写入硬盘 1,段 2 写入硬盘 2,段 3 写入硬盘0⋯⋯,见图 3-10。RAID 0 的优点是把数据立即写入(读出)多个硬盘,速度比较快。理论数据传输速度是单个磁盘的 N 倍(N 为 RAID 0 的磁盘总数)。RAID 0 的缺点是不提供磁盘冗余,因此一旦用户数据损坏,损坏的数据将无法恢复。RAID 0 技术多用在对数据安全要求不高的应用场景里。

2.RAID 1(硬盘镜像)

RAID 1(硬盘镜像)是容错磁盘阵列技术最传统的一种形式。每个工作盘都有一个镜像盘。写数据时必须同时写入镜像盘(见图 3-11)。工作盘故障时自动使用镜像盘,更换故障盘后,数据可重构,能够恢复工作盘的正确数据。RAID 1 的优点是其容错性能非常好,安全性高,并可以提高读数据的速度;缺点是需要双份硬盘,因此价格较高,写操作性能较差。

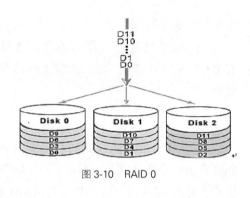

图 3-10　RAID 0

3.RAID 3

RAID 3 是单盘容错并行传输阵列,采用分条技术将数据按位或按字节分散记录在各个硬盘相同的扇区上,同时进行异或运算,产生奇偶校验数据,写到最后一个校验硬盘上,见图 3-12。如果一块磁盘失效,除故障盘外,写操作继续对数据盘和校验盘进行操作。读操作对剩余数据盘和校验盘数据进行异或计算,以恢复故障盘数据。RAID 3 在存取的时候要进行数据的奇偶校验,所以 RAID3 的工作速度比 RAID 0 要慢一些。

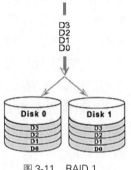

图 3-11　RAID 1

RAID 3 虽然具有容错能力,但是系统性能会受到影响。当一块磁盘失效时,该磁盘上的所有数据块必须使用校验信息重新建立。此时非故障盘的数据读取不会受任何影响。但是如果所要读取的数据块正好位于已经损坏的磁盘,则必须同时读取

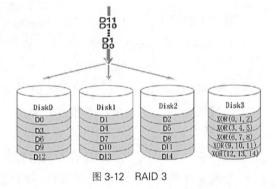

图 3-12　RAID 3

同一带区中的所有其他数据块,并根据校验值重建丢失的数据。另外,对于那些经常需要执行大量写入操作的应用来说,校验盘的负载将会很大,无法满足程序运行速度,导致整个系统性能下降。因此,校验盘很容易成为整个系统的瓶颈,RAID 3 更适合应用于那些写入操作较少的应用环境,例如数据库和 WEB 服务器等。

4.RAID 5

RAID 5 是一种存储性能、数据安全和存储成本兼顾的存储方案。在运行机制上,RAID 5 和 RAID 3 完全相同,也是同一带区内的几个数据块共享一个校验块。RAID 5 和 RAID 3 的最大区别在于,RAID 5 不是把所有的校验块集中保存在一个专门的校验盘中,而是分散到所有的数据盘中。RAID 5 使用了一种特殊的算法,可以计算出任何一个带区校验块的存放位置。如图 3-13 所示,P0 为 D0、D1 和 D2 的奇偶校验信息。采用分条技

术将校验块分散保存在不同的磁盘中,可以确保对校验块进行的读写操作会在所有 RAID 磁盘中进行均衡,从而消除瓶颈效应。

5.RAID 0+1

RAID 0+1 是存储性能和数据安全兼顾的方案。它在提供与 RAID 1 一样的数据安全保障的同时,也提供了与 RAID 0 近似的存储性能。由于 RAID 0+1 也通过数据的 100% 备份提供安全保障,因此 RAID 0+1 的磁盘空间利用率与 RAID 1 相同,存储成本高。RAID 0+1 的特点使其特别适用于既有大量数据需要存取同时又对数据安全性要求严格的领域,如银行、金融、商业超市、仓储库房、各种档案管理等。

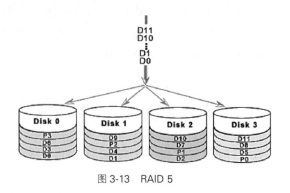

图 3-13　RAID 5

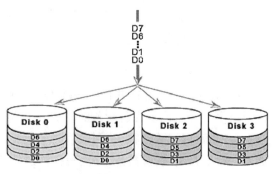

图 3-14　RAID 0+1

3.3.4　硬盘录像机

硬盘录像机 DVR(Digital Video Recorder)最早是由美国的 TiVo 与 Replay Network 两家公司于 1999 年开发的,以硬盘作为音视频信息存储媒介应用于金融、交通等安防监控领域。硬盘录像机的存储介质是硬盘,可以实现非线性数据存储和访问。根据系统架构不同,数字硬盘录像机可以分为 PC 式数字硬盘录像机和嵌入式数字硬盘录像机。PC 式硬盘录像机由 PC 板卡、视频图像采集卡、硬盘/硬盘阵列 RAID、视/音频编解码器以及外围 I/O 接口、相应的视频图像处理应用软件等构成;嵌入式硬盘录像机是以数字信号处理系统(DSP)为核心,软件固化在专用存储芯片内。

硬盘录像机较之传统磁带录像机,具有更多功能:它可以同步进行多通道独立记录(含同通道数量的同步机),并支持多通道播放、实时监控;带有多种输入/输出视音频标准接口;采用帧内压缩,以满足精确到帧的编辑要求,可设置码率;支持多种记录/播放格式;支持 RAID 冗余技术;界面友好,易于控制;支持远程控制或网络控制,通过遥控面板可控制播出画面的速度,如慢动作播放;可以由软件支持本机内编辑,并支持编辑与录放操作同时进行;多台硬盘录像机还可实现多通道同步播放操作,实现复杂的大屏幕背景视觉效果;也支持 SSD、DVD、闪存等其他存储介质;可选主备工作模式,以保证播出安全。

例如 EVS(比利时专业制造广播级视频设备的公司)的硬盘录像机 LSM-HCT4(Live Slow Motion),习惯上简称"EVS 慢动",具有 6 个录制播放通道,其中 4 个录制通道、2 个播放通道。录制通道为 BNC 接口,系统设计在 EVS LSM 的视频输入端各自配有独立的矩阵面板。4 个录制通道可以任意选择接入矩阵的源信号同时进行录像。输入视频采样格式为 4∶2∶2、10bit 量化、270Mbps 的串行数字信号。录制时,采用 M-JPEG 编码器对活动图像的每一帧进行实时帧内压缩编码,可根据视频质量的要求在1.5∶1~20∶1之间调整压缩比。采集的信号经过视频压缩板卡后,存储在 SCSI 硬盘上。为了提升硬盘数据存储的速率与安全性,EVS LSM 硬盘录像机采用了 RAID 3 技术。每个控制器都配备了高速缓存 RAM Cache。LSM−HCT4 可以选配最多16 路 AES/EBU(48kHz/16bit)和 8路模拟音频输入/输出口,并内置帧缓存器、叠化和键控电路。

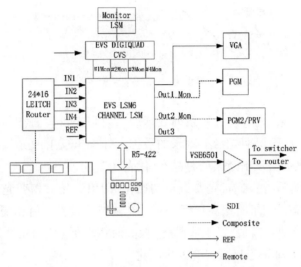

图 3-15　EVS LSM 硬盘录像机系统连接示意图

3.4　光盘记录和存储

20 世纪 70 年代人们发现激光经聚焦后可获得直径小于 1μm 的光束。利用这一特性,Philips 公司的研究人员开始研究用激光来记录和重放信息,并于 1972 年 9 月向全世界展示了光盘系统。1982 年 Philips 和 Sony 把记录着数字声音的光盘推向了市场,采用 780nm 波长的红外线读写器,以 CD(Compact Disc)来命名,制定了 CD 工业基本标准《红皮书》(*Red Boook*)。1995 年,由 Sony、Philips、Toshiba 和 Time Warner 公司联合制定了 DVD(Digital Video Disk)标准,采用波长为 650nm 的红色激光。2006 年,Sony 推出蓝光光盘(Blu-ray Disc)及相关产品,利用波长较短的蓝色激光(波长为 405nm)读取和写入数据。图 3-16 给出了光记录的发展简图。

3.4.1　光盘记录原理

无论是传统的 CD、VCD、DVD,还是蓝光光盘,采用的都是二进制数字存储。典型的光记录是利用激光来引发记录层的相变(晶态或非晶态)实现“0”和“1”的记录,利用晶态和非晶态两相的光学参数(如反射率、折射率)不同来实现重放。光记录将激光束聚焦到表面光滑、平整的光存储介质上,使介质的光照区发生物理或化学变化。光盘上激光照射形成的非晶态代表“1”,未被照射处呈晶态则代表“0”。激光发生器和光电探测器是光驱设备的核心部件。激光发生器实质是一个激光二极管。读取数据时,激光发生器产

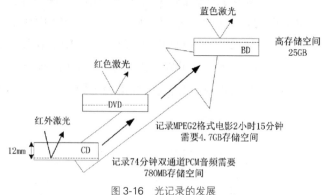

图 3-16 光记录的发展

生对应波长的激光光束,光束经过一系列处理后照射到光盘表面,然后光电探测器捕捉反射回来的光信号,从而识别光盘上刻录的数据。如果未反射激光就表明是非晶态,代表"1";反之,如果激光被反射就表明是晶态,代表"0"。

相变光盘在实施写、擦之前,先要进行初始化,即用激光对相变光盘均匀照射,使记录层处于均匀的晶态。记录时用高功率 18mW 经调制的激光照射相变光盘;记录层被光照(加热到 600℃,冷却后)就会发生非晶化;擦除时用较低功率 8mW 的激光照射(加热到约 200℃,冷却后),非晶态区域又会发生晶化。

聚合物质的分解记录是另一种光记录技术。激光束加热介质底层的聚合物促使其分解产生凹点,实现记录;读出时,凹点吸收光束,而未被记录的区域则保持透明度,使光透过,位于记录层下面的反射层会把光束反射出来。这种光记录技术被应用于 CD、DVD 等。

在提高光盘容量的技术方面,首先考虑缩小光盘上信息点的宽度,以提高存储密度。缩短激光器的波长和增大物镜数值孔径是当今提高光盘存储密度的主流思想和实践技术。从第一代 CD 光盘,历经 VCD、DVD,到新一代的蓝光光盘,使用的半导体激光器的波长从 780nm 减小到 405nm,物镜数值孔径从 0.38nm 增大到 0.85nm,轨道间距从 1.6μm 减小到 0.3μm,最短信息坑长度从 0.8μm 减小到 0.16μm,使得光盘容量从 650MB 提高到 25GB。继蓝光技术之后,采用传统方法提高光存储容量变得非常困难:一方面由于激光器本身的制造工艺比较困难,当波长缩短到紫外波段时,塑料盘基对激光的传输性能减弱;另一方面,高数值孔径将增加非球面物镜制作工艺的复杂度,并且会使读出信号质量下降。三维光存储技术和超分辨率存储技术是目前的研发方向,即采用多阶存储代替二阶存储;利用光在空间的互不干扰的特性实现三维光存储;采用近场超分辨率技术取代传统的远场技术;利用光学非辐射场与光学超衍射极限分辨率的研究成果,改进光盘的读写系统和记录介质的性能、结构,突破传统光学衍射极限的光斑尺寸,以实现高密度信息存储;利用光量子效应代替光热效应实现数据的读写,将存储密度提高到分子量级甚至原子量级。另外,有机整合光盘库、光盘塔和光盘阵列可大幅提高存储系统容量,并考虑使用并行读写代替串行读写,以提高数据读写和传输速度。

3.4.2　蓝光光盘

蓝光光盘最初是在 Philips 和 Sony 对于下一代光盘研究的技术论文中被提出的,随后公司便着手单层单面的蓝光 BD(Blue Disk)的开发。2002 年,由 Sony、Pioneer、Panasonic、Sharp、HITACHI、Samsung、LG、Philips 和 Thomson 联合发布了蓝光(BD)技术标准,成为继 DVD 之后的下一代光盘格式之一。蓝色激光光点较红色激光更小,这使得数字讯坑更小,能以极高的精确度将数据刻录在相同面积的光盘上,且数据存储的密度可提高 1.5 倍。光盘表面采用新的涂层,利于不同反射率实现多层写入,再加上采用"沟轨并写"方式增加记录空间,从而实现单面容量由 4.7GB(DVD)提高到 25GB(可以录制约 4 个小时的高清节目),双层容量达到 50GB(DVD 的单面双层盘片的容量为 8.5GB)。蓝光光盘可存储高清视频数据,占用带宽 54Mbps(约为普通高清电视广播的两倍)。2010 年 6 月,蓝光协会推出 BDXL 可支持 100GB 和 128GB 的蓝色光盘。BDXL 是三层或四层的蓝光碟片,并使用了更高功率的激光器进行读写,但是现有蓝光播放器、光驱、刻录机都无法兼容 BDXL 格式。2010 年 9 月东京举办的 CEATEC(Combined Exhibition of Advanced Technology)展会上,光盘生产厂家展示了 16 层光盘的研发样品。

和 DVD 类似,蓝光光盘分预写式、可写式和可擦写式三种格式。预写式蓝光光盘(BD ROM)通常用于存储电影或以高清格式发布的电视剧;可写式蓝光光盘(BD R)可用于存储海量的数据和视频;可擦写式蓝光光盘(BD RE)可用于反复擦写和录入不同内容。

Sony 的专业光盘是蓝光技术的发展分支,采用非接触读写的相变记录方式。为适应广播电视行业 ENG 拍摄可能面对的各种恶劣工作环境,专业光盘增加了抗静电的树脂保护外壳,引入了安全恢复技术,其重复写入次数超过 1 千次(实验数据显示 1 万次重写时误码率仍然低于纠错容差范围),读出次数超过 1 百万次,保存寿命超过 50 年。目前常用的两种专业光盘容量分别为 50GB(PFD50DLA)和 23GB(PFD23A),整体性能、安全性和可靠性均大大高于民用蓝光光盘。

3.4.3　专业光盘录像机

2003 年,Sony 推出了 XDCAM 制作系统,实现了在光学专业光盘上进行文件采集。2005 年推出的 XDCAM HD 系统,可实现以最高 35Mbps 的速度在 23GB 专业光盘上录制高清影像。

XDCAM 系列的录像机(以 PDW-F1600 为例,见图 3-17)采用了 MPEG HD422 编解码器、MPEG-2 长 GOP 压缩方式,码率约 50Mbps;可实现基于长 GOP 的线性对编的功能,包括专业光盘之间以及磁带和专业光盘之间的对编;可支持多种视频格式,包括标清 MPEG IMX、

图 3-17　Sony PDW-F1600 高清编辑录像机

DVCAM 和高清 XDCAM HD420 格式,标准配置 23.98P 格式记录和重放,支持多种记录帧格式;内置上/下转换器,可进行高清/标清转换,在重放时可进行 1080i 和 720P 的交叉转换;支持 8 通道音频,48kHz 采样频率,24bit 量化;采用双光头读写,速度可达 252Mbps;支持元数据记录,包括 UMID(Unique Material Identifier)、场景标记(EssenceMark)和素材片段标记;兼容 50GB(PFD50DLA)双层专业光盘和 23GB(PFD23A)单层专业光盘。除了模拟/数字视音频接口,它还支持 i.LINK 接口和以太网接口(1000Base-T);同时它还具有很多新的功能,比如在 FTP Server 的基础上扩展了 FTP Client 功能,可以将专业光盘上的素材有选择地通过千兆以太网上载到指定的 FTP 服务器上,进行远程浏览,省去以往搬运记录介质的步骤;通过网络即可实现影像信息的共享,大幅减少了介质成本和操作时间。

3.5 半导体记录和存储

半导体存储技术是 20 世纪 60 年代后期发展起来的,最大的优势是速度快、体积小和可靠性高。半导体存储器采用集成制造技术,将存储单元电路及其外围电路集成在半导体芯片上。

3.5.1 半导体记录概述

从存储器的基本功能、读/写模式以及存储机制来看,半导体存储器可以分为读/写存储器(RWM)、只读存储器(ROM)、可擦除的可编程只读存储器(EPROM)和闪存(FLASH)。RWM 数据以触发器形式存储或者以电容电荷形式存储。触发器形式的存储单元是静态存储,只要有相应电源供电就能保存数据信息。电荷形式存储单元是动态存储,为了防止漏电流导致的电荷损失,动态存储必须定期进行刷新操作以保存数据信息。ROM 利用半导体电路拓扑结构进行信息存储。由于拓扑结构是由内部硬连线确定的,存储数据只能读出不能修改,因此去除外部电压不会引起数据丢失。EPROM 和 FLASH 都属于易失型读写存储器,其主要特点是掉电信息不丢失、写操作时间比读操作时间长。

从存储器的获取数据方式来看,半导体存储器可以分为随机获取存储器(RAM)和顺序获取存储器(SAM)。目前大多数半导体存储器都属于 RAM 存储器,数据存储位置与读写方式无关。需要说明的是,大多数 ROM、EPROM 和 FLASH 都可以进行数据的随机存取操作,一般用 RAM 表示 RWM 存储器。SAM 对数据的读写方式与存取位置进行约束,以获得速度、面积或特殊功能等方面的性能。

3.5.2 半导体存储器

1.固态存储器

基于闪存的固态硬盘采用半导体芯片作为存储介质,也就是我们通常所说的 SSD(Solid State Disk)。它具有读写速度快、低功耗、无噪音、抗震动、低热量、体积小、工作温度范围大等众多优点。固态硬盘由控制单元和存储单元(FLASH 芯片或 DRAM 芯片)组成。固态硬盘的接口规范和定义、功能及使用方法与普通硬盘的完全相同。基于 DRAM

的固态硬盘采用 DRAM 作为存储介质。DRAM 以电容电荷形式存储数据,只能将数据保持很短的时间,所以必须隔一段时间刷新一次。如果存储单元没有被刷新,存储的信息就会丢失(关机就会丢失数据)。因此,基于 DRAM 的固态硬盘应用范围较窄。

2.SD 卡

1999 年,SD 卡(Secure Digital Card)由日本 Panasonic、Toshiba 和美国 SanDisk 公司共同研制,它是一种基于半导体闪存记忆器的存储设备,被广泛应用在便携式装置上,如数码相机、数码摄像机和多媒体播放器等。SD 卡采用了一体化固体介质,没有任何可移动的机械部分,不易损坏。2010 年发布的 SD 3.0 定义了 UHS-Ⅰ规范,最高速度为104MBps,可应用于专业高清电视实时录制。2011 年发布的 SD 4.0 定义了 UHS-Ⅱ规范,最高速度为 312MBps,容量有 32GB、48GB、64GB、128GB 和 256GB。SD 卡的衍生产品MiniSD 由 Panasonic 和 SanDisk 共同开发,可作为一般 SD 卡使用。

3.P2 卡

2004 年,P2 卡(Professional Plug-in Card)是由 Panasonic 公司为专业音视频而设计的小型固态存储卡,采用电荷擦写的方式进行数据记录,抗冲击、抗震动,并且对外界环境的温度、湿度都不敏感,特别适合 ENG 应用环境。P2 卡的存储核心采用了 4 片高速SD 卡进行并行的读写控制,被安装到一个接口电路板上,并由一个 P2 LSI 控制器与外部设备进行通信,最高速度为 640Mbps,可以满足高清信号的记录需求。2010 年,P2 卡实现了可支持 4GB、8GB、16GB、32GB 和 64GB 的存储容量。P2 卡可以非线性地记录 DV、DVCPRO25/50/HD 等多种格式。不同于传统的磁带记录,P2 卡可以实现多块卡顺序记录,即当一块已存满的卡被取出时,允许另一块卡同时记录而不受影响,这是以往磁带记录无法实现的。

4.SxS

SxS(S-by-S)也是一种基于闪存记忆器的半导体设备,它兼容 Sony 和 SanDisk 创立的 Express Card,使用 PCI Express 接口可将数据直接传送给电脑。SxS 可以达到 800Mbps的速度,突发数据率可达 2.5Gbps。Sony 主要将 SxS 应用于 XDCAM EX 系列的专业摄像机。SxS PRO+是更快的 SxS 版本,主要应用于 4K 视频记录,最小记录速度为 1.3Gbps,最大记录速度为 8Gbps。SxS PRO+主要应用于 CineAlta 系列摄像机,如 Sony PMW-F55。一块 128GB 的 SxS PRO+可以记录 20 分钟 4K XAVC 格式(60fps)的视频或 120 分钟 2KXAVC 格式(30fps)的视频。

3.5.3　P2 录像机

PanasonicP2 系列设备的核心是插卡式 PC 卡介质,可以记录 DVCPRO50/DVCPRO/DV 数据。P2 系列设备采用 MXF 格式进行记录,可以随机读取已建立索引的场景,进行即时播放和在线传输。P2 卡可以直接插入 PC 机上的 PC 卡槽中,立刻读取数据进行非线性编辑和数据传送。

PanasonicP2 录像机(以 AJ-PD500MMC-P2 录像机为例,见图 3-18)支持多种编解码

图 3-18 PanasonicAJ-PD500MMC-P2 录像机

器，包括 AVC - Intra 100/50、AVC - LongG50/25(10bit 量化,4∶2∶2 采样)和 AVC-Proxy（提供低比特率在互联网上传输）及编辑功能;选配功能还支持 AVC-Intra 200 编解码器(记录和播放的图像质量接近不压缩的母版图像质量) 以及 AVCHD 播放;接口包括 3G SDI 输入/ 输出、HDMI 输出、AES/EBU 数字音频输入/输出、千兆以太网局域网、USB 3.0、可指定 GPIO 和 RS-422A 远程接口,可以在单机上实现非线性编辑功能,提供两个 P2 卡插槽和两个 MiniP2 插槽。

3.6 数字视音频数据的记录格式

下面就常见的数字视音频数据的几种记录格式予以简单介绍。

1.D-Betacam

1993 年,Sony 推出 D-Betacam(Digital Betacam) 格式数字分量录像机。它使用 1/2 英寸涂敷型金属盒式磁带,带盒尺寸与模拟 Betacam SP 一样,大盒能记录 124 分钟,小盒能记录 40 分钟。在 D-Betacam 格式中,视频信号采用 4∶2∶2 采样标准,数字信号量化比特数为 10bit,模拟分量量化比特数为 8bit。D-Betacam 格式的视频数据压缩采用帧内(约 2∶1)压缩,可以记录 4 路数字音频信号(48kHz/20bit)。视频、音频录放质量都达到广播级演播室水平。在模拟分量信号输入、输出时,Y 信号带宽为 5.75MHz,信噪比为 60dB,色差信号带宽为 2.75MHz,信噪比为 60dB。一场视频记录的有效行数为 304 行,一行的有效样点数 Y 为 720 个,C_R、C_B 各为 360 个。一场数据交织压缩后记录在 6 条磁迹上,磁迹宽度为 24μm,无保护带,相邻磁迹方位角为 ±15°15′。纠错编码采用二维 RS 码。视频外纠错编码为 RS(126,114);音频外纠错编码为 RS(18,9),内纠错编码都为 RS(178,164)。通道编码采用扰码+交错非归零倒相码。

2.DV

1993 年,Sony、Panasonic、JVC 和 Philips 等几十家公司组成的国际集团联合开发了具有较好录放质量的统一标准家用数字录像机格式,称为 DV 格式。1996 年开始,各公司基于 DV 格式纷纷推出各自的产品。DV 格式的特点是带盒小、磁鼓小、机芯小、记录密度大、电路集成度高,便于生产体积小、机动灵活的一体化摄录机。DV 格式使用 1/4 英寸蒸镀型金属磁带,带盒尺寸有标准带(125mm×78mm×14.6mm)与小型带(66mm×48mm×12.2mm)两种;标准带盒能记录 270 分钟,小型带盒能记录 60 分钟。视频信号采用 4∶2∶0采样标准,量化比特数为 8bit。对于 625/50 制式,DV 格式的一帧记录 576 行,每行的样点数 Y 为 720,C_R、C_B 各为 360,C_R、C_B 隔行传输;视频采用帧内 4.987∶1(约 5∶1)数据压缩,视频数据率为 24.948(约 25)Mbps,Y 信号水平清晰度达 500 线,信噪比为 54dB。DV 格式可记录 2 路(48kHz/16bit)或 4 路(32kHz/12bit)的无压缩数字声音信号。视频外纠错编码为 RS(149,138);音频外纠错编码为 RS(14,9),内纠错编码都为 RS(85,77)。通道编码采用扰码+交错非归零倒相码。

　　DV 格式磁带上的倾斜磁迹由安装在上鼓的一对间隔 180°的记录磁头进行记录。对于 625/50 制式,上磁鼓的转速为每秒 150 圈,一帧视频信号记录 12 条磁迹。磁迹位形示意图如图 3-19 所示,上下边缘无纵向磁迹,倾斜磁迹宽度为 10μm,无保护带,相邻磁迹方位角为±20°。每条倾斜磁迹包括 ITI(Initial Track Information 起始跟踪信息,或称 Insert and Track Information 插入与跟踪信息)、音频、视频和子码四个区以及它们之间的三个编辑间隔 GAP。ITI 区主要包含格式信息、跟踪用信息等,还可在重放时用来判断音频、视频和子码区的位置,即重放完 ITI 区之后,再经一定的时间间隔就到了音频区。音频区、视频区分别记录音频和帧内压缩的视频数据。子码区主要包含时间码信息。编辑间隔的作用是防止在由旋转消磁头单独消去声音或视频信号时出现消去别的信号的可能。

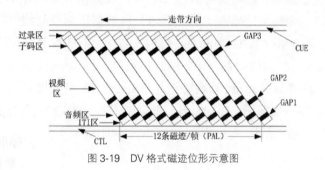

图 3-19　DV 格式磁迹位形示意图

3.DVCPRO

　　DVCPRO 格式是 Panasonic 公司在家用 DV 格式基础上开发的一种专业级数字录像机格式。DVCPRO 格式使用 1/4 英寸涂敷型金属磁带,带盒尺寸有标准带(125mm×78mm×14.6mm)与中型带(97.5mm×64.5mm×14.6mm)两种。标准带盒能记录 123 分钟,中型带盒能记录 63 分钟。用于标清电视制式的有两种模式:DVCPRO 25 模式和 DVCPRO 50 模式。DVCPRO 25 模式能兼容重放家用 DV 格式的磁带(对 DV 小盒要加带盒适配器),DVCPRO 50 模式能兼容重放 DVCPRO 25 模式的磁带。

　　在 DVCPRO 25 模式中,视频信号采用 4:1:1 采样,8bit 量化,一帧记录 576 行,每行有效样点数 Y 为 720,C_R、C_B 各为 180,采用帧内 4.987(约 5:1)数据压缩,视频数据率约为 25Mbps,可记录 2 路数字音频信号(48kHz/16bit)。在模拟分量输入、输出时,Y 信号带宽为 5.5MHz,色差信号带宽为 1.3MHz,信噪比为 55dB。DVCPRO 25 格式的磁鼓结构和 DV 相同,为两层结构。上磁鼓有一对间隔 180°的记录磁头、一对间隔 180°的重放磁头(无 DT 功能)和间隔 180°的消磁头。对于 625/50 制式,上磁鼓每秒旋转 150 圈,一帧记录 12 条磁迹,磁迹宽度为 18μm,无保护带,相邻磁迹的方位角为±20°。

　　在 DVCPRO 50 模式中,视频信号采用 4:2:2 采样,8bit 量化,一帧记录 576 行,每行有效样点数 Y 为 720,C_R、C_B 各为 360,采用帧内 3.325(约 3.3:1)数据压缩,视频数据率约为 50Mbps,可记录 4 路数字音频信号(48kHz/16bit)。视频录放质量优于

DVCPRO 25 模式。DVCPRO 50 模式的上磁鼓有两对间隔 180°的记录磁头、两对间隔 180°的重放磁头(无 DT 功能)、一对间隔 180°的消磁头。对于 625/50 制式,上磁鼓每秒旋转 150 圈,一帧记录 24 条磁迹。

DVCPRO 格式的纠错编码采用二维 RS 码。视频外纠错编码为 RS(149,138);音频外纠错编码为 RS(14,9),内纠错编码都为 RS(85,77)。通道编码采用扰码+交错非归零倒相码。

4.DVCAM

DVCAM 格式是 Sony 在家用 DV 格式基础上推出的一种专业级数字录像机格式。DVCAM 格式使用 1/4 英寸双蒸镀金属磁带,表面上有一层保护膜。这种磁带不仅剩磁强度有所提高,而且稳定性和耐久性也可得到保证。标准带能记录 184 分钟,小盒带能记录 40 分钟。DVCAM 能兼容重放家用 DV 格式的磁带;采用双重走带机构,装入 DV 小盒不需要增加带盒适配器。该格式与 DV 格式一样,视频信号采用 4∶2∶0 采样,8bit 量化,一帧记录 576 行;视频采用帧内 4.987(约 5∶1)数据压缩,视频数据率约为 25Mbps。DVCAM 格式可记录 2 路(48kHz/16bit)或 4 路(32kHz/12bit)数字声音信号。DVCAM 格式的带盒尺寸、磁鼓直径与转速都与 DV 格式相同,带上也无纵向磁迹。对于 625/50 制式,一帧信号记录 12 条倾斜磁迹,磁迹宽度为 15μm,比 DV 格式增加了 5μm,为跟踪提供较大的容差。纠错编码也采用二维 RS 码。视频和音频数据的内、外纠错编码组的构成都和 DV 格式相同。通道编码采用扰码+交错非归零倒相码。

5.MPEG IMX

Sony 的 MPEG IMX 格式使用 1/2 英寸的金属磁带。视频信号采用 MPEG-2、4∶2∶2P@ML 的压缩方式,仅采用帧内压缩,能实现零帧精度的编辑,视频数码率为 50Mbps。MPEG IMX 格式可记录 8 通道数字声音,采样频率为 48kHz,量化比特数为 16bit,或者记录 4 通道,采样频率为 48kHz,量化比特数为 24bit。对于 625/50 制式,每一帧信号由两个旋转磁头记录 8 条磁迹,磁迹宽度为 21.7μm,磁迹角为 4.62644°。每条磁迹包括两个视频区以及在其中间的 8 个音频区。磁带下边缘有 CTL 和 LTC 两条纵向磁迹。视频外纠错编码为 RS(64,54),内纠错编码为 RS(162,150);音频外纠错编码为 RS(18,8),内纠错编码为 RS(137,125)。

MPEG IMX 格式的台式录像机有输入和输出 MPEG 基本流(ES)的接口(SDTI-CP 接口),能和其他 MPEG 设备,如非线性编辑机、服务器直接传输数据;有 525/60、625/50 切换功能,可记录、重放两种制式的 MPEG IMX;能兼容重放 Betacam-SP、Betacam-SX 和 D-Betacam 格式的磁带;有预读功能。

6.HDV

2003 年,JVC、Sony、Canon、Sharp 等公司联合开发了支持高清电视节目存储的家用数字录像机 HDV 格式。HDV 格式使用带盒与 DV 相同。HDV 可以支持 1080 线隔行扫描方式(1440×1080,例如 Sony 采用 HDV2 模式)和 720 线逐行扫描方式(1280×720,例如 JVC 采用 HDV1 模式)。HDV 格式视频信号采用 4∶2∶0 采样标准、8bit 量化、MPEG-2

压缩标准,可以提供比 DV 格式更有效的数据压缩;对于 HDV2 模式输出数码率约为 25Mbps,对于 HDV1 模式输出数码率约为 19Mbps。DV 格式可记录 2 路(48kHz/16bit)的数字声音信号,采用 MPEG-1 Audio Layer Ⅱ 数据压缩,压缩后的数码率为 384kbps,也可记录 4 路数字声音信号(每声道 96kbps)。

HDV 格式输出串行数据流 MPEG-2 TS 流或 ES 流;支持文件存储,可用于 XDCAM,同时兼容 DV 格式和 DVCAM 格式。

7.HDCAM / HDCAM SR

Sony 的 HDCAM 格式是高清版的 D-Betacam。带盒尺寸也与 D-Betacam 一样,分大盒和小盒两种。HDCAM 格式视频信号采用 3:1:1 采样标准,8bit 量化,压缩后数码率约 144Mbps。HDCAM 编解码器使用非正方形像素,在播放 1440×1080 视频内容时采样到 1920×1080 上进行播放。HDCAM 格式可记录 4 路(48kHz/20bit)的无压缩数字声音信号。HDCAM 格式可用在 CineAlta 系列产品上。

Sony 的 HDCAM SR 格式常用于高清电视制作。HDCAM SR 格式使用更高粒子密度的磁带,带盒尺寸也与 D-Betacam 一样,分大盒和小盒两种。HDCAM SR 格式视频信号采用 4:2:2 采样标准,10bit 量化;采用 MPEG-4 Part 2 数据压缩编码标准,压缩后数码率约为 440Mbps(SQ 模式)。有些 HDCAM SR 录像机可用两倍模式收录高达 880 Mbps 的数据流(HQ 模式)。HDCAM SR 格式也可以记录 4:4:4 RGB 格式的视频内容,数码率约为 600Mbps。HDCAM SR 格式可记录 12 路(48kHz/24bit)的无压缩数字声音信号。

8.DVCPRO HD/100

DVCPRO HD(也称 DVCPRO 100)是 Panasonic 推出的高清影像存储格式,采用 1/4 英寸的涂敷型金属带。DVCPRO HD 格式视频信号采用 4:2:2 采样标准、8bit 量化,压缩比为 3.3:1,压缩后数码率约 100Mbps。DVCPRO HD 格式可记录 2 路(48kHz/16bit)的无压缩数字声音信号。DVCPRO HD 格式可以满足广播级影视制作的需求,适合高清制作。

9.D-5 HD

D-5 HD 是 Panasonic 在 D-5 记录格式上研发的用于记录高清信号的记录格式。视频信号采用 4:1 帧内压缩,支持 1080/1035 隔行扫描(帧频为 60Hz 或 59.95Hz)或 720/1080 逐行扫描(帧频为 24Hz、25Hz 或 30Hz)。D-5 HD 支持 2K 分辨率、4:4:4 采样、JPEG2000 编码压缩。D-5 HD 格式可记录 4 路 PCM 音频信号(48kHz/24bit)或 8 路音频信号(48kHz/20bit),需要附加装置 AJ-HDP2000 以支持 D-5 格式。

D-5 HD 通常适合电影后期制作,价格贵,偏向高端用户;不用于播出,多用于记录保存,尤其是数字电影记录。

10.AVCHD

2006 年,Sony 和 Panasonic 联合研发了 AVCHD(Advanced Video Coding High Definition)文件格式,它是基于文件的数字高清信号记录格式,用于高清摄录一体机。AVCHD 标准基于 H.264/MPEG-4 AVC 视频编码,支持 720p/1080i 等格式(1080i 最常见于各类

AVCHD 摄录机),采用 4∶2∶0 采样标准、8bit 量化;同时支持杜比数码(Dolby AC-3)5.1 声道或无压缩线性 PCM 7.1 声道音频压缩。记录介质可以是 DVD、存储卡、内置固态硬盘。AVCHD 能兼容所有 8cm DVD 光盘格式,支持类似 DVD-Video 的菜单导航系统,兼容蓝光光盘格式。

AVCHD-SD 用于标清信号的记录,但是由于它采用 AVC 视频编码而不是MPEG-2 Part2,所以不兼容 DVD 播放器。AVCHD-SD 可以在蓝光播放器上播放,无须重编码。2011 年,AVCHD 标准推出了 AVCHD 2.0,以支持 1080p 扫描格式和立体视频的记录,最高码率可达 28Mbps。

11.XDCAM HD/EX

2003 年,Sony 推出无磁带专业摄录系统 XDCAM SD,2006 年,又推出 XDCAM HD,均使用专业光盘作为存储介质。2007 年的第三代产品 XDCAM EX 格式采用 SxS 作为存储介质。XDCAM 格式使用多种视频压缩方法和媒体容器。视频采用 DV、MPEG-2 或MPEG-4压缩方法,采样率为 4∶2∶2 或 4∶2∶0,最大数据率为 50Mbps。4 通道/8 通道音频为非压缩 PCM 编码,采用 48kHz 采样标准、16bit / 24bit 量化。XDCAM SD/HD 视频流和音频流使用 MXF 容器封装;XDCAM EX 使用 MP4 容器封装。

12.XAVC / XAVC S

2012 年,Sony 推出了 XAVC 格式,使用 H.264/MPEG-4 AVC Level 5.2(最高级)作为编码标准;其视频信号支持 4K 分辨率(4096 × 2160 和 3840 × 2160)、60fps, 8bit、10bit或 12bit 量化;采用 4∶2∶0(4K)、4∶2∶2(HD)采样格式,支持帧内编码和长 GOP 记录;其音频信号采用线性 PCM 或 AAC 编码和 MXF 封装格式。

2013 年,Sony 宣布推出 XAVC S 为 XAVC 扩展版本,其视频信号支持 3840 × 2160 分辨率;音频信号采用 MP4、AAC 或 LPCM 编码,使用 MP4 封装格式;主要应用于 SonyFDr-AX100 4K 超高清摄像机和 SonyHDR-AS100V 摄影机。

第 4 章　视频切换台及外围设备

■ **本章要点：**

1. 了解视频切换台的基本构成。

2. 重点掌握视频切换台快切、混合、划像、键、下游键等信号处理的原理。

3. 理解亮度键、色度键、线性键、内键和外键的特点，以及切换台"级"的概念和 M/E 模块的作用。

4. 了解切换台在视频系统中的地位、信号流程及连接方法。

5. 了解数字视频特技机的作用及特点。

6. 了解特技机的 2D、3D 特效、动画及变更数字视频信号数据流的基本原理。

7. 了解特技机与切换台的连接方式。

8. 了解矩阵在演播室和电视台中的作用及其基本组成。

9. 了解矩阵卡的扩展与分割原理。

10. 了解字幕机的输出信号和在线包装的基本概念。

　　本章节主要介绍演播室视频系统中的切换台和重要外围设备。演播室视频系统的核心设备是视频切换台。视频切换台可对各视频信号源进行切换，还可在视频中加入一定的特技效果。某些视频切换台带有视频特技机。视频特技机可以完成传统切换台完成不了的更复杂的 2D、3D 特技。在演播室中充当着重要路由转换作用的另一种设备是矩阵，它可对视音频等信号进行转换、分配、传输，可处理更大规模的输入信号，确保演播室信号的灵活调度，并保障播出安全。在实时的节目创作中，比如直播、转播节目过程中，为了补充电视画面的信息，要加入文字、图形甚至动画等元素，还需要使用字幕机和在线包装系统。

4.1　视频切换台

4.1.1　视频切换台的概念

1. 基本概念

　　视频切换台，简称切换台，能以某种方式从两种或更多种节目源中选出一路或多路信号送出，实现节目多样化，是一种可达到一定艺术效果的电视节目制作设备，主要用于电视信号播出或节目后期制作。

在电视中心,人们需要利用切换台从多路节目源中选出所需的信号进行播出;在后期节目制作中,为加强艺术效果,也需要用切换台从不同的节目源中选择一路或多路实施组合输出。切换台还可用于技术人员调整和监测电视中心设备。由于切换台能用来选择输出各路信号,技术人员可以随时检测并调整任一路信号的参数,在系统发生故障时,使用切换台有助于迅速探明故障所在位置,并予以及时排除。

2.切换台分类

视频切换台可按使用范围、级数、处理信号来分类。

(1)按使用范围分类

可分为播出用的切换台和节目制作用的切换台两大类。

①播出用的切换台:用于节目播出,对播出安全起到了举足轻重的作用。这类切换台须稳定可靠、操作简便,并有应急措施。

②节目制作用的切换台:用于电视节目现场制作或后期制作,承担了镜头衔接、转换与特效等工作,主要应满足特技效果花样多、设备功能全等要求。

节目制作用的切换台向两个方向发展:

①用于现场节目录制的视频切换台有较大的控制台面,提供足够多的信号输入端和较多的效果级 M/E,并可以选择附加配置,以满足多角度、多机位的纪实现场。

②用于后期制作的视频切换台更趋向于小型多功能化,附加数字特技是其最明显的特点,有固化特技,二维、三维特技,有单通道、双通道、四通道等多种形式,还有较强的色彩校正功能、帧存功能,提供多种直切键操作面板的选择,以适应不同层面的要求。

(2)按级数分类

数字视频切换台有一级、一级半、二级、二级半、三级、四级等切换台。所谓一级 M/E 是指有一排 A、B 母线,或 PGM/PST 母线,在母线上同时具备叠化(混合)、划像功能,有些还设有双扫画图形、双层键功能,而半级是指 PGM/PST 母线不包含划像(或只包含部分划像)功能。M/E 即混合特效放大器,一级 M/E 对应一个混合特效放大器模块。

(3)按处理信号分类

按照切换台处理及输入/输出接口的信号种类不同,可分为模拟切换台和数字切换台两类。数字切换台又可分为标清切换台、高清切换台和高标清兼容切换台。随着 3D 和超高清技术的发展,当前也出现了 3D 高清切换台和超高清切换台。

3.切换台对输入信号的技术要求

模拟视频切换台对输入信号的要求是"三个统一",即时间统一、相位统一和幅度统一。

时间统一就是要求参加节目制作的各图像信号源及加工过程中各图像之间是完全"同步"的,具体来说是指行、场信号的频率和相位要一致,要保证各信号到达切换台输入端的时间基本一致,延时差不超过 10ns。

相位统一指各彩色视频信号的切换要保证其色同步严格同相,PAL 制中其相位误差不应超过 3°。

幅度统一指信号源的信号幅度应该一致。根据国标规定:视频信号幅度的最大值是1V,同步电平为−0.3V,白电平为0.7V。

为了达到以上的“三个统一”,模拟演播室各路待切换的视频信号应由同一个同步机提供同步信号,且采用相同长度的视频电缆,或利用专门的延时网络来均衡各路时延。信号源之间要进行锁相,设置专门的延时电路、均衡电路和移相电路。因此,模拟演播室存在电路复杂、电缆长度受限和维护困难等问题。

数字演播室则不同,数字切换台对输入信号的处理方式与模拟切换台不同,对输入信号的要求也不相同。

目前的数字视频信号几乎都采用分量信号,因此输入数字视频切换台的数字信号不要求相位统一。另外,数字系统的数字再生能力很强,数字视频切换台也如此,所以对输入信号的幅度要求也不高,输入信号的幅度只要满足数字切换台要求的最低输入幅度即可。

在数字切换台中,对输入信号之间的时间差要求也有区别,具体要求依视频切换台的性能不同而不同。一般来说,数字切换台都有自动输入定时补偿功能,自动定时时间从十几微秒到一行不等,因此,数字切换台的输入信号之间的时间差只要在自动定时时间范围内即可。

对数字切换台最基本的要求是输入/输出接口应满足 SDI 接口的要求。即:

(1)非平衡输出;

(2)输出阻抗:75Ω;

(3)反射损耗:≥15dB(5Mz～270MHz);

(4)输出信号幅度:800mVpp±10%;

(5)DC 偏置:0V±0.5V;

(6)相对信号幅度之半从信号幅度的 20%～80% 的上升和下降时间:0.4～1.5ns,差值不超过 0.5ns;

(7)上冲和下冲:小于信号幅度的 10%。

4.1.2　视频切换台的基本构成

1.视频切换台的连接

视频切换台一般由主机(处理器)和控制面板组成,如图 4-1 所示。切换台主机是信号处理的中心,主机机箱上安装有大量视频输入和输出接口,主机负责信号的输入/输出处理、矩阵切换、混合、特效键控等特效处理;控制面板即操作面板,是制作人员的主要操作对象。控制面板包括主面板和菜单面板。菜单面板上一般有可触摸液晶屏,可显示所有可调参数,触摸屏周围有按键和旋钮,用于参数调整。主控制面板可分为多个控制模块,比如中心控制模块、特效转换模块、关键帧模块、跟踪球模块、操纵杆模块、设备控制模块等。为增加 2D 特技和 3D 特技功能,有些切换台配有数字特技机(见 4.2 具体内容)。为了实现多设备控制及 Tally 输出,有些品牌的切换台厂商还会为切换台配置专门的设备控制单元,也有厂商专门生产 Tally 控制器。另外,在具有编辑控制需求的视频系统中有数字录像机,则切换台还需要连接编辑控制器。除此之外,切换台厂商还会为切换台提供很多系统部件,包括备份电源、输入/输出接口板、彩色校正器、帧存组件以及系统管理软件。

（a）处理器（主机）

（b）菜单面板

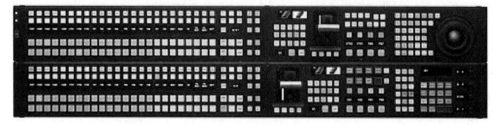
（c）控制面板

图 4-1　SonyMVS-6520 切换台(图片来自 Sony 官网)

系统管理软件需要安装在 PC 机上。PC 机联网后,可用于控制和维护网络中的每一个设备,完成相关软件的安装与升级,对特技和图像数据有效文件进行管理,进而实现对联网所有设备的集中控制和系统操作效率的最大化。

目前切换台面板等外围设备与处理器连接主要通过以太网或通过 S-Bus、RS-422A、RS-232、P-Bus、GPI 等连接。网络连接可令外围设备受切换台的控制,同时令外围设备与切换台特技处理具有相同的时间线,使外围设备播出素材作为切换台时间线的一部分。以太网连接包括两种网络:

（1）控制网络:可供视音频设备(矩阵、I/F 处理器、录像机、调音台)、切换台处理器与控制面板进行控制数据传输;可支持多个控制面板共用一个处理器主机上的相同或不同 M/E 级,反之亦可,即一个独立控制面板可以同步控制多个设备。

（2）数据网络:用于控制设备组件、外围设备连接、远程网络管理(监视、软件更新、软件设置、软件维护和设备管理、图形与名称资源共享),可延伸至本地 LAN 和 WAN,通过网关连接 Internet。

图 4-2 为 SonyMVS8000 切换台与周边设备连接的示意图。切换台和特技机及控制面板(系统控制单元)之间由控制网和数据网连接。

注意,为了简化系统连接,很多新产品将以上两种网络合在一套以太网内一起传输。在切换台主机和各控制面板连接上,各产品会有所不同,具体连接需要仔细阅读产品说明书。如图 4-3 所示,这是 SonyMVS-6520/6530 切换台主机及控制面板的连接,采用单以太网。切换台主机先用 RJ45 接口网线连接主控制面板,再由主控制面板连接菜单面板。导播切换视频时,主要使用主控制面板;在设置特效类型和参数时,需要借助菜单面

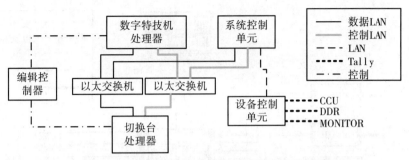

图 4-2　SonyMVS8000 切换台使用双网络连接周边设备

板完成操作。

　　图 4-4 为 KAHUNA 的切换台 2.5M/E Kahuna CF+主机及其控制面板单网连接的实例,其图形用户界面的作用类似于 Sony 的菜单面板。此示例中,制作人员可直接点触图形工作界面触摸屏设置切换台特效及各参数,也可以通过鼠标和键盘完成相同的操作,并利用 PC 屏幕监看。

　　图 4-5 所示,由于切换台是演播室视频系统的核心设备,演播室所有视频源信号都连接

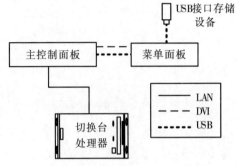

图 4-3　SonyMVS-6520/6530 切换台主机与控制面板单网连接范例

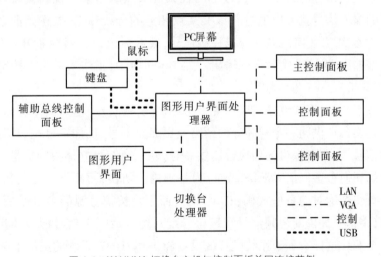

图 4-4　KAHUNA 切换台主机与控制面板单网连接范例

到切换台主机的视频输入信号端,切出的信号也由切换台主机输出。如果视频源中有录像机,则录像机需要编辑控制器控制,编辑控制器向切换台主机发出触发信号。另外,Tally 信号由切换台主机输出。为了保证信号切换时各信号源的绝对同步,切换台及各视频源设备都会接入同步信号。(注:图 4-5 中没有画出其他视频源设备的实际信号连接状态,同步信号连接见第 5 章。)

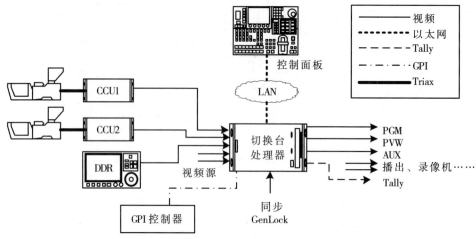

图 4-5　切换台主机、控制面板与其他设备的连接简图

2.视频切换台的基本构成

切换台由输入切换矩阵、混合/效果放大器、特技效果发生器、下游键处理与混合器、同步信号发生器及控制电路组成。

如图 4-6 所示,输入切换矩阵是由横线和竖线组成的阵列,通常被称为输入切换矩阵,其中竖线表示输入信号通路,横线表示输出信号通路(常被称为母线)。竖线和横线的交叉点代表视频信号的通断开关,被称为视频交叉点。当某一视频交叉点导通时,连到该交叉点的输入信号就可以通过与该交叉点相连的母线输出,被送到混合/效果放大器(M/E)。每级 M/E 上都有两排背景视频信号,通常标记为 A 母线和 B 母线。一般,A 母线代表当前输出,B 母线代表下一输出。如图 4-7 所示,工作人员按下按键,导通交叉点,第二路视频信号从 A 母线输出。

在演播室系统中,有些设备为切换台提供一路视频信号,比如摄像机和录放机。但有些设备为切换台提供同一个视频源的两路或更多路信号,比如字幕机为切换台提供视频信号和键信号,立体摄像机为切换台提供一对(左、右)双目立体视频信号。因此,现代演播室使用的切换台多以信号源(Source)为基础进行切换,而不仅仅将交叉点导通。每一个信号源有一个绝对的身份代码(ID 号码),而不是按信号源的名字或是输入接口来识别。比如,字幕机提供的视频信号和键信号配对组合成一个信号源,只需要一个按键便可选择这个源。这样有利于系统配置的设置和 Tally/UMD 系统的灵活指派。

混合/效果放大器受不同信号控制,可工作于混合、划像或键控状态,实现这三类特技之间的切换。输出的信号经过选择开关、节目/预监混合电路后,进入下游键部分,完成字幕或其他画面的叠加,最后输出的信号便可用作录制品或直接播出。

切换台提供多路视频输出,用于信号监看、处理、传输、播出及记录,其输出母线功能如下:

(1)节目母线(Program Bus—PGM)

在母线上,每一按键对应一个图像源输入。这条能把各种图像源直接输送到播出或

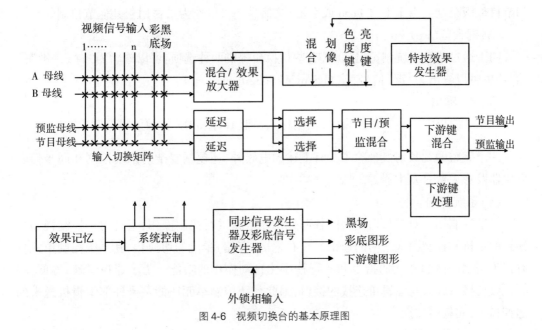

图 4-6 视频切换台的基本原理图

录像机的母线被称为节目总线,也称直通母线。

如果仅从一个图像源到另一个图像源,而无须预看或做其他效果处理的切换,则可以使用一条母线的视频切换台(视频切换开关)。

(2)预监母线(Preview Bus—PVW/PST)

预监母线与节目母线的按键数量、形状和排列完全相同,它们的功能也非常相似,只不过预监母线输出的图像信号不是提供给播出或录制,而是在播出前用于预看。预监母

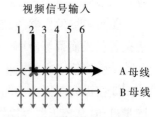

图 4-7 切换台输入矩阵切换示意图

线按键的选择切换只是在预监视器上变换画面,并不影响正常的播出与录制。一般使用预监视器和预监母线按键寻找下一个节目头,以便实现良好的画面衔接。

(3)公共母线(Utility)

除了标准的 A、B 母线外,有些切换台还提供公共母线,用来为一些特定的用途选择信号源。这些信号和背景母线无关。有些切换台的一级 M/E 单元中会提供两个混合特效模块,其中一个可以用于 A、B 母线的转换特效,另一个则可以用于公共母线的转换特效。在多节目播出模式下,公共母线可用于对某一路节目输出信号提供背景视频。

(4)辅助母线(AUX)

辅助母线将输入信号输出到一些指定的接口中,如可以输出为键信号或输出到 DVE等。它使切换台提供更加灵活多样的信号指派,提高了演播室节目制作时信号处理的可扩展性。

(5)Clean 输出

它是一路不包含下游键处理或隐黑(淡出)处理的 PGM 输出信号。下游键一般用于Logo 或字幕的上键。Clean 输出不包含这些播出前叠加的 Logo 和字幕,只用于图像监看

和节目母版录制。由于不含 Logo 或字幕，该信号还可以作为素材用于其他节目制作。

（6）键预览（Key Preview）

用于通过监看系统浏览键信号，有些切换台提供两种选项：可以输出为"背景+键"的信号，也可以输出为"键"信号，比如 SonyMVS6520。

（7）ME 输出

在 1.5 级以上的多级切换台中，供制作人员监看各级 ME 特效效果的输出。

一个完整的视频切换台除了具有上述的电路外，还包括复杂的系统控制和同步信号发生器及彩底信号发生器等。

（1）系统控制

系统控制用于对视频切换台的各部分功能电路进行控制操作，主要用于控制视频切换台的主机和控制面板之间的通讯。具有记忆（存储）单元的切换台，其系统控制单元具有接受记忆（存储）单元的指令和实行程序化自动操作的功能。为了遥控、编辑方便，一些视频切换台具有与编辑机连接的接口，因此系统控制单元还能接受外部编辑机送来的遥控指令，实施遥控操作。

（2）同步信号发生器

同步信号发生器在视频切换台中主要完成以下几种功能：

①为黑场发生器、彩底发生器等提供基准信号。其中黑场和彩底信号可作为字幕、边框着色或换幕等使用。

②受演播中心的同步机控制，并与之同步锁相。

③在没有演播中心同步机的系统中，通过黑场发生器产生的黑场信号，为信号源的同步机、时基校正器等提供基准，并与它们同步锁相。

有些视频切换台没有同步信号发生器，需要外接同步机才能工作。在数字切换台中，同样需要模拟切换台上的同步信号发生器，这是因为在数字系统中仍然使用模拟同步信号作为时间基准。

（3）彩底信号发生器

彩底信号发生器用于划像特技时的边框着色、在下游键中进行换幕。另外，在利用外键特技将彩色字幕或图形嵌入背景时，彩底信号发生器可提供彩色背景。彩底信号发生器产生的彩色信号的色调、饱和度、亮度均可调。

（4）提示（TALLY）电路

提示（TALLY）电路是为节目制作、播出系统的完善性而设立的辅助电路，与视频切换台本身的特性无关。视频切换台有多路信号源。当操作人员按下输入矩阵的按键，选择输入信号时，该电路与之联动，产生提示信号。一方面，提示电路点亮信号源监视器下的提示灯，提示操作人员参与制作的为哪几幅图像；另一方面，它点亮摄像机的提示灯，提示摄像师该路信号被选用，操作须谨慎。

4.1.3　切换与特技原理

1.快切(Cut)

快切是指从某一路电视信号瞬间切换到另一路电视信号源的过程,在电视屏幕上表现为一个画面迅速变换成另一个画面,这种切换方式通常被称为快切,又称硬切换,这是电视节目制作使用较多的一种方式。

为了避免在快切时出现画面跳动、撕裂或切换杂波干扰,必须使切换在场消隐期间进行,也就是使视频交叉点在场消隐期间发生状态转换。

控制视频开关的控制电压包含两种信号:一种是操作面板传来的按键信号,另一种是场控脉冲。两种信号同时作用在视频开关上时,视频开关才会出现状态转换。

场控脉冲通常出现在场消隐期内第 6 或第 7 行上,即在槽脉冲之后出现。这样,由于场控脉冲距离下一场正程的始端比较远,切换时可能出现的杂波不致影响到下一场的图像。场控脉冲的宽度随交叉点控制电路的不同略有不同,一般为 $5\sim10\mu s$,频率为 50Hz。美国 SMPTE 推荐的实用标准 RP168 对 625 行数字分量信号系统的规定是第 6 行(奇场)和 319 行(偶场),距有效视频开始点为 $565\sim835$ 个时间间隔(27MHz 取样频率)。

2.混合(Mix)

混合也称慢切换,是将两路信号在幅度上进行分配组合,是以慢变的方式使电视屏幕上的一个画面渐显,另一个画面渐隐,使两个画面同时出现。转换的速率可人为控制,也可以自动控制。如果停留在慢变过程之中的某一状态,则可得到叠化的艺术效果。

通常切换台的混合特效分为标准混合、非相加混合和全相加混合,如图 4-8 所示。很多切换台还提供淡入和淡出特效。

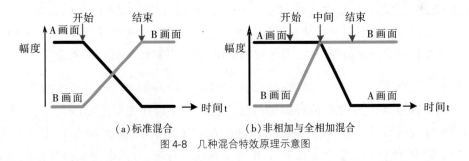

图 4-8　几种混合特效原理示意图

(1)标准混合(Normal Mix)

如图 4-8(a)所示,原始画面为 A 画面,从标准混合开始时间起,其画面亮度逐渐降低,画面逐渐消失;与此同时,下一个画面 B 则从最低电平开始,亮度逐渐提高,在混合结束时,B 画面亮度上升到正常值,而 A 画面完全消失。

标准混合图像处理的原理如图 4-9 所示,混合放大器的原理是由两个乘法器(可控增益放大器)和一个相加器构成(实际电路也可能由一个乘法器和多个相加器组成)。

该混合放大器的输出表达式为:

$$U_o = K_A \cdot U_A + K_B \cdot U_B \quad (K_B = 1 - K_A, 0 \leqslant K_A \leqslant 1)$$

公式(4-1)

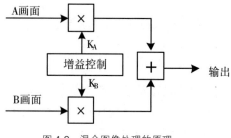

图 4-9　混合图像处理的原理

K_A 和 K_B 的大小可通过移动拉杆电位器的拉杆来改变控制电压,使放大器 A 的增益由 1 减至 0,同时使放大器 B 的增益由 0 增至 1,或者两者相反地变化,最后两路信号混合输出。除拉杆电位器外,切换台也设置了"Auto"按钮,可以执行指定时长的混合特效。

（2）非相加混合(Non Additive Mix,NAM)

非相加混合逐像素对比原始画面 A 和下一个画面 B 的亮度。整幅屏幕可分为两个区域,即 A 亮度小于 B 亮度的区域(Φ_1)和 A 亮度大于等于 B 亮度的区域(Φ_2)。从 NAM 混合开始点到其中间期间,A 画面亮度不变,Φ_1 区域中,B 画面中较亮区域的图像开始替代相应位置的 A 画面,直到 Φ_1 全部被 B 画面占满;从 NAM 混合时间中间到混合结束期间,Φ_2 区域中,A 画面由亮及暗的像素位置被 B 画面代替。

（3）全相加混合(Full Additive Mix,FAM)

从 FAM 混合开始点到其中间期间,A 画面亮度不变,B 画面亮度由最低升至正常值,并一直与 A 画面相加并输出;从 FAM 混合时间中间到混合结束期间,B 画面亮度不变,A 画面亮度由正常值降至最低。由于 A 和 B 画面相加时,有些部分的亮度会超过满幅度,此时该部分图像的像素值需要经过白切割电路再输出。全相加混合过程会让人感到画面变亮,而后又恢复正常。

（4）淡入淡出(Dip To Black,DTB)

在进行电视信号 B 取代电视信号 A 的 DTB 切换时,利用黑场信号使 DTB 进行两次混合:即先进行黑场信号取代 A 画面的第一次混合转换,然后再进行 B 画面取代黑场信号的第二次混合。切换台内安装有彩底发生器,除了可以提供黑场信号外,还可由制作人员通过参数调整选择彩底颜色,因此利用 DTB,也可以制作"闪白"等特效。

3.划像(Wipe)

划像又称扫换、电子拉幕或分画面特技。它使一个画面先以一定的形状、大小出现于另一个画面的某一部分,接着按此形状使其面积不断扩大,最后完全取代另一画面。也可以这样说,划像就是整个屏幕被 A、B 两个画面所分割,分割的形状由特技波形发生器提供的波形来决定,而且两个分画面的相对面积可通过拉杆电位器控制。

划像特技原理如图 4-10 所示,图中的门控放大器实质是乘法器,也就是说,图4-10与图 4-9 相似,理论上也是由两个相乘器和一个相加器组成,其数学表达式也是:

$$U_o = K_A \cdot U_A + K_B \cdot U_B \quad (K_B = 1 - K_A, K_A = 0 \text{ 或 } 1)$$

公式(4-2)

只不过此时的 K_A 和 K_B 的值直接为 1 或 0,且 $K_B = 1 - K_A$。因此,发送到两个门控放大器的门控电压波形相同,极性相反。在门控脉冲电压(图中门控电压的频率为行频)的控制下,当 A 画面通过期间(脉冲为正),B 画面信号被切断;反之,当 B 画面通过期间,A 画面信号被切断。然后这两路信号进行混合相加,就得到画面左边为 A 信号、画面右边为 B

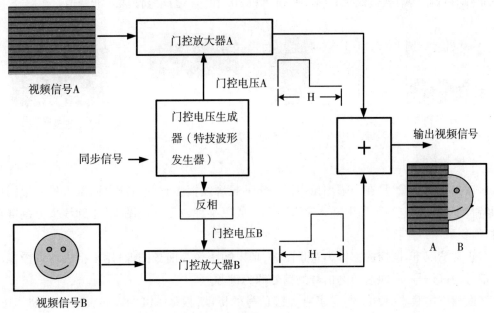

图 4-10　划像原理示意图

信号的混合画面。如果改变门控脉冲的宽度,就可以改变 A、B 两画面的面积比例,实现划像特技。如果门控脉冲的频率为场频时,则能形成垂直方向上的划像画面。

划像特技将两路信号在行周期或场周期内进行分割是有规则的。它是由特技波形发生器产生的规则几何图形来改变几何图形的形状和边沿虚实的,并控制划像移动的速度和方向,一般可产生几百种划像形式。因此,在节目制作中,划像也是一种较有效的、能增加节目艺术效果的特技方式。

(1)划像形状

划像特技中,门控电压是产生各种划像特技的关键,不同的门控电压可以产生不同的划像特技效果。门控电压是将行、场基本波进行不同的组合,经处理后去触发门控脉冲形成电路而形成的。门控电压形成电路可分为基本波产生电路、特技波形处理电路和门控脉冲产生电路。每一级 M/E 模块中,都有一组这样的特技波形发生电路模块;在半级 M/E 模块中则没有全套特技波形电路模块。因此,半级(P/P 级)不能提供全部划像功能。

(2)划像方向

特技划像方向通常分为"正向"(一般是 B 画面从左向右)、"反向"和"正/反向",有些特技划像表现为旋转的方式,有些切换台可对这些方向进行反向控制(Invert)。特技划像推拉杆从上向下拉与从下向上推,画面划像方向相反。

(3)边缘调制

有些切换台在划像特技的分画面边界上可以产生波浪等效果,这是由划像图形边界调制处理来实现的。它利用一个幅度可调、频率可变的正弦波去调制分画面特技信号的幅度和频率。边缘的颜色由彩底发生器提供,亦可进行人工设置;边缘的粗细、软边

（Soft）均可调，其中软边效果是将门控脉冲的"0"和"1"之间线性插入渐变值。

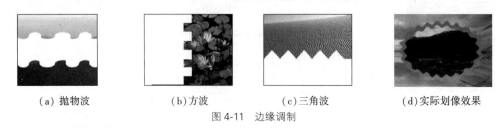

| （a）抛物波 | （b）方波 | （c）三角波 | （d）实际划像效果 |

图 4-11　边缘调制

4.键控（Key）

键控又叫抠像，是在一幅图像中沿一定的轮廓线抠去它的一部分而填入另一幅图像的特技手段。在电视画面上插入字幕、符号，或以某种较复杂的图形、轮廓线来分割屏幕时，需要采用键控特技。

正常情况下，被抠的图像为背景图像，填入的图像为前景图像，用来抠去背景图像的电信号为键信号，形成这一键信号的信号源为键源。

欧洲广播联盟（EBU）制定了有关键信号的标准，根据 EBU Technical Standard N16-1998"数字键信号"的标准，数字键信号的取样频率应该与 ITU-R 601 标准中亮度信号的取样频率相同；电平的量化级数也应该与亮度信号一样，8bit 量化时在 16～235 级之间，黑电平（16 级）表示全透明，白电平（235 级）表示不透明，黑和白之间的值表示部分透明，电平级差与所处理的视频信号的电平级差相同。无用的色差信号置为消隐电平级（128 级，8bit 量化时）；其传输接口应该像 ITU-R BT.656 标准中的亮度信号一样进行并行或串行传输。

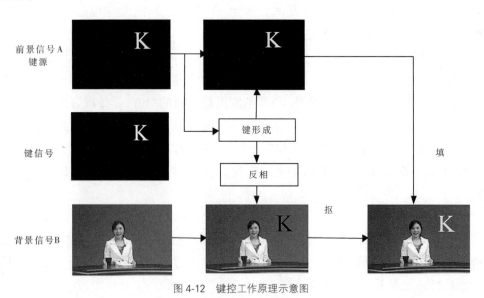

图 4-12　键控工作原理示意图

图 4-12 所示的键信号来自于字幕机提供的前景图像，键控原理与划像原理相似（见图 4-10 和图 4-12）。键信号决定了门控信号生成器生成的门控电压。键信号字母 K 部分对应高电平，其余部分对应低电平。门控放大器是相乘器，视频信号 A 通过门控放大

器 A 与门控电压 A 相乘。高电平的门控信号将视频信号 A 的字母 K 处的图像保留,低电平的门控电压将字母 K 处以外的图像置零。视频信号 B 对应的门控放大器接收到的门控电压 B 与门控电压 A 波形相同,极性相反,因此门控电压 B 通过门控放大器抠去了视频信号 B 中的 K 形状的部分,保留其余图像。之后门控放大器输出的两路信号经相加器相加,这相当于视频信号 A 的字母 K 形状部分的图像填入图像信号 B 中。

根据键信号产生的方式不同,键控可以分为亮度键和色度键两种。数字切换台中,键信号(亮度键和色度键)是通过键地址查找表来获得的,由 DSP 计算需要进行键控处理的信息,再将计算所得的控制数据与地址数据保存在 RAM。RAM 输出这些数据送入键地址查找表中,与同时送入键地址查找表的键源信号进行比较,形成键信号。按照键源视频信号的来源不同,亮度键又分为内键和外键两种。另外,使用键控时,还可以采用线性键软化前景与背景之间的轮廓。

(1) 亮度键(Luminance Key/Luma Key)

亮度键又称黑白键,它利用键源视频信号中的亮度分量(Y)来产生键信号。亮度键处理部分在混合特效放大器中的位置如图 4-13 所示。亮度键需要键源中被抠的部分与其他部分在亮度上有较大的区别,一般用于字幕叠加。字幕中的字符亮度值较高,其余部分的画面亮度值较低,利于亮度键的提取。视频信号 A 即前景信号,根据亮度阈值的设置,亮度键处理电路根据 A 信号的亮度电平生成键信号。键信号送入门控信号生成器,产生相应的门控电压。图 4-12 中的键控过程便使用了亮度键,理解图 4-13 时可同时参考图 4-12。

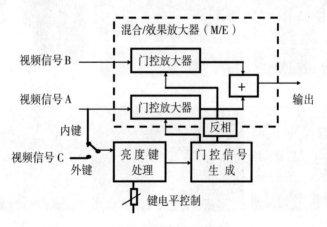

图 4-13　亮度键工作原理图

在亮度键的键信号生成过程中,有两个常用参数可调 Clip 和 Gain,其中 Clip 是生成键信号的阈值电平。亮度电平高于此电平的像点对应的区域为前景,即键填充的部分,低于此电平的部分为背景部分。Gain 相当于使用了线性键,Gain 值越高,说明前景与背景的边界越模糊;Gain 值为 0 时,代表没有使用线性键。

(2) 色度键(Chroma Key)

色度键一般简称色键,是直接利用键源三基色信号或利用键源视频信号中的色度分量产生键信号的键控方式。色度键的使用需要键源中有一定范围的图像采用某种较均匀的色彩,实际多用绿色或蓝色。该色彩应与不需要去除部分的色彩在色度上有较大区别。色度键常用于虚拟演播室背景绿屏或蓝屏的去除。如图 4-14 所示,前景信号 A 是在蓝屏下拍摄的主持人图像,切换台中的色键处理器按照操作人员设置的参数选择色键背景色(蓝色),产生键信号 C;键信号送入门控信号生成器,产生门控电压。经过门控放大器,即相乘器的处理,可输出图像 D 和图像 E,两图相加后完成图像填充,并最终输出键控特效的结果图像 F。

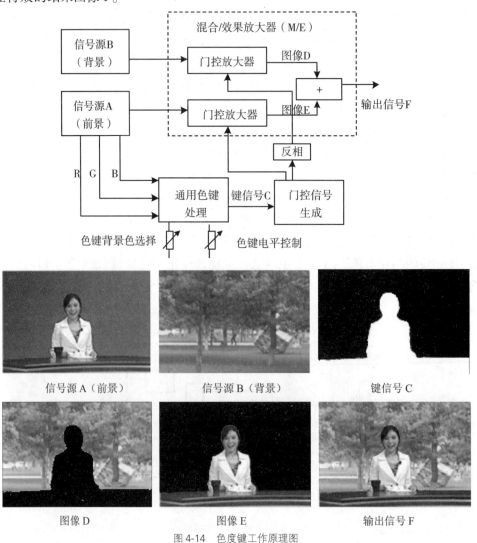

图 4-14　色度键工作原理图

(3) 内键(Self Key)

内键也叫自键,它是以参与键控特技的其中一路信号作为键信号来分割画面的特技,也就是说键源与前景图像是同一个图像。图 4-14 的色度键处理过程就是内键。键信号是由切换台处理前景信号得出的。

(4) 外键(Split Key)

相对于内键而言,外键的键信号由第三路键源图像来提供,而不是参与键控特技的前景或背景图像。如图 4-15,键信号的来源并不是前景或背景图像,而来自于独立的信号 C。

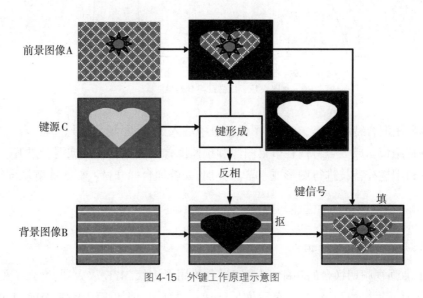

图 4-15　外键工作原理示意图

（5）线性键（Linear Key）

线性键技术通过调节键信号在上升下降时的斜率,使背景视频信号和插入视频信号出现一个宽窄可调的混合区域,从而不同程度地软化背景图像与前景图像结合的边缘,即实现"软边"效果。

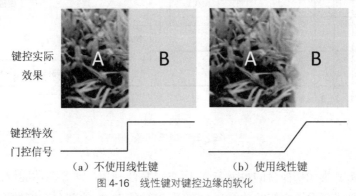

（a）不使用线性键　　　　（b）使用线性键

图 4-16　线性键对键控边缘的软化

草谷（Grass Valley）开发的切换台在针对亮度键的软边处理时还提供了 S 型键（S-Shaped Key）。S 型键比线性键更能减少亮度键边缘的锐利感。使用软边效果时,线性键和 S 型键只能选择其一,且不能对同一对象使用两次线性键或 S 型键。

5. 下游键（Down Stream Key）

下游键（DSK）处于视频切换台的最后一级,主要是利用键控技术进行图形和字幕的叠加,一般不对输入的两路视频信号进行特技处理。

下游键本身也是一个混合/效果放大器,只是控制门控放大器的门控电压不与特技波形发生器相连接,因此不具备划像功能。它主要的作用有以下几点:

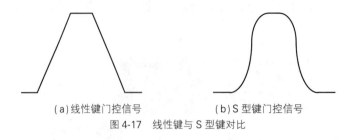

(a)线性键门控信号   (b)S型键门控信号

图 4-17 线性键与 S 型键对比

（1）利用混合特技换幕,在输出图像信号中淡入黑场(彩场)信号。

（2）利用快切或混合特技在节目图像和预监图像之间进行快切或混合过渡。

（3）利用键控特技进行图形或字幕的叠加,如叠加台标、时钟、标题或解说词等。

4.1.4 视频切换台的性能与应用

1.多级视频切换台的构成

为了加强视频切换台的功能,很多切换台使用了多级 M/E 放大器,增强了处理画面层次的能力。每增加一级 M/E,就可增加处理一层画面,例如三级 M/E(如图 4-18 所示)加下游键可以处理五层画面(四路母线对应的信号+下游键源)。图 4-18 是传统的视频切换台的简化方框图。

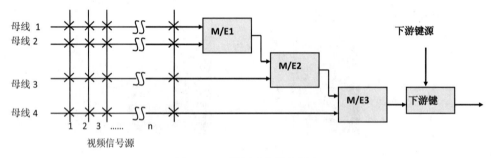

图 4-18 三级 M/E 切换台简图

如果将 M/E 视频切换台的每级 M/E 均按照混合、划像、键等多功能设计,虽然会比较方便,但却不能充分发挥它们的功能。一方面,多功能 M/E 的部分功能被浪费,另一方面,M/E 处理层数过少则满足不了日益增长的节目制作需要。实际使用时,我们经常把某一级 M/E 专作混合、划像,其他两级专作键控。许多切换台采用了专用的 M/E 单元,一个 M/E 单元能同时处理多层画面,因此这种专用的 M/E 单元又叫多层画面 M/E 放大器。

专用的 M/E 单元可提供多路视频处理能力,其中几路与 M/E 的混合/划像模块相连,用作混合或划像使用,其他几路可连接键控模块,其简单组合如图 4-19 所示。这样的专用 M/E 单元可以同时处理一个或多个独立的混合、划像、键控操作,其中混合与划像的对象可以是两个视频(如背景 A 和背景 B)的转换,可以是上下键,也可以是背景与键的转换。比如草谷的 KayakDD 切换台的 M/E 单元中,共有六个划像特效发生器(划像图形发生器),其中两个是复杂划像特效发生器,可用于产生两套独立的复杂划像特效,另外四个是简单的划像,可分别用于四个键控特效处理。

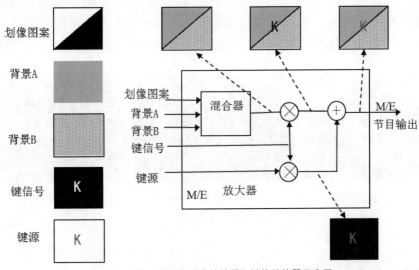

图 4-19　M/E 单元中混合特效器与键控特效器示意图

图 4-20 是 SonyMVS-8000G 切换台的多节目模式(Multi-Program Mode)应用的两个实例,实例 1 应用于同一节目不同字幕的输出,比如一场比赛类节目同时输送给不同国家的观众,画面中的大部分信息是一致的,而 Key3 和 Key4 键分别在 PGM1 和 PGM2 两个不同的输出信号上。实例 2 使用了公共母线(Utility),使同一切换台可以实现两路画面不同的节目输出。

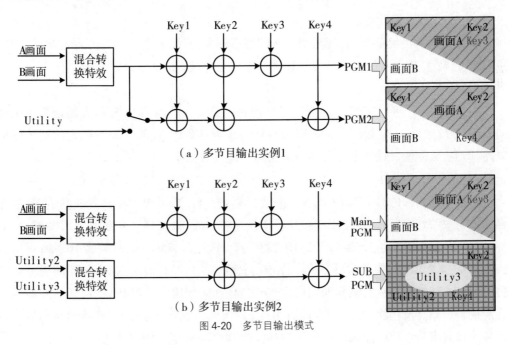

图 4-20　多节目输出模式

切换台为各个键的优先级和遮挡关系提供了调整功能。有些切换台还设置了堆栈,即转换对象的组合。比如草谷的 KayakDD 切换台有"当前堆栈"和"下次堆栈"设置,用户可将背景 A 与某键(比如 Key1)指定为"当前堆栈",而背景 B 和另一个键(比如 Key2)指定为"下次堆栈",然后再将当前堆栈与下次堆栈进行转换。图 4-21 是使用堆栈制作的淡入淡出效果。(b)中的键与背景之间的关系是不透明的;(c)采用了背景 A 淡入淡出到背景 B,同时键 1 淡入淡出到键 2;(c)的效果与(b)不同,(c)中的键是半透明的。

(a)淡出前　　　　　　　　(b)当前堆栈淡出　　　　　　(c)背景 A 淡出,同时 Key1 淡出

图 4-21　堆栈应用比较

2.多级视频切换台的性能

视频切换台的性能主要是指它的节目制作能力,其一般由以下几个因素决定:

(1) 输入矩阵规模的大小

输入矩阵规模包含两方面含义:一是输入信号源的路数越多,可供选择的图像源越多;二是母线数,应包括前景、背景母线、键源母线、辅助母线等,母线数越多,可供制作的画面层次数就越多。一个节目制作能力强的视频切换台,其输入矩阵的规模就比较大,母线数就比较多。

(2)M/E 放大器的级数

M/E 放大器的级数越多,视频切换台的规模越大,所能制作的节目内容也就越丰富。一般来说,M/E 放大器的级数与母线数成正比,母线数越多,M/E 放大器越多。

(3)M/E 级的制作能力

M/E 级的制作能力从两个方面来考虑:第一,是多层画面的 M/E 放大器还是两层画面的 M/E 放大器,前者较后者强大得多;第二,是否具备 M/E 放大器所配置的特技效果电路,即混合、划像、键控,且每种特技效果的功能是否完全。

(4)信号处理能力

它指处理输入信号的能力,现在有高清视频切换台、标清视频切换台或高清/标清兼容的数字视频切换台,也有使用四级高清切换台转换的 3D 切换台和超高清切换台。

高清视频切换台信号(4∶2∶2,1080/50i)码率为 1.485Gbps,画幅为 16∶9;标清切换台信号(4∶2∶2,576/50i)码率为 270Mbps,画幅为 4∶3;高清/标清兼容的视频切换台可随格式转换开关进行画幅的切换。3D 切换台可(利用两级 M/E)同时切出左右两路高清视频。超高清切换台可(利用四级 M/E)同时切出组成超高清信号的四路高清串行信号。目前也有专用的超高清切换台,其处理的信号为超高清的串行信号。

(5)与编辑机和数字特技机的接口

视频切换台受编辑机遥控操作,有利于演播室制作系统设备之间的配合控制,尤其是使用录像机提供信号源时,编辑控制器同时向切换台和录像机发出触发信号或遥控信号,准确控制特技出现和画面录放的时间,给特技制作带来极大方便。

视频切换台与数字特技机相接,可以产生更加丰富的图像特技效果,提升视频切换台与数字特技机的节目制作能力。因此,在功能较强的演播环境中,视频切换台一般都与数字特技机连用。

(6) 存储与编程功能

为了使节目制作时常用特技效果更加快速、便捷地调入,很多切换台设计了记忆单元,提供以下功能:

① 特技效果寄存器(Effects Memory)

用于存储、编辑、调出特效寄存器中的特技效果。在节目制作前,可预先选择好即将处理的视频源,并设置特效参数,存入特效寄存器中。节目制作时,只需要按下一个按钮,就可随时调出该特效,且可随时修改、存储并下载到存储卡中。有些切换台可以提供上千个特技效果寄存器。每一个寄存器记录的特效可以独立地被调用。由于寄存器的数量较大,通常切换台会对寄存器编组。

② 工作缓存(Work Buffer)

它是系统操作的重要组成部分,包括当前系统状态、源设置、图像处理设置等,并且包含所有系统参数以及未授权的控制。一旦工作人员调整了控制面板,对菜单进行了设置,则工作缓存中的相关参数将发生改变。工作缓存中某些参数的改变会直接引起切换台视频输出的改变。使用特技效果寄存器时,必须先将其存储的特效调出到工作缓存,才能在系统中实现特效。

③ 关键帧(Key Frame)和时间线(Time Line)

关键帧存储于特技效果寄存器中,是某项处理控制设置的一个记录。一个关键帧可以记录切换台的所有或某部分状态参数,包括源的选择。当某个特技效果寄存器被调用时,其存储的关键帧便被载入到工作缓存中。该存储器的编号将赋给"当前特效",即当前使用的特效变成了存储器存储的特效。如果特效被调入到工作缓存,相当于将各关键帧设置拷贝到工作缓存中,即使特技操作人员修改了工作缓存,效果寄存器中记录的关键帧并不受到影响。

时间线则根据时间的线性顺序记录多个关键帧(至少两个关键帧)。每个关键帧在时间线上拥有一个固定位置,该位置表示系统执行该关键帧的时间点。在执行时间线时,首先运行第一个关键帧,而后按时间先后顺序,逐个执行每个关键帧。在两个相邻关键帧之间的时间区域内,起始关键帧对应的特技效果参数值将通过内插运算逐渐变为后方关键帧对应特效的参数,切换台输出的图像也会产生动画效果。

④ 当前特效(Current Effect)

将特技效果寄存器与工作缓存联系起来,只有当前特效可以被编辑修改和执行。如果赋予当前特效的是单一关键帧,则该关键帧将被全部调入到工作缓存中;如果是一组关键帧(带有时间线),则这组关键帧的第一帧将被调入到工作缓存中。

⑤ 宏命令(Macros)

宏命令是指将操作人员在控制面板上的一系列信号选择和操作以数据的形式记录

下来。宏命令被存放在宏命令寄存器中,使人们可以随时调用该寄存器内的宏。数据调用后,切换台将自动按顺序执行各项操作。在宏命令模式下,特技子面板可以记录和重放控制面板的宏指令,可以记录多条不同宏指令,可以通过宏编辑器查看、修改宏,并可以在宏中删除命令或插入命令。

⑥ 键寄存器(Key Memory)

在任意交叉点上设置的键控特技都可以被自动保存。在下一次同一交叉点按钮按下时,该键控特效可以被自动调用。

⑦ 帧存储器(Frame Memory)

切换台中设置了多个帧存储器通道。每一个通道都可提供静态图片或较短的动态视频作为一路视频源处理和输出。该存储器还可以根据用户的要求抓取一段视频记录(以图片序列的方式),并将其调用。

除以上功能外,很多切换台还提供图形记忆、字幕安全框、图像宽高比、输入输出绑定、母线指派等功能,在此不作详述。切换台内置或外接数字特技处理器后,还可提供更加丰富的视频特技,具体见下面一节数字特技机的讲述。

4.2 数字特技机

4.2.1 数字特技机的概念

数字视频特技又称数字视频效果系统,英文名称为 Digital Video Effect(缩写 DVE),有公司称之为多功能数字特技系统(DME)。它是以帧同步机为基础发展而来的一种数字视频处理设备。

图 4-22 是数字特技机的基本形式,图中的转换器具有模数转换或译码的作用。如果输入的视频信号是数字信号,则转换器将数字基带信号转换为图像处理与特技变换计算时所需要的数据;如果输入的视频信号为模拟信号,则需要模数转换器将输入信号数字化,把经过转换器处理的信号存储在存储器中。写地址是从输入信号中导出的,以便使其具有正确的时序关系。之后,存入存储器中的视频信号数据经过读时钟与读地址发生器控制,从存储器中读出数据。读出的数据再经过转换器,根据输出接口的要求进行信号转换。数字特技的实现是通过控制存储器的地址、存储器内的数据完成的。

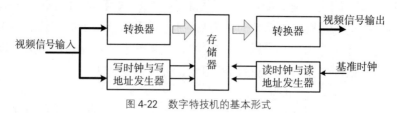

图 4-22　数字特技机的基本形式

数字特技机运用数字技术可将输入的图像在二维或三维空间中进行各种方式的变换,也可把许多不同的图像元素组成复杂图像或对画面进行压缩、放大、旋转、油画、裂像、随意轨迹移动等处理。

　　数字特技机的作用与传统切换台不同,特技切换所能实现的图像转换效果主要是两路信号以不同的幅度比例进行组合,或者用各种大小、不同形状的分界线在屏幕的不同位置上分割图像。分割图像的分界线尽管能沿不同方向移动,但不能对各路图像本身进行移动处理。数字视频特技的特点是能对图像本身的视频信号进行尺寸、位置、亮度、色度变化等处理。

　　数字特技机提供的数字特技与非线性编辑系统提供的软件特技不同,软件特技主要是由计算机完成的,速度慢,视频质量一般没有数字特技机好,但是软件特技能同时完成特技、动画、字幕、配音等工作,功能多、灵活性强。数字特技机是软件与硬件结合起来实现的,速度快、视频质量高。

　　数字特技可分为二维和三维数字特技,其区分的主要标准是是否有 Z 轴上的透视效果。有的特技机为了实现类似三维的数字特效,在二维运算的基础上设计了"2.5D"的概念。很多数字特技机可提供多通道特效,每一路通道可独立制作特技,也可以实现多通道特技组合。

　　数字特技一般可包括如下几种:

　　(1)边缘特效(Edge Effects):图像镶边、切割图像、边缘浮雕、键加边、投阴影等。

　　(2)整幅图像的处理(Video Effects):虚焦、模糊、旧照片、反相、油画、遮罩、马赛克、曝光、金属效果、辉光等。

　　(3)静帧(Freeze Effects)。

　　(4)非线性特效(Nonlinear Effects):波纹、涟漪、马赛克玻璃、破碎、镜像、球形变化、扭曲、卷页、镜头畸变等。

　　(5)光效(Lighting Effects)。

　　(6)递归特效(Recursive Effects):拖尾、运动衰减等。

　　(7)背景色(Background Color)。

　　(8)双面(Separate Sides)。

4.2.2　图像变换原理

　　图像变换主要是通过变更数字视频信号的数据流以及改变写入存储器的样值地址或改变存储器中读出样值的地址来实现的。

　　变更数字视频信号的数据流可以产生油画效果(Painting)、版画效果(Cutout)、负像效果(Negative)等。改变地址可以完成图像的放大缩小、位移和 2D、3D 变换。

　　通常,电视画面的位置定义在一个坐标内,电视屏幕的左上角为坐标原点。水平坐标沿画面宽度方向,垂直坐标沿画面高度方向。对于隔行扫描的图像,数字特技机的处理以

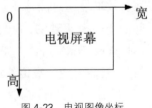

图 4-23　电视图像坐标

场为单位进行,一幅图像就是一场图像。未变换的图像称源图像(Source Picture),存放的地址称源地址(Source Address),变换后的图像称靶图像(Target Picture),变换后的地址称靶地址(Target Address)。

1.二维特技

二维数字特技所实现的图像变化和运动仅在 XY 平面上完成,而在反映图像深度的 Z 轴上无透视效果发生。把电视画面的位置定义在一个坐标内,称数字电视坐标。在数字电视坐标系下,假设输入图像任一点的坐标值为(H,V),该点输出的坐标值为(X,Y),2D 变换时满足如下关系:

$$X = S_H H + K_1 V + X_0 \qquad\qquad 公式(4-3)$$
$$Y = S_V V + K_2 H + Y_0 \qquad\qquad 公式(4-4)$$

S 为水平和垂直方向上的尺寸变换系数,K 为垂直和水平方向上的交错运算系数,X_0、Y_0 为位移量。参数改变时,会得到图像几何形状变换的特技效果。

二维特效主要包括图像的平移、旋转、拉伸、歪曲等变化,如图 4-24 所示。

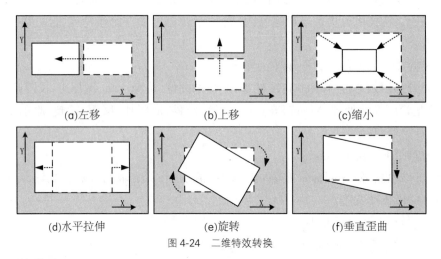

(a)左移　　　　　　　　(b)上移　　　　　　　　(c)缩小

(d)水平拉伸　　　　　　(e)旋转　　　　　　　　(f)垂直歪曲

图 4-24　二维特效转换

2.三维特效

三维数字特技是具有一定的立体视觉感的特技,会使变换的图像在屏幕上产生远近变化的透视感觉。三维特技产生的图像是三维空间运动的图像在荧光屏上的投影,它仍然是平面图像。3D 变换时输入和输出都是平面图像。三维运动效果是通过图像平面坐标和投影平面坐标间的变换来实现的,其变换基础是映射变换学(Mapping Transform)。如图 4-25 所示,实现三维特技时,需要建立虚拟的观察点 P、投影平面(X,Y)和图像平面(H,V),位置固定后,两平面就在空间上确定了几何光学为基础的映射关系。3D 数字特效的任务是用数字形式把输入图像(H,V)变换成在(X,Y)平面上的投影。观察者看到的就像是真的光学投影一样,具有透视感,又称

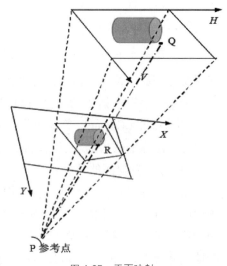

图 4-25　平面映射

数字光学特效。

(X,Y)平面可以看成由(H,V)平面经空间旋转和位移再投影得到的。我们将其想象成三维直角坐标系(H,V,W),然后将它绕 H 轴旋转 α 角,绕 V 轴旋转 β 角,绕 W 轴旋转 θ 角,再将得到的空间坐标(H',V',W')平移 X_0、Y_0、Z_0,投影到(X,Y)平面上。假设采用左手坐标系,并规定从坐标轴正方向向原点看去,绕该轴逆时针旋转为正,顺时针旋转为负,则绕 X、Y、Z 轴旋转 α、β、θ 角,变换矩阵为:

$$R_X = \begin{bmatrix} 1 & 0 & 0 \\ 0 & \cos\alpha & \sin\alpha \\ 0 & -\sin\alpha & \cos\alpha \end{bmatrix} \qquad 公式(4-5)$$

$$R_Y = \begin{bmatrix} \cos\beta & 0 & -\sin\beta \\ 0 & 1 & 0 \\ \sin\beta & 0 & \cos\beta \end{bmatrix} \qquad 公式(4-6)$$

$$R_Z = \begin{bmatrix} \cos\theta & \sin\theta & 0 \\ -\sin\theta & \cos\theta & 0 \\ 0 & 0 & 1 \end{bmatrix} \qquad 公式(4-7)$$

$$R = R_X \cdot R_Y \cdot R_Z \qquad 公式(4-8)$$

$$R = \begin{bmatrix} \cos\beta\cos\theta & \cos\beta\sin\theta & -\sin\beta \\ \sin\alpha\sin\beta\cos\theta - \sin\theta\cos\alpha & \sin\alpha\sin\beta\sin\theta + \cos\alpha\cos\theta & \sin\alpha\cos\beta \\ \cos\alpha\sin\beta\cos\theta + \sin\alpha\sin\theta & \cos\alpha\sin\beta\sin\theta - \sin\alpha\cos\theta & \cos\alpha\cos\beta \end{bmatrix}$$

$$公式(4-9)$$

3.动画

使用数字特技机调整视频对象的参数时,利用关键帧可对某时刻对象的参数进行存储。不同时刻(时间码)存储的关键帧对应参数不同时,便可形成动画。

比如对位置建立关键帧,产生位移动画;对缩放系数建立关键帧,便形成尺寸变换;对旋转角度建立关键帧,可产生旋转的动画。如图 4-26 和 4-27 所示。

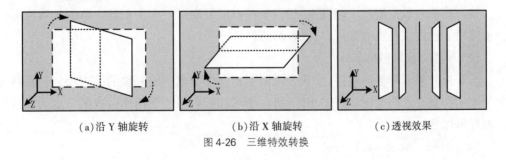

(a)沿 Y 轴旋转　　　　(b)沿 X 轴旋转　　　　(c)透视效果

图 4-26　三维特效转换

以位移动画为例,不同时刻,即不同时间码上,视频对象可建立不同 X、Y、Z 轴方向上的关键帧。如图 4-27 所示,一共记的三个关键帧对应的时间为 T_1、T_2、T_3。在关键帧之间的时刻上,特技机使用内插运算,将各个未记录关键帧的帧位置运算出相应的 X、Y、Z 值。图 4-27(a)无内插,从 T_1 起,视频对象位置保持在关键帧 1 的位置;到 T_2 时刻,视频对象突变到关键帧 2 的位置;到 T_3 时刻,视频对象突变到关键帧 3 的位置。图 4-27(b)中,T_1 和 T_2、T_2 和 T_3 之间,线性内插各帧的位置,对象沿图中所示的折线进行移动。很多特技机还提供曲线轨迹,如图 4-27(c)所示,通过调整关键帧的矢量参数,可改变曲线轨迹的弧度。

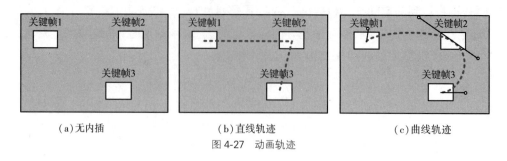

(a)无内插 　　　　　(b)直线轨迹 　　　　　(c)曲线轨迹

图 4-27　动画轨迹

除轨迹可调外,视频对象的运动速度也可调整,分匀速和变速两类,如图 4-28 所示。

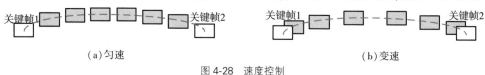

(a)匀速 　　　　　　　　　　　　　(b)变速

图 4-28　速度控制

4.变更数字视频信号的数据流

变更数字视频信号的数据流不需要通过控制存储地址来完成,可用某种算法直接变更输入的视频数据流来实现。这种特技种类十分繁多,以下仅举几个例子:

(1)油画效果(Painting)

油画效果是指人为降低数字信号的比特数,令几个低比特位为零,减少样值的量化等级,使图像变得粗糙,颜色成为大面积涂色,类似油画。如果衰减色度信号,并使亮度信号显现大面积的反差层次,则类似于版画效果。图像的粗糙程度由低比特位为零的位数决定。

(2)负像(Negative)

输入的视频数据进行反码变换,相当于模拟信号通过一个倒相器。该倒相器可有选择地应用于色度或亮度数据通路,或者两路都选。

(3)马赛克效果(Mosaic)

马赛克效果又称瓷砖效果,表现为画面上的图像变成一块一块的小方块。它是将画面沿水平和垂直方向分割成许多小区;每一小区的所有样值都用小区内某一点的亮度和色度样值代替。

(4)散焦效果(Strobe Effect)

散焦效果就是我们常常在照片或电影上看到的模糊效果。将输入的视频信号通过一个低通滤波器,可以得到水平模糊现象,而垂直散焦则需要一个垂直空间的滤波器,并且通过对垂直的相邻像素的处理才能得到。

4.2.3　数字特技的系统构成

数字特技系统包括三部分:输入输出处理、数字处理系统、控制系统。

1.输入输出处理

输入输出处理部分的作用是将输入的模拟视频信号转换成数字信号,或是将输入的数字信号进行一些必要的处理,以便能进行后面的数字特技变换。在设备的输出端又将经处理后的信号重新转换成模拟视频信号或所需要的数字信号输出。数字特技机中亮、色信号是分别单独处理的;有串行数字输出接口的设备内部要对亮、色信号进行时分复用处理。

2.数字处理系统

数字处理系统包括图像处理器、压缩滤波器、帧存储器、数字内插处理器、地址发生器等,如图 4-29 所示。

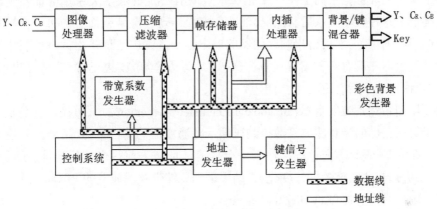

图 4-29　数字特技机数字处理系统图

(1)图像处理器(Picture Processor)

图像处理器用于变更输入数据流,实现类似马赛克、油画、负像、散焦等特技。

(2)压缩滤波器(Compression Filter)

压缩滤波器包括水平和垂直滤波,又叫空间滤波器(Space Filter),可保证画面在实现放大、缩小特技效果时的图像质量。随画面缩小比例而变化带宽的数字滤波器,将带外信息除去,避免混叠失真。

现代空间滤波器不是简单地分为几档,而是通过改变滤波器的加权系数来改变滤波器带宽,即通过一个 PROM 使滤波器加权系数程序化,对于不同的压缩量给出不同的加权系数。

加权系数由压缩带宽系数发生器产生,根据读写地址的运算,即画面尺寸的变化量,产生压缩带宽滤波系数来控制压缩滤波器的带宽。图像信号的带宽在写入帧存储器之前得到准确的压缩,使图像的频率与水平、垂直压缩比相适应,保证从帧存中读出的被压缩的画面不会有混叠失真。

（3）内插处理器（Interpolator）

内插处理器对特技变换过程中不能直接读出的数值进行估算，从而保证特技变换的图像质量。由于数字图像是由平面上离散点阵组成的，经过特技变换后变形画面的点不一定和输入图像的点都能找到一一对应的关系，有些点落在输入样点的间隔位置上，无法从存储器中直接读出，因此，需要使用内插处理器，对这些点的样值进行估算。

（4）帧存储器（RAM）

帧存储器用于存储超过一场的亮度和色度信息，是数字特技设备的核心，由包含亮度和色度信号缓冲器的随机存取存储器 RAM 组成。帧存储器一般用两场存储器，当一场信号写入存储器时，另一场信号正从它的存储器中读出，这样可降低对存储器读写周期的要求。为了使内插值计算得更精确，有的特技机会采用三场或四场的存储器，实现一场写、两场读，这样可读取垂直方向上真正意义上的相邻像素。

（5）地址发生器（Address Generator）

源画面存入帧存储器时的写地址是由写地址发生器给出的。存入存储器的源画面中每一个样值与屏幕靶平面上每一个靶像素点间有一定的数学关系。地址发生器的任务就是确定了这种数学关系后，计算出经映射变换出现在屏幕靶面上的每一个靶像素点在帧存储器中的位置，然后给出帧存储器的读出地址。读出地址是由读地址发生器产生的。地址发生器一般有两种读写运算方式：一是写边运算、读边正常，二是写边正常、读边运算，两种方法中后者更灵活、简单。

（6）压缩带宽系数发生器（Broadband Coefficient Generator）

用于给出正确的带宽滤波系数控制压缩带宽滤波器的滤波带宽，达到消除混叠干扰的目的。在水平、垂直方向上逐次从后一个样值地址减去前一个样值地址，便可得出地址变换率，进而知道图像的尺寸变化，将结果送到压缩带宽滤波器的 PROM。

（7）键信号发生器（Key Signal Generator）

用于产生键信号。这里的键信号一般是前景图像四条边的边缘信号，以便使前景与背景混合。它是一个 8bit 的自键，不仅能保持前景画面自身的形状，还能实现对画面尺寸、位置、旋转等参数的控制。

（8）背景/键混合器（Background/Key Mixing）

它使前景信号与由彩色发生器产生的背景混合，使经过特技变换的画面出现在彩色背景上。它也可以是未加背景的特技变换画面自身的信号。有些特技设备中加入了背景信号通路，可使特技画面键控在背景画面上。如果系统安装了键通道，外键信号可通过键通道输入到背景/键混合器中。

3.控制系统

控制系统可提供数字特技机各块电路板的控制地址和控制数据。系统控制数据在数据 RAM 中进行计算，在场消隐期间输送到各个系统。控制系统可通过以太网控制器与以太网连接，或通过 RS-422 串行遥控接口与切换台、编辑控制器相连，另外还有辅助接口以及与控制键盘连接的 RS-422 接口、键盘单元、微机控制电路和各种接口器件等。

4.视频切换台与数字特技机的连接

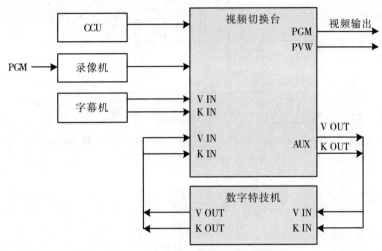

图 4-30　数字特技机与切换台的连接

　　数字特技机对录像机、摄像机这类设备来说是信号处理设备,利用视频切换台的辅助母线,可选择将来自录像机、摄像机等设备的图像信号送入数字特技机,然后进行特效变换处理。对视频切换台来说,数字特技机又是切换台的视频信号源之一,所以特技变换后的视频信号及其键信号又被送到切换台的输入端。如图 4-30 所示,图中的数字特技机上“V IN”和“K IN”代表视频信号和键信号输入到数字特技机内进行处理;特技机上的“V OUT”和“K OUT”代表特技机输出处理后的视频信号和键信号,两个信号将传输到切换台的视频输入端和键信号输入端,和其他信号合成到一起,最终输出成带有数字特技的 PGM 信号。

　　内置数字特技机模块如图 4-31 所示,一般安插在键控特技后方,可以理解为一级 M/E 中一个键控模块带有的特技属性。在这类切换台中制作特技时,需要先在键控中挑选键源,设置键的类型,比如亮度键或色度键,确定键填充(选择内键或外键)。当然,如果只想做简单的画中画特效,在键控中也可以不做任何特技操作,直接将信号送入数字特技模块。从键控特技模块中输出的信号包括键信号和视频信号(键填充信号)。数字特技模块对该信号进一步处理,比如旋转、缩放、3D 变换等,甚至可以设置时间线。将经过特技处理的视频及其键信号送入混合特效器,与背景 A/B 母线键混合后输出。注意,图中的混合特效模块包含两个部分:A/B 母线在混合转换特效器中进行划像或混合处理;处理后的信号再与键控输出(含数字特技)的信号做进一步混合特效,这是第二步混合特效,即上键——快切上键,或者是混合上键,甚至是划像上键。由于两步混合特效有前后之分,因此键控处理(含数字特技)的图像信号会浮在 A/B 母线混合输出图像的上方。以草谷 Kayak HD 一级切换台为例,一级 M/E 中设置了 4 个键控。A/B 母线可做划像、混合的操作,在此信号上方,可添加 4 个键控特技,且每路键控特技带有自己独立的数字特技模块,每个键都可选择快切上键或混合上键,因此,在设置混合特效的转换时长(Trans Dur)时,必须指示切换台设置的是 5 个混合模块(1 个混合转换模块加 4 个键控的混合模块)中的哪一个模块。

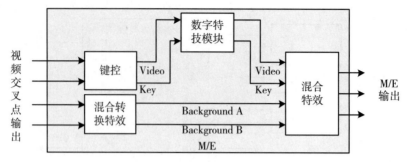

图 4-31　内置数字特技机示意图

4.3　矩阵

4.3.1　矩阵的概念

矩阵(Router/Matrix)是专门用于多路输入与多路输出的开关控制设备。在电视台的总控室,人们采用矩阵进行节目调度;节目分配中心采用矩阵进行节目分配;节目传输中心采用矩阵进行节目传输。它是视音频切换、调度、分配、节目共享的重要设备。如今数字矩阵切换器是电视中心实现节目共享的主要设备。

如图 4-32,节目调度中心汇集了全台的节目,并通过大型矩阵将节目分配到台内各部门,其中包括播出中心和演播室。在演播室中,所有外来节目和内部节目都被送到矩阵中。一些矩阵输出端连接到切换台,其他输出端可接到所有需要之处,通过紧急切换开关直接将节目送到播出中心。切换台的输出送到播出中心和录制服务器,也送到演播室中心矩阵的输入端。演播室各部门通过电缆接到演播室中心的一个输出端,因此各部门可以用遥控操作板调取演播室内的所有信号。播出中心收到的各个信号都通过播出中心矩阵进行分配;各个频道的输出切换台可从播出中心矩阵的输出端得到所需的全部信号。

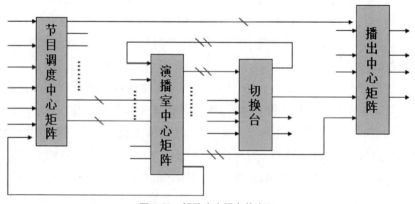

图 4-32　矩阵在电视台的应用

根据信号的种类,电视系统中的矩阵可分为模拟视音频矩阵和数字视音频矩阵;按用途分类,可分为演播室矩阵、播出控制矩阵、非编制作用矩阵等;按矩阵的接口分类,数字视频矩阵多使用 SDI 接口、HD-SDI 接口调度视频信号,音频信号可直接嵌入串行视频信号的辅助数据中与视频一同调配,还可使用 AES/EBU、MADI、ADAT、TDIF,甚至是模拟音频接口。对于来自卫星信号、微波信号、光纤信号等外来信号源的调度,电视台还配备了 ASI(Asynchrony Serial Interface)数字矩阵,该矩阵可支持对 MPEG-2 压缩的 TS 传输流的处理,使用 DVB-ASI 或 SPI 接口传送或接收相关信号。不过无论如何分类,矩阵的结构和控制方法都大致相同。相对切换台来说,矩阵亦有调度功能,且成本较低,操作简单,部分高端矩阵还配置了多画面分割输出模块,用于信号监看,可大大降低系统复杂度,还可作为切换台的备用设备;缺点是,矩阵缺乏键和特效等功能。

1.矩阵系统的构成

矩阵系统主要由视音频矩阵主机、控制设备、各种操作板和计算机组成。所有信号处理电路都装在矩阵主机箱里。矩阵与其控制设备及 Tally 系统的连接见第 5 章 5.2 节。

（1）矩阵主机

矩阵主机在受控制的情况下完成视音频输入、输出的切换与连接。主机上一般会提供各种格式不同的输入、输出接口,并接收多种控制信号,包括操作板信号、计算机输出信号、来自网络的控制信号。

矩阵主机系统中最重要的四个部分包括输入单元、输出单元、物理矩阵和控制系统,如图 4-33 所示。系统内所有输入、输出信号线缆,包括电源线,都支持热插拔。输入信号处理电路负责处理接入矩阵输入接口的视音频信号。接入到矩阵的线缆有一定的长度。输入信号传入矩阵时已有一定的衰减,因此,输入单元负责将输入信号进行数字再生。

①输入单元包括放大器、均衡器及再定时电路。放大器对输入信号进行放大,均衡器可补偿高频损失,再定时电路可对输入信号进行定时抽样和波形整形。这样可以使输入的数字信号以最佳的状态进入物理矩阵中。有些多格式矩阵,其输入单元中还加入了模数或数模模块,以便满足多种输入、输出要求。

②对于模拟信号,输出单元负责对信号进行放大;对于数字信号,输出单元可安装推动放大器。为了消除在矩阵中对数字信号波形造成的干扰,还需要对波形进行再定时(Reclock),即用基准时钟对数字信号进行再抽样,最后把信号接到(BNC)插座板上。对于视音频信号的特殊需求,矩阵主机中还可加入满足多种输出格式的转换卡。

③物理矩阵是由多个矩阵卡组成的。矩阵卡就是交叉点模块,其作用类似切换台矩阵交叉点。该过程是通过数字芯片内部逻辑电路的导通与关闭完成的。

④控制系统保证各个操作板灵活地并行或串行实时控制矩阵开关。对矩阵的控制可以在本机的操作板上或在遥控板上用按键进行操作。控制系统的控制信号是通过程序指令生成的或通过串口连接(如 RS-422)的计算机来发出的。矩阵的控制信号协议根据矩阵生产厂家的不同而不同,当前市场上常见的协议有 BTS ASCII、GVG Native、SBUS(ROT16)等以及 NVision、Pesa、Quartz、Sony 等公司的协议。

对于视频信号的切换,与切换台相似,矩阵主机也需要连接(环通)同步信号,以保证各视频信号源的同步参考一致。矩阵的交叉点完成切换时,控制系统从同步信号中获得场消隐脉冲和奇偶场信息(如果有),使视频信号切换发生在场消隐第6行和第319行(625行标准)或第10行和第273行(525行标准)的中央。对于AES音频信号的切换,矩阵主机可连接(环通)48kHz的AES同步参考,以便为模拟音频和数字音频(AES)模块正常运行提供必要的同步信息,以免切换时输出音频加入或丢失采样数据。

另外,矩阵主机中还安装有电源模块,用于各部分的器件供电。由于主机中安装了大量的处理卡,这些硬件会产生大量的热能。为了满足散热要求,有些矩阵还安装了风冷系统。

(2)操作面板

操作面板可安装在演播室工作人员方便操作的位置。操作板串接到矩阵主机的串行口上发出控制信号,以控制每个视频开关的通断。控制过程需要保证对视音频通路无干扰;有些操作板上带液晶显示,可显示信号来源和去向的名称。

操作板上的按键分组一般可由以下键组成:

①信号源键组:带发光二极管或带液晶显示的按键,选择输入信号。

②输出键组:将所选的输入信号切换到对应的输出通道,显示信号源名称。若某个输出键被锁定,该输出通路的信号不能被切换,须按锁定键解锁才能切换。

③锁定键组:分别控制各输出通道的锁定状态,每按一次键,锁定/非锁定状态反转一次,发光表示锁定。

④总锁键:防止误操作,键亮表示总锁有效,操作板上的其他键均被锁定,不能进行操作。每按一次,锁定/非锁定状态变换一次。视矩阵的用途还可设置预置/恢复键和插播/恢复键等。

(3)控制设备

这是指除矩阵操作面板以外的其他矩阵控制设备,包括键盘、多媒体控制设备、视频服务器等,可通过串行总线、IP网络等方式连接矩阵主机,且通过按键、红外遥控、软件操作(使用键盘、鼠标、触摸屏)等多种方式实现操作。

(4)计算机

计算机负责装载控制系统软件;矩阵输入端每一个信号源的去向和每个输出端输出信号的来源都可通过计算机装载和修改;计算机发出控制信号,控制某个视频开关的通断,能接收从网络传来的控制信号。

2.矩阵的特性参数

数字矩阵的系统特性如下:

(1)矩阵的大小:M×N,其中M代表输入信号的数量,N代表输出信号的数量,即该矩阵的N路输出中的每一路均可从M路输入信号中任取一路输出。

(2)视频矩阵每路输出应至少有两个BNC插座。

(3)视频矩阵应适合串行数字视频数据率。

(4)输入端应具备自动电缆均衡能力。

(5)控制接口:RS-232、RS-422、RS-485、ES母线、TCP/IP控制。

（6）不对输入视频信号进行同步处理，一般带有 Genlock 外同步信号接口，采用场逆程切换。

（7）应考虑电磁兼容（EMC）。

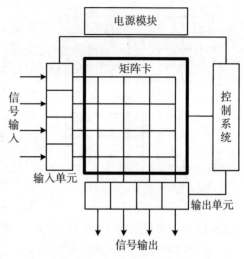

图 4-33 数字矩阵结构示意图

根据应用领域的不同，矩阵的技术指标也不同。在演播室中，由于数字矩阵负责信号的切换和分配，因此以 GY/T155-2000 技术标准对此进行了规定。比如，视频输入特性如下：串行数字信号符合 SMPTE 259M 或 SMPTE 292M 标准，输入阻抗 75Ω，输入插件为 BNC 接口，反射损耗 ≥ 15dB（5M ~ 270MHz）、20dB（10M ~ 1.5GHz）。视频输出特性如下：串行数字信号符合 SMPTE 259M 或 SMPTE 292M 标准，输出阻抗 75Ω，输出插件为 BNC 接口，反射损耗为 15 ~ 20dB（10M ~ 1.5GHz），输出电平为 800mV±10%。

3.矩阵卡的扩展与分割

矩阵卡是矩阵的核心模块。为了防止因一张矩阵卡损坏导致整个矩阵无法使用的问题发生，可以在矩阵机箱内使用多块小规模矩阵卡。例如，欲实现 128×128 的矩阵搭建，可采用 8 块 128×16 的矩阵卡进行扩展。

如需扩展矩阵卡的输入端口数量，可将矩阵的输出端口并联，比如把两个 4×4 的矩阵卡的输出端并联，可构成一个 8×4 的矩阵，如图 4-34 所示。如需扩展矩阵卡的输出端口数量，可将矩阵的输入端口并联，比如把 3 个 4×4 的矩阵卡的输入端并联，可构成一个 4×12 的矩阵，如图 4-35 所示。当然，也可同时并联输入、输出接口，进而同时扩展输入和输出接口的数量。

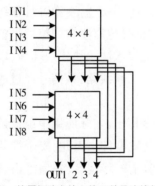

图 4-34 扩展矩阵卡输入接口数量连接简图

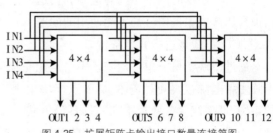

图 4-35 扩展矩阵卡输出接口数量连接简图

矩阵主机内的多块矩阵卡可以根据需要按上述方式进行连接，扩展矩阵规模，也可将多片矩阵卡配置成多层不同信号的矩阵，通过控制系统同时控制各层矩阵，对各层矩阵分别进行控制。

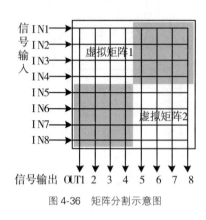

图 4-36 矩阵分割示意图

在应用中,也有将大型矩阵通过软件分割成多个虚拟矩阵的情况。例如矩阵为 8×8 的规模,可根据需要将其分割成两个 4×4 的虚拟矩阵。两个虚拟矩阵可分别处理不同的输入、输出信号,通过安装在计算机中专门的系统软件,可将交叉点控制分为两个部分,如图 4-36 所示。其中虚拟矩阵 1 对应的输入为 IN1~4,输出为 OUT1~4;虚拟矩阵 2 对应的输入为 IN5~8,输出为 OUT5~8。根据设计需要,两块矩阵的输入和输出信号格式可以相同,也可以完全不同,比如将一个矩阵分配成一个串行数字视频矩阵和一个 AES/EBU 音频矩阵,或者将其分为一个模拟视频矩阵和一个数字视频矩阵。

矩阵主机的扩展方式与矩阵卡类似,只是由于矩阵主机与主机连接时要考虑接口数量,系统还受到控制规模的限制,所以并不可以无限制地扩展输入或输出接口数量。

4.冗余设置

在演播室设计中,人们经常增设一台数字矩阵作为切换台的应急备份,所有信号源除了传输至切换台主机外,还需要送至备用矩阵输入端;而切换台输出与矩阵输出接口均与应急切换器相连。切换台正常工作时,应急切换器输出由切换台输出的信号;当切换台出现故障时,应急切换器将切换到矩阵输出。

为防止矩阵发生故障,矩阵内部的各模块设计中也会采用冗余配置,包括电源模块、控制模块、矩阵卡(交叉点模块)、输入及输出模块等,且都可以进行冗余备份。一般将前三种模块进行主备热备份,比如将控制模块配置为一主一备。主控制模块提供所有控制功能,备用控制模块随时准备在主控制模块出现故障时将其代替(所以需要热备份)。两个模块间的工作转换由控制逻辑管理,以保证同一时间只有一个控制模块控制外部串行总线。交叉点模块的冗余备份亦是如此。另外,使用大型交叉点模块建立矩阵虽然连接方便,但相对于多块小型交叉点模卡搭建矩阵来说,大型模块产生故障后对各线路的影响更严重。在单一矩阵内进行模块备份时,输入矩阵的信号也有主备两组。主备信号需要接入同一矩阵的两个不同通道,同时,这两组信号不能接入同一块模块插板,以免一块插板损坏造成主备信号都不能使用的问题。对于重要的信号线路,该信号经过的任一模块,原则上都应该进行冗余备份。

通过模块备份的单一矩阵也不一定能完全保证安全播出,实际应用中也会发生例如矩阵主备电源模块同时烧坏、交叉点模块出现故障等突发事件。因此,安全性要求较高的系统,可采用主备两台矩阵的热备份方式。主信号由主矩阵调度,备信号由备矩阵调度。为保证矩阵控制安全,控制矩阵的计算机亦可安装两套不同的控制软件,甚至计算机也可以进行主备备份。不过,这样的矩阵冗余系统成本非常高。另外,通过加入分配器或切换器,将信号一分多或多选一,从而建立备份的路由,这种方法又引入了新的模块——分配器和切换器,且新增模块也是可能受损的,它们给系统带来的不稳定因素也是需要考虑的。

4.4　字幕机

制作电视节目时,除了要提供视频画面和音频以外,还需要在视频画面上叠加文字和图形来进一步诠释节目内容、丰富电视画面,这种文字和图形就被称为字幕(Title/Subtitle/Caption)。字幕主要是指节目标题、在屏幕底部出现的说明文字(如人物对白、歌曲唱词等)、片尾演职员表以及占据整个画面的文字信息(如通知、广告)等。制作和播出字幕的专用电视信号发生器和处理器被称为字幕机(Character Generator,简称CG),是演播室中不可缺少的设备。演播室电视节目制作中需要字幕机实时提供字幕信号;切换台或键混器将字幕叠加在其他视频信号上方,再将混有字幕的图像输出。传统意义上的字幕机一般仅负责图标、字符、图片的静态及动态处理,它是演播室视频源设备中的一员,一般由一台独立的计算机系统构成。

1.字幕机的构成

字幕机主要由以下三个部分组成:

(1) 计算机系统,是字幕机的主体部分,负责字幕(计算机图形)的产生、静态渲染和动态效果以及字幕信号的输出。字幕计算机必须有适当的扩展槽以供图像板卡插入,而且计算机的性能对图形及动画生成的速度与质量至关重要;字幕处理的复杂程度越高,对计算机性能的要求也越高。

(2) 图像板卡,是字幕机的硬件部分,安装在计算机主机的扩展槽中。图像板卡可以进行混合、淡入淡出、划像、二三维特技等数字变换运算,完成图像信号的格式转换,并将字幕信号转换成切换台、键混器等演播室视频设备所需的信号。

(3) 字幕(图文创作)软件系统(如图 4-37 所示),任务是充分利用计算机和图像板卡的资源,为字幕机的使用者提供字幕制作的工具和按预先设计的流程进行字幕信号的输出,并且根据使用者的需求提供操作界面、包装图像板的各项功能。

 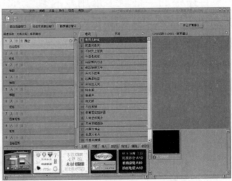

(a)编辑状态　　　　　　　　　　　　　　　(b)播出状态

图 4-37　新奥特 A10 字幕机软件界面

2.字幕机的信号输出

字幕机输出两种信号:字幕视频信号和键信号。两种信号一般都会接入切换台(或键混器)的输入端。

通过切换台设置,将字幕与背景混合的处理方法主要有两种:一是外键方式;另一种是内键方式,它们通常是将字幕机输出的视频信号作为键源,利用亮度键控方式提取键信号。由于内键方式通常需要重新对字幕视频信号进行亮度阈值的判别,因此容易产生噪点。

3.字幕机的应用流程

字幕的使用多出现在演播室的现场节目制作或直播中。在节目直播前,制作人员需要做好场景模板。比如,先以分层的形式设计字幕的背景图像或动画,再把背景图像拉到模板中,接着,再将说明性字幕独立做在一层。

一般来说,节目拍摄前就可确认的信息字幕一定要在拍摄前做好,比如节目中出现的嘉宾、主持人信息等,这些字幕都采用统一风格的模板(比如相似的位置、尺寸、字体、颜色、形状等),以满足艺术上的需要。另外,利用字幕机也可以提供动画转换的字幕信号,这部分工作也需要在现场节目制作前完成。字幕可以以 2D、3D 动态变化的方式出现,其使用的动画模板在播出前必须做好,直播期间快速调出即可。在直播节目中,有些字幕机可调入由其他录制设备记录的视频,经 3D 视频制作软件制作打包后,将视频调入字幕机的图文创作软件中进行播放。

对于播出用的字幕机,还需要能够读取播出节目单文件,支持与自动播出网络的联网,以及主、备字幕机网络备份。为了满足播出安全,播出用字幕机还需要提供在线字幕修改的功能,即播出表或单条字幕做出修改时,不影响整个字幕单的播出,更不需要停播字幕表。

随着观众对直播类节目形式多样化和信息时效性要求的提高,越来越多的节目加入了观众互动、播出各种媒体资讯的单元。普通字幕机包装手段单一,前期制作量大,而播出时不能灵活完成自动修改,因此很多节目都采用了在线包装系统。比如,当前各种大型赛事直播中的字幕就多采用具有现场成绩处理系统的在线包装系统支持。如果没有比赛现场的分数自动获取与处理系统,单单使用字幕机人工完成字幕编辑和修改,会降低现场节目包装的效率和安全性。

4.5 在线包装系统

图形字幕技术在综合了数字化存储、计算机网络、数字图像处理、数字压缩、视音频播放等技术后,逐渐形成了在线包装技术。由于在线包装系统本身包括了字幕机的所有功能,所以被越来越广泛地应用于电视节目后期制作、在线制作与播出领域。业界对在线包装系统和字幕机的概念在技术上并没有非常清晰的区分。

1.在线包装系统的技术特点

在线包装系统具有以下技术特点:

(1) 场景、字幕图像与视音频多元结合的三维图形实时渲染

渲染引擎是在线包装系统的核心技术部分,OpenGL、Direct3D 等渲染技术与三维图

形加速 GPU 相辅相成,实现了三维处理流程全程的硬件化、固件化、并行化,而且在渲染流程的顶点和像素处理中也提升了可编程能力,保证了三维图形、高标清图像的高质量和实时输出。

在线包装系统可提供全三维空间中字幕、图像、图像序列、视频的实时处理,以及三维或平面模型的纹理贴图,可无缝地融入三维图形效果,尤其是其中的视频回放和特效,是传统字幕机无法完成的。视音频文件回放可用于展示节目亮点,比如在比赛直播节目中的精彩回放镜头。在线包装系统支持多种视音频文件的格式。回放画面经过三维变形后,需要得到去混叠处理,并保持较高质量,同时还要保证视音频编辑回放的实时性。

在线包装系统支持音频信号的直通输入和嵌入式音频,也支持时间线上的音效特效处理、音频文件与视频画面的同步播放和音频信号的输出。这也是传统字幕机很少能做到的。

另外,在线包装系统必须保护传统字幕的典型应用,比如唱词、底拉、滚屏等功能。

(2) 实时获取外部数据

在线包装系统通常支持一路或多路高标清视频输入的实时开窗功能,通过模板时间线的预先设计,将外部视频数据以贴图的模式或硬件 DVE 模式进行开窗,尤其是 DVE 模式具有延时小、视音频基本同步等特点,多用于直播类节目。

(3) 动态的画面控制和播出控制

对于变化效果的控制,在线包装系统一般会设置状态点,比如,场景从一种画面构图变为另一种画面构图时,前后两种画面构图各为一个状态点。播出时,可根据具体要求对多个状态点进行排列组合。为此,在线包装系统会同时支持多个时间线,提供多个动画线索,实现场景状态的平滑转换和复杂控制。

在线包装系统支持多个场景分层叠加播出,比如同时展示角标、时钟、底飞、人名条、肩上版等信息。同一个场景内可放置多屏字幕内容,各屏字幕可通过事件自由切换,这就是多事件播出。用户可以自定义在特殊时刻触发特殊的事件,突出要表达的内容。

在线包装系统的渲染和 I/O 支持多播出任务同时执行和插播功能,还可让不同应用系统各自输出画面,然后在播出时合成在一起,从而实现多台控制设备分布式控制播出的功能。

(4) 数据前处理

与字幕机相似,在线包装系统的典型应用是进行场景模板的设计,在模板中预留出一定的场景,以便在播出时进行替换。实现该功能常用的技术方式是“数据池”和“数据插件”。“数据池”由多张数据表组成,每张数据表由多个数据项组成。播出时,应用程序将控制数据写入数据池。“数据插件”是把一个或多个数据项的内容与一个或多个物体属性连接在一起,对数据进行综合运算,然后改变这些物体属性。在线包装系统还可提供某种形式的程序脚本的编写和执行,从而完成外部数据的驱动以及复杂场景的变化设计。结合数据库技术的使用,在线包装系统提供的字幕内容可来源于节目串联单、MOS(Media Object Server,媒体对象服务器协议)传输或者手工输入;财经、资讯类信息可来自不断更新的数据库文件,或来自局域网、广域网的数据流;体育直播比赛数据可来自现场成绩处理系统、中心数据库及手工输入。这种技术被称为外部数据接收和处理或数据前处理。在线包装系统采用通用插件式框架和专项定制开发相结合的方式,支持多种数据来源的实时数据对接。

（5）支持虚拟图形

结合虚拟演播室技术(见第9章),通过使用可以调整参数的摄像机镜头跟踪、摄像机定位及摄像机运动数据的跟踪。有些在线包装系统提供虚拟图形技术,该系统计算出场景图形画面相对于摄像机镜头的位置和姿态,实时地将随摄像机变化而变化的图形叠加在图像中,令观众感觉到该图形是被融合在真实的背景中的。另外,结合抠像技术,可以将虚拟图形表现成被真实场景人物"踩在脚下"的效果。比如在大型体育赛事直播中,真实的泳道上叠加了虚拟的国旗,运动员跳入水中能将国旗遮挡;足球比赛中,越位线、罚球圈和距离测量都能实时地根据现场状况变化地显示。

（6）制播分离的工作流程与网络化的设备构成

为了保证播出质量,在线包装系统的包装场景模板设计通常由专业人员进行,分为创意设计、场景实现、数据配置和检查审定几个阶段。播出线工作人员一般只负责进行数据引入和绑定、模板微调,并控制播出。为了满足制播分离的工作模式,在线包装系统一般提供模板设计系统、包装播出系统和模板管理系统三个专业部分。其中模板设计软件为通用软件,可针对各栏目进行设计,对第三方设计软件的文件也有一定的导入功能。播出系统通常由播出服务器、播出控制端及数据前处理设备构成。

由此可见,在线包装系统通常需要由多台设备构成,包括设计工作站、播出服务器、播出工作站、模板服务器、数据处理工作站等。这些设备通过视音频线缆和网络设备进行互联,形成包装网络,还可与外网互联。

2.演播室在线包装系统构成范例

（1）新闻和财经类演播室在线包装系统

新闻和财经类节目经常在播出的同时提供最新的资讯底飞。资讯底飞是独立于其他内容输出的,还需要动态地获取外部数据。数据前处理系统可为在线包装提供动态的外部数据,比如最新的突发新闻事件或股票信息。模板制作站点负责制作和管理模板,完成的模板及其描述信息会被下载到演播室播出控制端和底飞控制端,也会被送入播出服务器。演播室播出控制可通过文稿系统提供的字幕播出单安排不同的场景内容输出。播出单是在播出前确定并经过审批的。系统图如4-38所示。

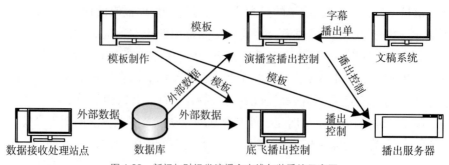

图4-38 新闻与财经类演播室在线包装系统示意图

（2）体育转播中的在线包装系统

体育比赛中使用的在线包装系统不但需要提供质感更加自然的全三维字幕包装,以贝塞尔曲线方式支持线性和非线性运动方式,还要支持多事件播出,通过赛场特殊事件触发字幕内容的变化。比如篮球转播的倒计时时,制作人员可以设置当倒计时小于某个秒数时,倒计时字幕字色改变,这个设置需要软件编程。倒计时和比分等数据来自现场成绩系统。数据接收处理站点的数据前处理系统将赛事信息提供给播出控制端。播出控制端除采集比赛现场信息外,还负责控制播出服务器。播出服务器所加载的场景中的播出事件都可以通过播出控制端播出命令自由选择播出。模板制作站点负责制作和管理模板,完成的模板及其描述信息会被下载到播出控制端和播出服务器。系统图如 4-39 所示。

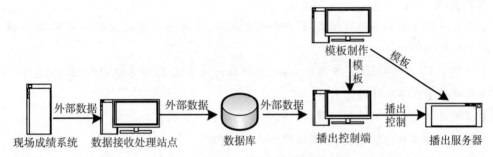

图 4-39　体育直播中的在线包装系统示意图

第 5 章 演播室视频系统

■ **本章要点：**

1. 掌握演播室视频系统的组成、结构和信号流程，能够根据演播室功能需求，画出视频系统结构图。

2. 理解 Tally 信号的概念、作用和分类，能够画出演播室 Tally 系统结构图。

3. 理解动态源名跟随的概念。

4. 了解时钟信号的来源和作用以及时钟系统的基本结构。

5. 掌握同步系统的结构，能够画出同步系统结构图。

6. 掌握帧同步机的原理及作用。

视频系统是演播室系统最重要的组成部分。演播室视频系统的核心设备是视频切换台（或矩阵）。切换台对演播室摄像机、数字录像机、字幕机、播放器、本地信号及外来节目源等演播室信号源进行选择和转换。信号的调度和分配是通过路由设备完成的，监看和检测设备帮助工作人员确保制作出的视频信号符合播出质量要求。本章主要讲解视频系统的组成和系统结构。

为了在视频信号转换时不出现图像跳动、撕裂等问题，保证节目制作质量，视频系统中各视频源、示波器、切换控制设备需要进行同步，因此视频系统是与同步系统密不可分的。另外，导播操作切换台时，显示器墙、摄像机控制单元的控制面板以及摄像机上要有相应的提示灯亮起。Tally 提示信号起提示作用，它与视频系统有着紧密的联系。可以说，同步系统和提示系统都是为视频系统的良好运作而服务的。为了便于读者理解，本章包含视频系统、同步系统及 Tally 系统三个部分。不过请注意，一般在绘制演播室系统结构图时，人们会将视频系统、同步系统和 Tally 系统分开绘制；介绍演播室系统时，这三个系统也是分开讨论的。

5.1 视频系统

视频系统一般由信号源、特技切换设备、监看检测设备及路由设备等组成。视频系统中的信号源负责提供组成节目各视频元素的视频信号；视频特技切换设备负责视频信号的切换、混合、划像或特技处理；工作人员利用监看和检测设备可监看画面内容并检测各项参数,保证节目画面在技术上符合播出标准;路由设备则提供了从指定信号源到目标设备的信号处理、传输和分配。

5.1.1　信号源

演播室视频系统的信号源是电视信号产生和输出的重要设备,包括摄像机、数字录像机、字幕机、播放器、视频服务器、测试信号源等,也包括一些本地信号及外来节目信号所连接的帧同步机、解码(解复用)器或转换器等设备。

1.摄像机

演播室用摄像机不受体积、重量的限制,可选用最高档的摄像机。这种摄像机通常安装在云台上,云台下方有三脚架和移动轮,可灵活移动。摄像机与其控制单元(CCU)通过光纤、三同轴线缆或无线网络相连;摄像机拍摄的信号通过 CCU 的视频接口输出,输出接口一般采用 SDI、HD-SDI 等。

摄像机作为电视信号产生和传送的第一个环节,其性能直接影响到整个演播室系统的技术指标和录制的节目质量。考察摄像机的性能指标主要包括:信噪比、灵敏度、分辨率、调制深度、最低照度、动态范围、A/D 转换量化比特数等。另外,针对演播室的特殊应用,也要考虑摄像机的肤色细节校正、色彩校正等。

2.记录设备

常用的记录设备包括基于磁带的视频录像机以及基于硬盘、专业光盘、半导体存储卡、固态硬盘的视频录像机。用于记录的视频服务器可以在控制下自动完成视频信号的提供和收录,可以发挥与录像机相同的作用,也属于记录设备。选择视频系统的记录设备,要从格式、技术指标、操作的方便性、兼容性、存储安全性、价格等多方面进行考虑。

记录格式要根据系统的定位、节目制作的需求来决定,并参考技术指标和操作性能。技术指标包括:视音频取样频率、视音频量化电平、视频带宽、视频码率、音频通道数量、视音频接口指标、视音频质量等。不仅如此,还要考虑存储媒介与其他部门设备兼容的问题,考虑视频录像机支持的存储器规格及其重放信号格式和记录信号格式。如果记录设备支持的输入、输出信号与视频系统不一致,那么需要配置相应的变换器。

3.字幕机

字幕机可以为视频系统提供实时的字幕信号。该信号一般包括两个独立的视频信号:字幕视频信号(Video)和字幕键信号(Key)。两路视频信号都需要连接在切换台,用于键控特效使用。一般情况下,切换台可使用亮度键,从字幕提供的一路视频信号中自动获取键信号,即使用自键便可完成字幕的叠加。但是当字幕需要半透明效果或投影效果时,切换台需要同时获得字幕机提供的视频信号和键信号。因此,系统连接时,两路信号都要连接到切换台的输入端。

4.其他信号

一些本地信号及外来节目信号通过线缆传输至演播室,比如电影电视转换信号,笔记本电脑的 VGA 信号,来自卫星、微波、有线、计算机网络的信号,等等。根据信号格式、传输距离的情况,使用解码(解复用)器或转换器可将压缩信号转换成与本视频系统格式一致的基带信号,使用帧同步机可校准基带信号的相位与幅度,使之与视频系统同步,这样处理过的信号才能送入视频切换台和矩阵。因此,这些本地和外来信号所连接的帧同步机、解码(解复用)器或转换器设备在视频系统中也被归为信号源。

5.1.2 特技切换设备

选择特技切换设备时,要从输入矩阵规模、母线数量、M/E 级数、每级键的数量、信号处理能力、与编辑机和特技机连接的接口等多方面考虑,还要考虑是否采用内置特技机和特技种类等。

确定输入矩阵规模时,不仅要考虑实际演播室视频信号源的数量,而且还要考虑未来信号源可能扩展到什么样的规模。

切换台的母线数量决定了切换台处理指定输入到某特定通道的层数、预览不同处理通道的能力和输出信号的数量。不仅如此,很多切换台都支持对两个不同节目的输出,或对相同节目但不同语言解说、不同台标及不同字幕的输出。也就是说,可用一个切换台直播节目,但输出信号可供两个不同频道使用,甚至可提供不同节目内容。

因为切换台支持的视频层数约等于 M/E 级数乘以每级 M/E 可同时处理的视频信号数量,所以 M/E 级数和每一级的键数都决定了切换台可支持的视频或字幕层数。人们需要根据节目制作的复杂程度,确定所需 M/E 级数及每一级的键数量。

常用的数字切换台可分为标清、高清、高标清兼容,特殊应用中还有 3D 高清、4K 超高清等切换台。相应种类的切换台只能处理相应种类的信号。比如高清演播室中主要的视频源设备是高清设备,高清切换台不能接受标清视频信号的直接输入。如果视频源输出标清信号,则需要变换器将标清信号转换为高清信号。

如果演播室还有磁带录放设备,则要求系统连入编辑控制设备,此时还要选择具有相应编辑控制接口的切换台。

5.1.3 图像监视与监测

监视器为导播提供所有信号源的视频监看,借助它,导播可以在节目制作时了解所有节目源发来的视频信号内容(比如摄像机、录像机、字幕机等视频信号),并监看切换台的各输出视频内容(比如 PGM、PVW、ME 等视频信号)。视频技术人员可在演播室节目制作前对摄像机的底电平、光圈、黑平衡、白平衡等参数进行调整;该调整是通过摄像机遥控面板控制完成的。除了使用监视器对比不同摄像机的调整效果外,还可同时配合使用切换台切换,选择一路信号通过波形示波器和矢量示波器进行进一步的细致调整,直至摄像机的各项技术指标达到要求。灯光师通过监视器监看灯光调整效果。录像机、放像机、视频服务器所存储的素材亦需要监视器来预览。

导播区最主要的两路视频监看对象是主监和预监。主监对应的信号是切换台切出的 PGM 信号,即正在播出的电视节目信号。预监对应的信号是切换台的 PVW 信号,即下一步要切出的图像。由于 PGM 和 PVW 信号的质量直接反映了播出图像的质量,所以主监和预监所用的监视器应该是演播室中质量较好的。如果使用分屏器在大屏幕上布局预览,则 PGM 和 PVW 需要分配最大面积进行监看,PGM 还应连接技术监视器监看。

按照显示原理的区别,可以选择不同种类的监视器,如 CRT、PDP(等离子)、LCD(液晶)、OLED、LED、DLP 显示器等,其中 CRT 和 PDP 已逐渐退出历史舞台;LCD 由于厚度小、抗干扰能力强、辐射低,成为演播室最常用的监视器类型;OLED 更加轻薄、抗震好、响应速度快、对比度高、像素密度大、画质更加优秀,但价格较高,多作为技术监视器使用;DLP 可靠性高,色彩还原性好,可实现无缝拼接,适用于制作导播间大屏幕墙和演播大厅背景墙;LED 密度低、拼缝更明显,不适用于导播间,又因其亮度高、色温可调,对使用环境要求不高,因此主要应用于演播大厅背景墙。导播间如采用多屏分割器+大尺寸屏幕的监看模式,则大屏多采用 LCD 或 DLP 屏幕。

如今主流的数字演播室监测系统主要包括:

(1)多选视频选择器、分屏器。

(2)标准彩条测试源:由系统的同步信号发生器产生。

(3)波形示波器:可选场、选行,包括时基扩展、色度信号和低频信号的分离等。

(4)矢量示波器:检测彩色编码,对视频传输系统微分增益失真、微分相位失真等参数的测试等。

(5)精密型监视器:以最高的播放质量呈现 PGM 等重要的播出信号,帮助技术人员找出画面中的瑕疵。

演播室视频系统中的监视器按输入信号来源分类,可分为两部分:

(1)信号源监视部分的监视器,分别与摄像机 CCU、录像机、视频服务器、字幕机、在线包装系统、矩阵输出、切换器输出、信号转换器、测试信号源以及通过卫星、微波、有线传输传来的外来信号输出相连,用来检查源画面。

(2)切换台(或矩阵)输出信号监视部分的监视器,包括切换台主输出(PGM)监视器、预监(PVW)、混合特效(ME)、特技机(DVE)、无字幕主输出(CLEAN)监视器。这部分监视器还作为技术监看使用,保证在切换台效果设置、色彩调整时获得正确的色、亮度还原。

各类监视器所支持的输入接口也有很多种,一般包括模拟复合、模拟分量、HD-SDI、SD-SDI、3G-SDI、DVI 信号和 HDMI 等接口。

传统的演播室会对每一路信号采用独立小屏幕监看,而目前在高清演播室中则通常使用大型显示器,利用分屏器将多路视频合成一路送至大型显示器上分屏显示。

1.多屏监看

如图 5-1 所示,该系统是非常简单的小型演播室视频系统,视频源只有三讯道摄像机、录像机及字幕机。这种使用多台监视器、每台监视器监看独立视频的方式是比较传统的视频监看方式。每一路视频源至少需要一台独立的监视器监看。除了视频源,切换台输出的信号也需要配置独立的监视器。对于最重要的 PGM 信号,更是需要外加更精密的技术监视器。

图 5-2 是中国传媒大学校电视台高清演播室的导播室。由于系统结构简单,导演室空间较小,视频技术人员与导播共同监看同一片监视器墙;监视器墙机架上安装了多台独立的监视器。与此相比,如果是大型演播室,信号源数量庞大,演播室导播区分工细

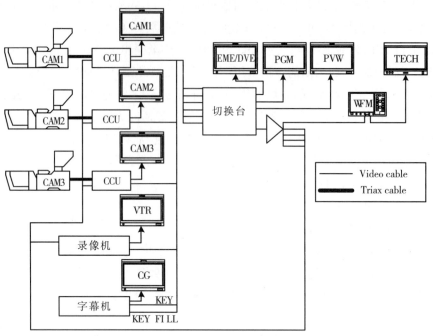

图 5-1 使用多台监视器的演播室视频系统

致,则不同部门要根据自己的需要配置独立的监视系统,比如视频技术监看区和导演监看区各有一套监视系统。如果监视器墙机架上要安装数十台监视器,则每台监视器要配有独立的电源。

图 5-2 中国传媒大学校电视台数字高清演播室

2.分屏监看

分屏器(Multi-Viewer/Splitter)又称屏幕分割器,也叫多画面分割器、多屏分割器。通过这个设备,可在一台监视器上同时显示多个信号源的图像。分屏监看系统如图 5-3、图 5-4 所示。在同样多视频源的情况下,该系统可以减少显示器的数量。所有视频源和切换台输出的视频信号首先被送入分屏器,因此,人们可以通过控制面板或计算机对分屏器的分屏效果进行以下设置：

（1）设置各视频信号在大屏幕中的布局。

（2）修改背景颜色。

（3）UMD（Under Monitor Display）动态源名显示（即显示信号源的名称）。

（4）时间码（TC）显示。

（5）Tally 信号显示。

（6）音频音量显示。

（7）安全区显示和设置。

（8）时间、日期显示和设置，包括模拟时钟和数字时钟等形式。

（9）支持 NTP（Network Time Protocol）。

（10）可添加静态图标、动态图标。

（11）设置用户界面。

（12）VBI（Vertical Blanking Information）场消隐携带信息显示。

（13）信号宽高比修改，自定义视频显示。

（14）元数据解码及显示。

（15）支持多种分辨率计算机视频信号。

（16）支持 IP 视频、基于 Web 的视频流、移动视频等 IP 信号。

经过处理的图像信号可通过 BNC、DVI 或 HDMI 接口传输到较大尺寸的监视器显示。

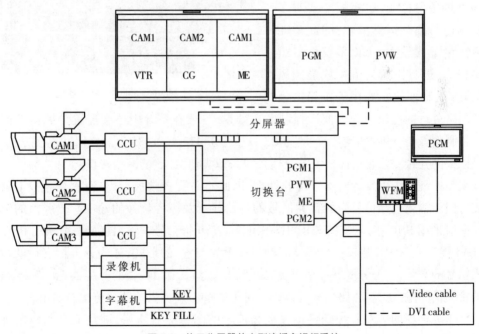

图 5-3　使用分屏器的小型演播室视频系统

分屏器常见品牌有 Miranda、Avitech、Evertz、Barco 等。分屏器硬件主要由机箱、电源、风冷系统、控制模块、视频处理板卡（如图 5-5 所示）以及音频板卡组成。有些品牌的

图 5-4　中国传媒大学 200 平米数字高清演播室导播间大屏

分屏器独立使用视频输入板块和视频输出板块。

　　为满足安全需求,机箱内一般配置两组热备份电源;机箱板卡要对多路视频进行高速运算处理,因此功耗和散热量都比较大;风冷系统由多组风扇构成,通过空气对流完成强制风冷散热;控制模块主要用于机箱内板

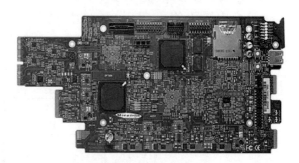

图 5-5　Miranda 分屏器视频处理板卡

卡和网络进行的通讯。为了便于控制监看效果,一般在系统中还会配置分屏器控制面板。控制面板与分屏器的连接一般为 RS-232、RS-422、RS-485 等总线组网连接方式,或通过以太网连接。机箱后面板安装有遥控接口或类似 RJ45 的网络接口。

　　视频处理板块可支持嵌入音频的处理,因此不需要音频板卡,单使用视频板卡就可以支持嵌入输入视频信号内的音频信号的音量显示及声音信号的输出。分屏器的输入接口一般采用 BNC 接口,支持 SDI、HD-SDI、3G-SDI 等信号。输出接口一般采用 BNC 接口、DVI 接口或 HDMI 接口。分屏器的型号一般为 M×N 的形式,M 为分屏器支持的最大输入信号的数量,N 为分屏器最多可支持的屏幕数量。如 24×2 的分屏器,支持 24 路不同的视频信号输入,这 24 路信号可以以某种形式的布局提供给两个监视器显示。

　　使用分屏器的监看系统既可以保证高清晰的图像监看质量,满足节目制作监视要求,又可减少设备数量,节省成本,节约演播室内的宝贵空间,特别适合对设备安置空间有严格要求的转播车使用。通过分屏器,技术人员可以灵活地对信号源进行配置和增减,修改信号源的显示位置和信息,以增强演播室系统扩展的灵活性。其缺点是,如果其

中一台监视器或分屏器损坏,会令多路信号无法得到监控。为解决这个问题,电视台会在演播室设计阶段就做好应急准备,比如将重要的监看信号(如 PGM、CAM 等)同时接入多组分屏器中,并将重要信号在应急处理画面布局设置时预先存储于每组分屏器中。当一组监看系统中的一台分屏器或监视器发生故障时,立即将另一组状态良好的分屏器调出预置应急画面布局,这相当于多块屏幕互为备份。

如图 5-6 所示,假设使用 2 组 16×2 分屏器,共 4 个大屏幕显示。一组 16×2 分屏器对应 16 路输入信号和 2 个屏幕显示,两组分屏器共对应 32 路输入信号和 4 个屏幕显示。对于 20 路视频源的演播室系统,2 组分屏器需要设置 20 路视频输入,剩余的 12 路输入端口作为应急输入端口。分屏器 1(Multi-viewer1)连接监视器 1(MON1)和监视器 2(MON2),为防备这一组监看系统损坏,相应 16 组输入信号中有若干个重要信号应该同时送入分屏器 2(Multi-viewer2),反之亦然。为了均衡两组监看系统的信号源,可把 20 路输入信号平均分为两个部分,即每组 10 路送入相应的分屏器;再从这 10 路信号中取出 6 路最重要的信号,送入另一组分屏器。在系统良好的情况下,20 路信号可以如图 5-6 所示的画面布局进行监看。当其中一个分屏器或监视器损坏,可调用分屏器应急画面布局,将重要信号重新显示在剩余可用的屏幕上。

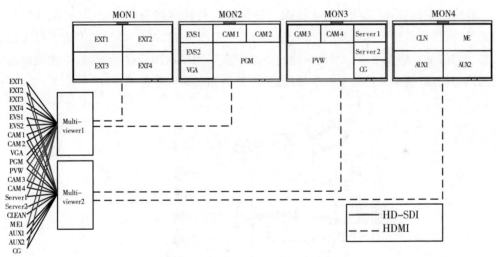

图 5-6　具有应急处理功能的监看系统

还有一种情况,就是在分屏器机箱内安装多个视频输入板卡和输出板卡,多块板卡互为备份。如图 5-7 所示,20 路输入信号分别送入 3 块视频输入板卡中。每块输入板卡支持 2 路输出信号,分别送入 2 块视频输出板卡中。输出板卡负责对所有输入信号进行运算处理,并加入 Tally、UMD 和时钟,最终合成分屏信号并输出。两块输出板卡互为备份,如果其中一块输出板卡损坏,可以把相关内容通过另一板卡显示。如果希望对输入板卡也进行应急备份,则可增加机箱内输入板卡的数量,令输入板卡互为备份;也可采用上一种方案,即选择 20 路输入信号中重要的部分进行输入备份。

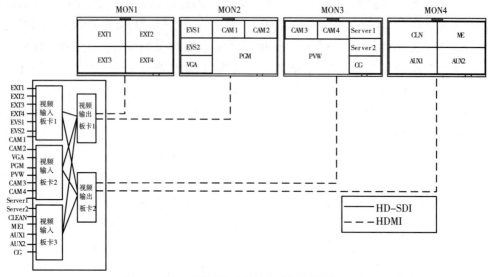

图 5-7　机箱内板块互为备份的多屏监看系统应急方案

3.以太网分屏器控制

在应用中,演播室视频系统会根据实际情况进行信号增减和调动,具有灵活性和多样性的特点,因此传统现场总线(遥控线缆 RS-232/RS-422/RS-485)组网方式已无法满足如今的演播室建设要求。目前新建的演播室多采用以太网连接分屏器、外围控制器完成通讯与控制;整个系统处于一个子网之下,结构如图 5-8 所示。

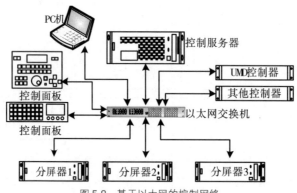

图 5-8　基于以太网的控制网络

每个分屏器都有自己的 IP 地址。安装时,需要用计算机连接到系统中,利用专门的软件进入分屏器设置菜单,设置设备的 IP 地址。Tally 和 UMD 协议也要在菜单中进行选择和设置。一般分屏器会支持多种协议,比如 Image Video、XY Integrator、Philips 和 TSL。目前有很多演播室使用 TSL 协议。

PC 机通过以太网络与分屏器相连,其 IP 地址应与分屏器 IP 地址设置在同一子网内。分屏器子系统所在交换机可以和整个演播室集中监控系统共用,也可分别设置属于自己的网络,使之与其他系统互不影响,亦可以采取集中控制的网络结构。

在 PC 机上可安装、运行分屏器系统、外围设备硬件的控制软件和分屏器窗口管理等软件。通过这些软件，技术人员可了解到所有硬件输入、输出数据流方向及关系，实现硬件系统连接及软硬件匹配。系统硬件配置可以以文件的形式存储，一旦软件系统发生问题，可在重装系统后直接调用配置文件，不需要重新配置系统。

完成系统配置后，就可以在分屏器窗口中布置视频输出、各视频窗口、UMD 和 Tally 的各项参数。UMD 和 Tally 设置的协议 IP 必须与演播室系统的 UMD 和 Tally 列表内的 ID 号一一对应，这样才能实现整个系统的动态 Tally 和 UMD 源名跟随。分屏器布局也可以文件的形式存储。在特殊时刻，可调用该文件，改变屏幕的布局或快速设置所有屏的布局。

分屏器布局文件可通过以太网送入分屏器控制面板，这样，即使在 PC 关闭的情况下，也可以用分屏器控制面板调用布局文件，实现监视系统的灵活化和应急处理。

5.1.4　路由附属设备

演播室中的路由附属设备包括视频分配放大器、变换器和视频插口板等。

1.视频分配放大器（VDA）

视频分配放大器负责把一个视频信号分成多路，送到多台设备中。在演播室中各信号源及切换台的输出接口数量是有限的，但有时某些信号需要同时发送给多个设备。比如图 5-1 和图 5-3 中，切换台至少有 PGM1 和 PGM2 两个输出可用，但是需要连接 PGM 信号的设备包括分屏器、示波器、技术监视器、摄像机控制单元返送输入、录像机、跳线板等。切换台的 PGM 输出口是根本不够用的。这里，我们采用视频分配放大器来将一路 PGM 信号分配给多路。另外，与切换台和视频信号源设备相似，视频分配放大器也需要接入同步系统。

2.变换器

很多厂商在开发视频分配放大器时，为增加设备功能，会在视频分配放大器中安装信号转换模块。常见的转换器为上变换器和下变换器。市场上也有很多独立的变换器。对于有标清设备的高清演播室来说，变换器是不可少的。

（1）上变换器：将分辨率较小的视频信号转变成分辨率较大的信号，比如从标清信号转变为高清信号，高清信号转变为超高清信号。上变换器需要针对像素的增多进行内插运算。

（2）下变换器：将分辨率较大的视频信号转变成分辨率较小的信号，比如从高清信号转变为标清信号，超高清信号转变为高清信号。下变换器需要在下采样前对图像进行低通滤波，防止混叠失真。

高清图像与标清图像的上下变换模式如图 5-9 所示，其中上变换包括：

（1）拉伸模式（挤压模式/Squeeze Mode）：将画面横向拉伸，4∶3 的图像完全充满 16∶9的屏幕，虽然保留了全部画面内容，但画面易产生变形。

（2）信箱模式（镶边模式/Letter Box Mode）：在画面的左右两侧加黑边，这种上变换模式保留了全部画面内容，画面比例也正常。

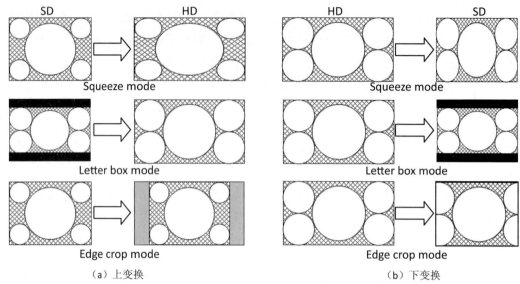

图 5-9 变换器模式示意图

（3）切边模式（Edge Crop Mode）：将画面上下剪切掉一部分画面，虽然画面比例正常，但损失了一部分内容。

下变换的三种模式与上变换同名，其作用为：

（1）拉伸模式：将画面横向压缩，虽然保留了全部画面内容，但画面产生变形。

（2）信箱模式：在画面的上下两侧加黑边，这种模式的特点是画面比例正常且保留了全部 16∶9 画面内容。在同时制作高标清两版节目时，标清版节目往往采用这种下变换模式，不需要兼顾 16∶9 和 4∶3 两种取景。

（3）切边模式：画面比例正常，但是画面左右两侧被剪切而损失了一部分画面内容。

3.视频插口板

演播室系统设计不但要符合广播电视规范，还需要在功能和性能上有一定的前瞻性，以适应未来节目制作的需求。优化设计，可使系统整体功能更加实用、丰富、完善；关键设备要充分考虑设计冗余和应急方案，且应急操作应安全、快捷。为此，演播视系统中的各功能区要有丰富的视频插口板，以备信号流向的变化。视频插口板又叫接口板，如图 5-10 所示。插口板有两种作用：

（1）转接：一般情况下两边联通，保持系统原有的路由关系，完成信号的正常转接。

（2）跳接：用跳线断开原来联通的线路，改变系统原有的路由关系，使信号沿跳线的路由传输。跳接在系统检查或改变系统的构成关系时常被使用。

5.2 Tally 及时钟系统

Tally 提示系统是视频系统工作时的一种辅助系统，可以及时提醒节目导演、摄像师、技术人员演播室的工作状态，同时具有在节目进行中协调导演、摄像师和节目主持人工作的作用。

图 5-10　视频插口板

5.2.1　Tally 指示灯

Tally 指示灯又叫讯源指示灯,是一种能够指示动态信号源名称和状态的显示器。Tally 信号由切换台或矩阵发出。过去,Tally 信号通常使用 GPI 接口直接输出,目前则常通过 Tally 控制器送入电视墙和摄像机。由于使用了串行协议,Tally 控制器可以与系统中任何切换台、播控台和矩阵接口直接相连。

1.Tally 概述

(1)Tally 灯主要出现在演播室视频系统中的三个位置:

① 摄像机

演播室摄像机上有多处 Tally 指示灯,比如取景器眼罩右侧、寻像器显示屏内、摄像机把手后侧等处,这几处 Tally 指示灯可使摄像师在不同拍摄位置均可看到 Tally 信号。当 Tally 灯点亮,表示此时本信号被切出,摄像师要尽量保证镜头稳定,不要在此时做不必要的镜头调整,如此时镜头必须做调整,则要保证镜头调整过程的运动效果符合艺术需求。Tally 信号是通过 CCU 传送给摄像机的。在有特殊需求时,演播室摄像机讯道中会有专用的游机讯道。有时此讯道为了保持机动灵活,并没有安装摄像机控制单元,则游机无法接收 Tally 信号。为此,该讯道可安装专用的无线 Tally 接收器,在 Tally 控制器输出端加入 Tally 信号发射机,从而保证游机摄像师随时掌握信号状态。在摄像机寻像器背后还有一个大一些的 Tally 灯,如图 5-11 所示。该 Tally 灯是为面向镜头的主持人、嘉宾或演员而设置的。

图 5-11　带有 Tally 指示灯的寻像器

② 控制面板

在摄像机控制单元对应的 RCP(遥控面板)、MCP(主控面板)上也有相应的 Tally 指示灯。一般该指示灯会同时显示摄像机在系统中的编号,供视频技术人员参考讯道状态。在切换台、切换器的控制面板上,信号源的切换调度状况也可以通过按键上的指示灯或液晶面板上的字符提供显示。

③ 监视器墙

在监视器墙上,每路视频对应的显示框下方都有动态源名显示,即该路信号对应的源设备编号或名称。很多演播室为了实现灵活机动的信号调度、动态源名跟随功能,就需要安装专门的动态源名跟随系统,比如 TSL 公司的 TallyMan。Tally 系统通过相关协议与切换台和矩阵进行通讯,由软件控制,在多画面分割器、LED 面板等位置显示相关信号源设备名称的文字信息,令监视器墙提示更加直观。

（2）Tally 提示灯色彩的意义

Tally 灯一般有三种色彩:

① 红色(Red):绝大多数演播室都会使用,红色代表当前信号被切换台或矩阵以 PGM 节目信号输出,属于播出信号,这是导播最重视的信号。

② 绿色(Green):绿色代表当前信号被 PVW 信号送入预监,准备下一次被切出;并不是所有演播室都会用这个颜色信号。

③ 黄/琥珀色(Yellow/Amber):黄/琥珀色代表该信号虽未被 PGM、PVW 输出,但是可能将被特效(Effect)调用或被录像机记录,这种颜色更不常用。

（3）Tally 系统的分类

Tally 系统分为并行 Tally 系统和串行 Tally 系统;其对应的接口亦分为并行接口和串行接口。

① 并行 Tally 系统

并行 Tally 系统主要是利用模拟 Tally 控制信号向摄像机的 CCU 和其他需要控制的设备传输 Tally 信息,或者相关设备(如 Tally 控制器)接受相应的模拟信号控制。

图 5-12 为并行 Tally 系统举例。切换台发出并行 Tally 信号,通过 Tally 控制器传输给各摄像机 CCU 和监视器墙。

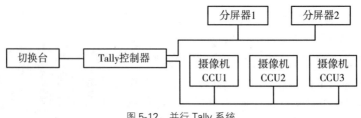

图 5-12　并行 Tally 系统

并行 Tally 系统主要以切换台为核心,实际上是通过切换台的 GPI 输出来实现连接的。GPI 信号利用脉冲触发来实现遥控,不需要进行比特率、奇偶校验等参数的调整。只要脉冲周期合适,几乎不需要进行什么设置。因此,并行 Tally 系统的延时性极小。

GPI 信号中,其提示电压和电流的大小由视频特技切换台提供指标决定,并行 Tally 没有统一标准。

② 串行 Tally 系统

串行 Tally 系统一般指数据 Tally,它通过数据协议来读取和传送 Tally 数据到相关的设备。常用协议包括 TSL、Harris LRC、Leitch、Image Video、Thompson ASCII、Ross、Pro-Bel 等。目前,TSL UMD Protocol 已成为我国广播电视系统最常用的 Tally 和源名控制协议,并得到了国际大多数电视设备厂商的支持。

TSL(Television Systems Limited)是欧洲著名的广播电视系统集成公司的缩写。UMD

（Under Monitor Display）是在演播室监视墙上用于动态指示信号源名称和状态的显示器，也就是我们经常提到的 Tally 提示灯。

随着广播电视制作技术的不断发展，摄像机讯道使用量不断增多，更多功能的视频处理与播放输出设备出现在演播室中，演播室制作形式日趋复杂，这对 Tally 和源名的显示及调度提出了更加灵活的要求。比如，一个复杂的演播室系统分为多个制作区：主制作区、第二制作区、慢动作区、字幕区和技术控制区等，每个制作区对 Tally 提出了不同的要求。每个区域的操作人员只需要看到自己区域切出的信号 Tally，无须看到其他工作区的 Tally。串行 Tally 系统的出现，满足了以上要求。另外，个性化、灵活显示的源名也是制作人员所需要的，它能及时提供节目信号源的信息，大大降低信号源调度的复杂度。

2.源名显示

源名显示的方式根据监看技术不同而不同，一般来说分为三种类型：传统 UMD、IMD 和分屏系统中的 UMD 技术。

（1）传统 UMD

UMD 是在监视器下方显示源名称的专用设备。传统演播室监视器墙采用多屏显示信号源，每一台监视器对应一个信号源，那么信号源名称的显示则需要使用 UMD 显示面板，显示面板如图 5-13 所示。

图 5-13　UCP-UMD 显示面板

显示面板文字的物理方法有两种：

① 老式演播室使用透明有机玻璃片显示 UMD 内容，此内容是固定的；外来 Tally 控制触发信号将玻璃片后方的灯点亮或熄灭，如需改变显示内容，必须人工更换透明有机玻璃片。其优点是成本低、显示清晰，缺点是更换麻烦、灵活性差。

② 如今最常使用的显示面板上装有 LED 显示灯，能够显示固定数量的字母、数字或符号。这种 LED 显示面板分为动态显示和静态显示两种。

• 静态显示

它由 UMD 显示面板设置，或由 Tally 和 UMD 控制系统下载名称。在此模式下，显示面板上的文字会相对固定，比如摄像机 1 号机，我们定为 CAM1，不需要源名跟随。修改源名时需要直接通过面板上的按钮来修改；也可由控制系统重新更新名称，通过软件修改，再下载到显示面板上，但这样修改起来比较麻烦。如果演播室信号源比较固定，不需要经常更改信号源，则适用这种 UMD 设备，其 Tally 信息输入可通过 RS-422 这类总线接口（9 芯或 15 芯 DB 插座）或 RJ-45 网口。

• 动态显示

UMD 显示面板所显示的信息可根据切换台或矩阵输出母线选中的不同输入源而自动显示相应的源名，比如 CAM（摄像机）、VTR（磁带录像机）、DDR（数字硬盘录像机）等；

系统需要根据切换台或矩阵交叉点信息与 UMD 控制系统的名称列表实现对应,这时面板会受到 Tally 和 UMD 控制系统发出的串行数据的控制。

(2)IMD

IMD 即 In Monitor Display System,在监视器内显示信号源名称。常用的 IMD 系统均可支持动态源名显示,即从切换台或矩阵传来的交叉点信息可与 UMD 控制系统的名称列表动态对应。这种显示需要专门的 IMD 系统。以 TSL 公司的 TSL IMD 为例,如图 5-14 所示,该系统可最多安装 16 块 IMD 处理卡;UMD 信号和 Tally 信号通过遥控接口传入此系统;视频信号通过 BNC 接口输入;IMD 系统将源名信息与视频信号结合起来,再通过视频线缆传送给监视器。IMD 可支持以下功能:

①4︰3 与 16︰9 两种宽高比画幅。

②安全框标记。

③背景透明效果设置。

④遮幅色彩设置,如设置黑、白、红、绿等选项。

⑤窗口布局,如四分屏、双屏等。

⑥支持多种视频输入接口。

⑦UMD 的显示形式亦可多选。

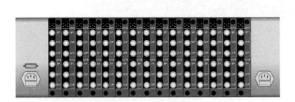

图 5-14 TSL IMD 系统

图 5-15 IMD 监视器(Marshall)

也有厂家直接制造支持 IMD 的平板显示器。以 Marshall 公司的 IMD 监视器为例,见图 5-15,该监视器内部集成了 IMD 处理卡。我们只需要将 UMD 和 Tally 信号通过 RS-422/RS-485 接口连入监视器,而视频信号依旧通过视频线缆连入监视器,可令监视器显示 UMD 和 Tally 信息。系统连接如图 5-16 所示。

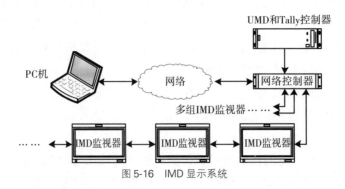

图 5-16 IMD 显示系统

UMD 和 Tally 信息由 Tally 控制器发出。网络控制器将 UMD 和 Tally 信息进行扩展和协议转换,通过多个 RS-422/RS-485 接口连接具有 IMD 功能的监视器。每一路 RS-422/RS-485 线缆可支持多个监视器,比如 Marshall 公司的 NCB-2010 有 4 个 RJ-45 网口以 RS-422/RS-485 标准传输 UMD 和 Tally 信号。每一个 RJ-45 网口可支持 128 台监视器显示不同的 IMD 信号。在该网络中,可使用计算机联网,通过专门的浏览器登录网络控制器的页面,从而实现显示设置的修改。

（3）分屏系统中的 UMD

使用分屏监看系统是如今演播室视频系统搭建的主流做法,这类演播室视频系统一般都会具备动态源名跟随的功能。在这种情况下,系统中 UMD 和 Tally 结构一般分为以下三种形式:矩阵到分屏器、视频切换台到分屏器、矩阵与切换台联合使用。

① 矩阵到分屏器

这是一种最简单的分配形式,在控制和传输环境搭建时,使用的协议也最为基础。矩阵有任何输出切换,分屏器都要动态跟随,且要用到串行 Tally 接口或网络接口连接。

系统如图 5-17 所示,该系统可以连接一路分屏器或多个分屏器。如果分屏器最多支持 24 路视频信号,则可以用简单的累加系统为每路视频命名,而此分屏器则可以以第一路通道的编号命名,比如第一个分屏器地址编号为 1,则该路分屏器可输出地址为 1~24 的 24 路信号,第二个分屏器则地址从 25 开始,使用 25~48 路地址编号。当矩阵的某路输入信号被设定从目标地址输出时,矩阵使用简单的映射系统,将分屏画中画地址编码与矩阵目标输出端口建立简单的对应列表,这样 UMD 数据就能跟随矩阵切换了。

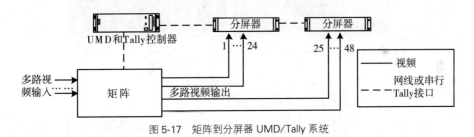

图 5-17　矩阵到分屏器 UMD/Tally 系统

② 视频切换台到分屏器

与矩阵相比,切换台除了能切换多路信号之外,还有指定的多种输出信号,比如 PVW、AUX 等。根据切换台种类不同,其输出信号的复杂度不同,因此 Tally 系统源名的复杂度就与切换台的复杂度相关了。系统如图 5-18 所示,UMD 和 Tally 控制器接收到切换台传来的 Tally 信号,并核对切换台交叉点信息与 UMD 控制系统的名称列表对应的情况,将动态的 UMD 和 Tally 信息以一定的协议传送给分屏器,再由分屏器将视频信号与 UMD 和 Tally 信息进行结合,最终传输给大型监视器。

在某些环境下,由于串行 Tally 协议或以太网协议的解析需要一定的时间,因此从操作人员在切换台上切换信号,到实际 Tally 灯的点亮,中间有一定的延时。为避免严重的 Tally 通信延时,有的系统会在图 5-18 的基础上,通过 Tally 控制器等设备,为分屏器提供一路 GPI 的 Tally 信号,这相当于使用继电器连接分屏器,反应速度极快,瞬间即可令分屏器做出响应。

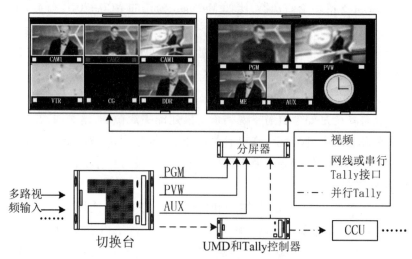

图 5-18　UMD 和 Tally 信息向分屏监看系统的传输

在简单的演播室系统中,可以不用设置图 5-18 中的 UMD 和 Tally 控制器,而是由切换台直接将 Tally 信号送入分屏器,如图 5-19 所示。

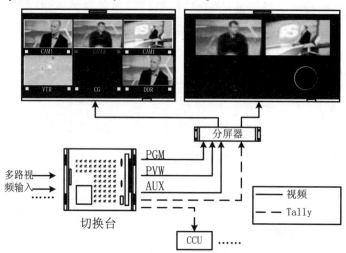

图 5-19　不含 UMD 和 Tally 控制器的系统简图

③ 矩阵与切换台联合使用

有些大型演播室集中了大量信号源,比如在转播车工作环境下,系统既要提供足够的摄像机讯道,又要提供很多外围信号,比如慢动作重放、历史资料重放等。这些信号都要被送入监看系统。如此多的输入信号很容易超过切换台的输入上限。为了能让操作人员在节目录制时更容易进行信号配置,视频系统的核心处理设备就由矩阵和切换台组成。所有本地信号和外来信号都被输入矩阵中,再将一组矩阵输出送入切换台,这样可以降低系统对切换台输入线路数量的要求,也能减少切换台操作人员的工作负担。不过,矩阵在这里起到了管理信号源的作用,成了附加信号源,此时的 Tally 和 UMD 系统就必须使用串行协议,否则很难实现灵活的源名显示。为了令系统管理更容易,这类系统一般会使用 UMD 和 Tally 控制器,最常用的品牌是 TSL、Image Video 和 BFE 等。

　　UMD 和 Tally 控制器可通过多种协议无缝而高效地同时管理多种系统。如图5-20所示,该系统采用了 TSL 的 TallyMan 控制器。这款 UMD 和 Tally 控制器配有多种接口和转换模块,可以满足多种串、并 Tally 信号的传输,亦支持 UMD。

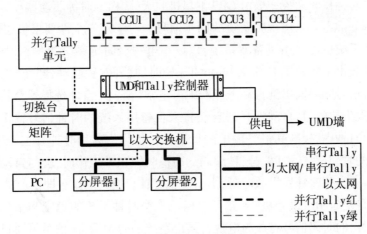

图 5-20　Tally 系统实例

　　图 5-20 中,系统由以太网连接。以太网交换机将各种设备接到 UMD 和 Tally 控制器上。该控制器的系统连接、参数设置与修改、分屏器的分屏设置由 PC 集中控制。切换台和矩阵输出 Tally 信号,该 Tally 信号属于串行 Tally。当需要控制器将 Tally 信号传给摄像机端时,可将串行 Tally 转换成并行 Tally。图中的并行 Tally 单元完成了此项任务。可以看出,本系统支持两种颜色的 Tally,即红色和绿色。送入分屏器和 UMD 墙的 Tally 信号,则使用串行协议。

5.2.2　时钟系统

　　演播室节目制作对时间的准确性有严格要求,因此时钟系统是其各环节协同工作的关键。电视台的标准时间必须同步于统一的时钟系统,每一套演播室也都配有时钟设备。常用的时钟源主要包括:

　　(1)GPS 时钟信号。

　　(2)中央电视台节目场逆程中带有标准时钟信号。

　　(3)天文台发布的长波、短波标准时钟信号。

　　(4)独立运行的高稳定度时钟。

　　地方电视台经常使用前两种,即 GPS 时钟信号和中央电视台节目场逆程中带有标准时钟信号,而独立的演播室一般使用 GPS 时钟信号。

　　1.GPS 时钟信号

　　GPS(Global Positioning System)即全球定位系统,是 1993 年美国运营的卫星导航定位和授时系统。该系统由三个部分组成:空间部分——24颗导航卫星(21颗工作卫星+3颗备用卫星)、地面控制部分——地面检测站、用户设备部分——GPS卫星接收机。GPS时钟系统在独立的演播室中被广泛应用。通过GPS时钟系统,演播室可获得全天候、全球覆盖、精确的格林尼治时间、目标经纬度二维坐标、时间和日期信息,时钟信息精度高、准确性好。只要GPS接收系统能同时接收到三颗以上的卫星信息,就可以自动提供高精度的本地时间,其定时精度优于1μs。

GPS卫星时钟接收系统一般由GPS卫星接收天线、GPS时钟驱动器和时码发生器组成。系统外部基准需要采用视频系统的同步信号。对于对安全性要求极强的部门,GPS卫星时钟接收系统也可采用主备双系统,以广东电视台时钟系统为例,如图5-21所示,GPS信号的接收由主备两组GPS天线和GPS校时钟(即时钟驱动器)组成,两组设备发出的基准时钟信号同时输出到自动选择器中。正常情况下,自动选择器会将主时钟信号输出;主设备发生故障时,自动选择器自动将来自备用系统的时钟信号输出。时钟信号用于输入高稳时钟内,校准其最终输出的标准时钟信号。高稳时钟自主产生不间断的、稳定的、准确的时间信息,以时、分、秒编码。高稳时钟正常工作时,会与自动选择器输出的信号同步。主高稳时钟发生故障时,由备高稳时钟替换其工作。即使前端GPS信号失效,高稳时钟自走时精度误差极小,亦可以保证整个时钟系统的稳定和精确运行。时钟信号发生器发出的时码信号将成为电视台播出系统的时钟源,该信号可通过时码分配器分配给其他设备,用于时间显示或设备同步。

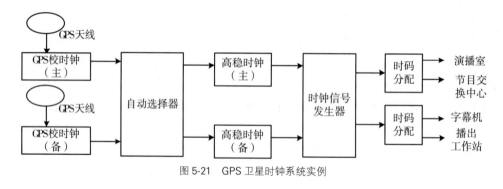

图5-21　GPS卫星时钟系统实例

2.中央电视台节目场逆程中带有标准时钟信号

各电视台普遍采用中央电视台的节目信号作为时钟源;一般采用自动校时钟将中央电视台节目信号中的第16行电视信号中的标准时钟进行提取。所提取的CCTV16H时码共包括三组信息:20个周期的标准1MHz频率源、标准秒脉冲和不归零时分秒数据编码。该时钟信号经过多年应用,覆盖广,使用普遍;该标准时钟信号每秒钟发出25次,经卫星传输后到达地面的秒脉冲因星漂造成的误差,仅加跨距校正而无需动态星漂矫正,亦可满足一般精度的要求。由计算机程序对时钟进行分析,用于校对内部时钟,输出24位串行压缩EBU时间码给倒计时控制器,从而精确地实现倒计时功能。

5.3　同步系统

演播室制作中的同步系统用于保障全系统的同步工作,以便使信号源及相关的设备受控于一个同步信号源,从而满足演播室节目制作的要求。

同步信号的种类见第 1 章的同步信号接口部分。PAL 制彩色同步机能够产生用于保证电视系统行、场扫描同步的行脉冲(H)、场脉冲(V)、复合同步脉冲(S)、复合消隐脉冲(B),能够产生用于保证收发端重现彩色一致性的色度副载波(SC)、色同步门脉冲(K)、PAL 识别脉冲(P),并且带有所有同步信号的黑场信号(B.B.)以及三电平信号(Tri-level)。标清演播室一般采用黑场信号,高清演播室可选择使用黑场信号或三电平信号作为同步信号。

电视台必须确立全台统一的时间基准,使各路视频信号在切换、混合、过渡和特技合成时能够平稳衔接,避免出现画面滚动、跳跃、撕裂或丢色的现象。统一的同步基准由电视台的主控发送;所有演播室的主同步机的振荡频率和相位都要跟踪总控发出的基准同步信号。在每个演播室,所有设备内的同步机都用演播室的主同步机所产生的同步信号锁定;主同步机向所有设备发出同步信号;各种设备内采用台从锁相(Genlock)方式使机内的同步与外来的基准同步一致。全台同步系统主要采用黑场信号作为同步信号源;如果演播室中个别设备需要其他种类的同步信号,则可在子系统上配置生成,以保证同步系统的安全。

电视台同步系统一般有两种锁相方式:

(1)台主锁相:使外来的信号与本地信号同步,即由本地同步机产生的同步信号去控制各外来信号中的同步信号。

(2)台从锁相:使本地同步机的同步信号跟踪外地同步机的同步信号的锁相方式。

演播室系统内视频设备的同步信号要与总控一致,所以其锁相方式大多属于台从锁相。

5.3.1　同步信号发生器

同步信号发生器是演播室同步系统的核心设备,它的主要作用是建立电视系统的时间基准。如图 5-22 所示,同步信号发生器生成的同步信号通过视频分配放大器转变成多路相同的同步信号。这些同步信号可通过环通的方式连接在多台视频设备上。这里的视频设备包括摄像机控制单元、视频录像机、视频服务器、切换台主机、切换台控制面板、编辑控制器、字幕机、分屏器、矢量示波器、波形示波器、精密型监视器、各类视频转换器等。

演播室的同步系统一般由同步信号发生器(同步机)和视频分配系统组成。为保证安全播出,多数演播室会配两台同步机,并相应增加切换器。

对于采用主备同步信号发生器的同步系统,如图 5-23 所示,正常情况下,主同步机(Main)对从总控传来的同步信号进行台从锁相,然后发出符合全台标准的同步信号;切换器或倒换器将同步信号送入视频分配放大器,进而送入各视频设备中。当主同步机发

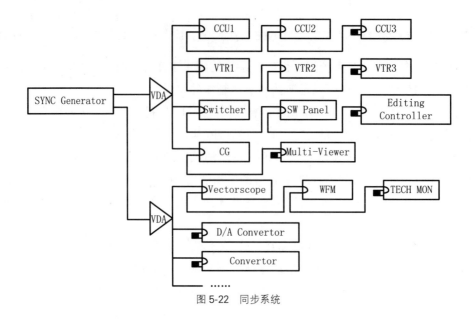

图 5-22　同步系统

生损坏,则自动切换器将自动把从备同步机发出的同步信号输出到视频分配放大器上。由于在演播室系统运行时,主备同步机都是带电并一直处于工作状态的,所以切换器将信号一切换,备用同步信号马上被输送到各视频设备上,以保证整个演播室系统的安全。

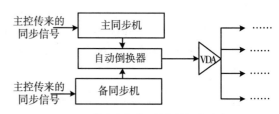

图 5-23　带有应急处理功能的同步系统

5.3.2　帧同步机

演播室中虽然有同步机进行锁相,但还是可能出现两种不同步的情况。一种情况是,演播室系统中的视频信号是分别经过两路互不相关的同步机同步的视频信号,这是一种外来信号与本地信号不同步的情况。比如,演播室本地摄像机控制单元、录像机、字幕机信号由本地同步机同步锁定,而从转播车传来的一路外来信号是由转播车上的同步机锁定的,因此这个外来信号是没有经过同步处理的。另一种情况是,虽然系统中所有信号源都用相同的同步机锁相,但是由于传输路径和长度不同,也会出现信号到达切换台时不同步的情况。不过,对于空间有限的演播室,使用帧同步机的情况一般是前一种。

如图 5-24 所示,外来视频信号先进入帧同步机;帧同步机的时间基准来自本地同步信号发生器或同步机;

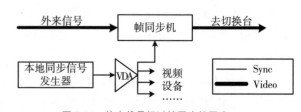

图 5-24　外来信号经过帧同步机同步

经过同步的外来视频信号可以送入切换台或视频矩阵供导播切换;本地其他需要同步的视频设备也要连接同步信号(见图 5-24 中的视频设备),具体连接可参考图 5-22 同步系统。

　　帧同步机结构如图 5-25 所示,由 A/D 变换器和 D/A 变换器(仅供模拟信号输入时使用)、写入时钟发生器、读出时钟发生器以及存储部分组成。重放视频信号被写入时钟控制下,数据被写入存储器中,其时基要与输入时基一致。读出端根据本地同步机提供的基准信号来输出视频信号,从而使帧同步机输出的视频信号与其他经过台从锁相的视频信号同步。而存储系统分为存储器和存储控制两部分。存储器用于数据存储,存储控制则为数据按一定规律写入和读出提供帮助。

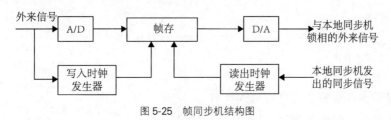

图 5-25　帧同步机结构图

第6章　演播室音频系统

■ **本章要点：**

1.了解调音台在音频系统中的核心作用。

2.掌握调音台的构成及功能，以及切换台的操作方法。

3.了解常用话筒的分类、音响的分类、音频处理器的基本原理。

4.掌握演播室音频系统的基本构成、信号流程，能够画出音频系统结构图。

5.了解通话系统的基本结构。

6.1　演播室音频系统的主要设备

6.1.1　调音台

调音台（Audio Mixing Console）是音频信号的混合、控制设备。在不同的应用场合下，应选用不同类别的调音台。比如，有适用于广播直播的调音台，有适用于录音和后期制作的调音台，有适合大型舞台扩声的调音台，也有适合户外采访的便携式调音台，等等。

在演播室音频系统中，调音台属于核心控制设备。从其信号类型、信号处理方式等方面来讲，调音台可基本分为两大类：模拟调音台和数字调音台。不过，无论是模拟还是数字，调音台所发挥的作用基本是一致的，即实现对多路音频输入信号的混合、衰减/放大、均衡调整、声像控制、监听选择、编组输出等；调节参数时一般需要操作调音台面板上的旋钮、按键和推子（衰减器俗称"推子"，为长条状的推杆），最终完成电视节目的音频制作。

1.模拟调音台

模拟调音台是指输入、处理、输出的音频信号均为模拟信号的调音台，它的输入接口与输入控制通道一一对应。同样，输出接口也与母线一一对应。模拟调音台在布局上相对简明，信号流程清晰，但模拟调音台的功能也相对简单。图 6-1（a）所示为 SOUNDCRAFT 品牌的 LIVE4 型号模拟调音台，图 6-1（b）为 YAMAHA 品牌的 DM1000 型号数字调音台。虽然二者的接口数量基本相当（不含扩展卡），但后者的通道处理能力远强于前者。

（a）模拟调音台　　　　　　　　　　　　（b）数字调音台

图 6-1　模拟调音台与数字调音台

2.数字调音台

数字调音台与模拟调音台相比基本功能相似,但处理的音频信号为数字信号。模拟音频信号源进入调音台后,要经过 A/D 转换变成数字信号;当要输出模拟信号时,它再经过 D/A 转换变为模拟信号。

与模拟调音台不同的是,数字调音台的输入接口、输入控制通道、母线与输出接口之间并不是绑定的。换句话说,它们之间的对应关系可通过逻辑电路进行设定。

例如 YAMAHA DM1000 数字调音台,其第一路输入接口可由第一路控制通道进行控制,也可改由第二路或其他控制通道进行控制。同样,输出接口可以指派为立体声母线,也可以指派为编组母线或辅助母线等。具体的设置过程可进入对应的 Input Patch（输入设置）页面或 Output Patch（输出设置）页面进行设定,如图 6-2 所示。在推子的设计方面,由于它不再是"物理推子"而是"逻辑推子",所以数字调音台的推子一般设计为分层式的。以 48 路通道为例,它由 16 个推子分三层进行控制,而当推子切换至母线控制模式时,该 16 个推子控制的是母线的输出电平,而不是输入通道。所有推子的位置都是被记忆的,当前层的任何调整都不会影响其他层。因此,调音台面板上的推子数量远小于其可支持的输入通道的数量,这使得数字调音台的体积相对小巧,但增加了灵活多变且自动化控制的功能。

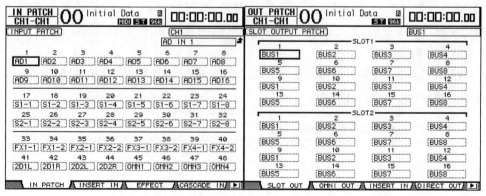

图 6-2　YAMAHADM1000 数字调音台的输入、输出设置页面

数字调音台除了使数字信号本身不易失真外,在接口的扩展方面也很灵活。通过数字音频接口卡(见图6-3),可为调音台增加更多的输入、输出接口。模拟调音台则不具备这样的功能。

图6-3　数字音频接口卡

3.演播室调音台的选型

演播室在调音台的选型上并没有固定的参考依据,要根据演播室的具体功能需求而定。一般情况下,在音频系统设计时,要从音频信号的类型、接口数量、节目录制要求等方面进行考虑,选择合适的调音台。

(1)音频信号类型

传统演播室所使用的录音、放音设备通常以模拟音频为主,但随着数字化的进程,信号的录放设备、分配设备等向数字化发展。从不断发展的角度看,音频系统的设计也应以数字音频为主,兼顾模拟音频。此处提到的信号类型是指模拟音频信号和数字音频信号。模拟调音台是不具备数字信号接口的,而数字调音台则兼具模拟和数字信号接口。

演播室录像机后面板的音频接口标注为 ANALOG AUDIO 的均为模拟音频接口,标注为 AES/EBU 或 DIGITAL 的均为数字音频接口。有的录像机并没有单独的音频输入接口,而是采用 SDI 嵌入音频的方式进行录制。这就需要在演播室系统中增加视音频加嵌设备。

(2)接口数量

调音台的接口数量要满足演播室音频系统中信号源输入的总体数量需求。这需要考虑可接入话筒的数量、放音设备的数量、可接入的外来信号数量,还应考虑系统可扩充的余量。例如,小型演播室多录制新闻类或谈话类节目,对话筒和周边设备的需求不大,中小型调音台即可满足要求;而大型演播室多录制大型综艺节目,对话筒的需求量较大,加上各类周边设备的信号输入,就应选择较大型的调音台。

(3)输入通道控制

调音台的输入通道控制应包括幻象供电开关、话筒/线路信号切换、输入灵敏度控制、衰减器(推子)控制、均衡控制、声像定位调整、编组设置等。专业的调音台会在通道控制模块设计更多功能,如高通滤波、内置压缩器、内置门限、内置延时器等。

(4)编组输出功能

GY/T-223-2007《标准清晰度数字电视节目录像磁带录制规范》中关于声音通道分配有如下规定(见表6-1)。

表6-1　GY/T-223-2007 关于声音通道的分配

声音通道	单声道	立体声
声道1	混合声	左声道
声道2	国际声注	右声道

续表

声音通道	单声道	立体声
声道 3	多语种混合声或其他用途	国际左声道
声道 4		国际右声道
注：国际声是指节目拍摄现场声、音乐和效果声等。		

由此可知，节目音频应分声道录制，以立体声为例，一、二声道为立体声左、右，三、四声道为国际声左、右。这就要求，演播室调音台必须具备编组输出的功能，将所需的节目音频各自编成组，混入不同的母线进行输出、录制。

（5）电平监测

音频电平是调音过程中必须要参考的技术指标。调音台应具备监测音频电平的表桥组件。模拟调音台一般选用峰值节目表（PPM）或音量单位表（VU 表），而数字调音台则使用数字峰值节目表（DPPM）。

（6）监听控制

调音台应具备监听控制功能。监听信号来自独立的监听母线，如 MONITOR 模块或 CR（Control Room）模块，可选取监听源和控制监听音量，如选择 Stereo 母线或 Bus 母线，或者配合通道控制的 Solo 功能单独监听某一路或几路信号。

6.1.2　话筒

作为演播室音频系统的拾音设备，话筒的性能从根源上影响着整个系统的声音质量。

1.话筒的分类

如果对话筒进行分类，大致有以下几种分类方式：

（1）按换能原理分为：电动式（动圈式、铝带式）、电容式（直流极化式）、压电式（晶体式、陶瓷式）以及电磁式、碳粒式、半导体式等。

（2）按声场作用力分为：压强式、压差式、组合式、线列式等。

（3）按电信号的传输方式分为：有线、无线。

（4）按用途分为：测量话筒、人声话筒、乐器话筒、录音话筒等。

（5）按指向性分为：无指向（全向型）、心型、超心型、强心型、双向（8 字型），见图 6-4。

话筒的主要技术参数为灵敏度和指向性。单指向性的话筒，正对其拾音方向的拾音灵敏度最大，并且越偏离此方向，灵敏度越小。由于其灵敏度的分布特性近似呈一个心的形状，所以也称其为心型话筒，如图 6-4（b）所示。心型话筒按照其指向的锐度，又分为超心型如图 6-4（c）和强心型如图 6-4（d）两种。

双指向性话筒的指向性特征分布呈一"8"字，如图 6-4（e），此类话筒的适用范围较窄，一般常用于 M-S 制式的立体声拾音系统。

无指向性话筒的拾音方式都属于压力式，单指向性话筒的拾音方式属于压差式。压力式话筒的频响特性是平直的，近讲效应不明显，而压差式话筒近讲时的低频提升现象

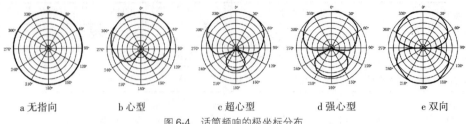

| a 无指向 | b 心型 | c 超心型 | d 强心型 | e 双向 |

图 6-4 话筒频响的极坐标分布

十分明显。

2.演播室常用话筒类型

通常情况下,演播室话筒采用有线和无线两种方式。有线话筒多用于固定位置的拾音;无线话筒避免了音频传输线缆的束缚,适用于移动拾音。新闻播报或评论类节目多采用有线话筒,如单指向性的电容话筒;而访谈或综艺类节目多使用无线话筒。

(1)动圈话筒

动圈话筒(见图 6-5)的工作原理是磁场中运动的导体产生电信号,即由振膜带动线圈振动,从而使在磁场中的线圈感应出电压。动圈话筒的特点是:结构牢固、性能稳定、不需要直流工作电压、使用简便、噪声小。

图 6-5 动圈话筒

动圈话筒与调音台连接时,接入调音台 MIC 接口,无须开启+48V 幻象供电。

(2)电容话筒

电容话筒(见图 6-6)的工作原理是由声波引起金属薄膜的震动,金属薄膜间距的变化带来电容的变化,从而产生电信号。电容话筒需要供电才可以工作。其特点是:灵敏度高、指向性强。

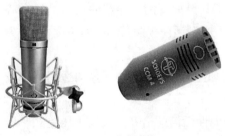

图 6-6 电容话筒

电容话筒对声音细节的拾取能力比较强。现场演出中一些对音质要求高的美声演唱、合唱、交响乐队以及钢琴等音域宽广的乐器拾音通常选择大振膜电容话筒,例如 NEUMANN U87 等。在演播室录制新闻播音或评论节目时,常常为了画面的美观而选用隐蔽性较强的台式电容话筒,这类话筒多为心型或超心型指向,如 SCHOEPS CCM 系列等。

电容话筒与调音台连接时,可将其接入调音台 MIC 接口,但要开启+48V 幻象供电。

(3)无线话筒

无线话筒由收音头、无线发射机和无线接收机组成,如图 6-7 所示。

收音头一般有领夹式、手持式和头戴式,可根据节目表演性质来选择。收音头一般有电容式和动圈式两种。

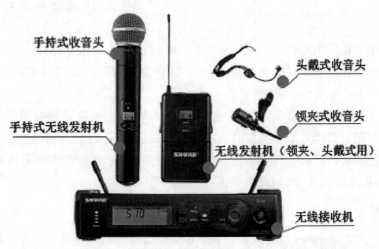

图 6-7　无线话筒及周边设备

领夹式和头戴式收音头与无线发射机通过信号线连接,手持式收音头与无线发射机设计为一体式。无线发射机将拾取到的音频信号通过电波发射出去,再通过无线接收机接收并还原成音频信号。无线话筒一般为调频制式,工作频段在 UHF 频段或 VHF 频段,发射功率通常都较低。专业无线话筒的频响特性可以做到很宽,失真度和信噪比等指标也都能接近有线话筒的水平。无线话筒在工作时,可在接收机端监看其工作状态,如信号状态和电池电量状态。一旦电池电量过低,就应及时更换电池,否则噪声会增加,影响拾音效果。

无线话筒发射机需要电池供电;电池一般采用 9V 电池或 AA 电池。无线话筒接收机与调音台进行连接,根据输出类型可选择调音台的 MIC 或 LINE 接口,无须调音台供电。接收机一般为交流适配器供电,也有用于户外采访的无线话筒接收机采用电池供电。

6.1.3　音箱

在演播室音频系统中,音箱是整个系统扩声的终端;音箱的性能高低对音频系统的放音质量起着关键作用。

1.音箱的结构

从发声结构来看,音箱由扬声器和箱体组成,见图 6-8。

扬声器是一种把电信号转变为声信号的换能器件;扬声器的性能优劣对音质的影响

图 6-8 扬声器和箱体

很大。扬声器有多种分类方式：按其换能方式可分为电动式、电磁式、压电式、数字式等；按振膜结构可分为单纸盆、复合纸盆、复合号筒、同轴等；按振膜开头可分为锥盆式、球顶式、平板式、带式等；按重放频可分为高频、中频、低频、超低频和全频带扬声器。

电动式扬声器应用最广，它利用音圈与恒定磁场之间的相互作用力使振膜振动发声。电动式的低音扬声器以锥盆式居多，中音扬声器多为锥盆式或球顶式，高音扬声器则以球顶式、带式、号筒式最常见。

箱体是用来消除扬声器单元的声短路，抑制其声共振，拓宽其频响范围以及减少失真的设备。音箱的箱体外形结构有书架式和落地式之分，还有立式和卧式之分。箱体内部结构又有密闭式、倒相式、带通式、空纸盆式、迷宫式、对称驱动式和号筒式等多种形式，使用最多的是密闭式、倒相式和带通式。

2.音箱的分类

图 6-9 有源音箱

音箱需要配合功率放大器进行工作。按照音箱本身是否带有功率放大器，可分为有源音箱和无源音箱两种，见图 6-9、图 6-10。

有源音箱是指在音箱内部装有自配功放的一类音箱，又称主动式音箱。专业有源音箱内一般在放大器的前边装有电子分频器，使每台功放仅仅负责放大某一段频率的声频信号，所以放大器的效率往往很高，失真也相对小。

无源音箱是指内部不带功放电路的音箱，又称被动式音箱，需要外接功率放大器才能工作。无源音箱虽不带放大器，但常常带有分频网络和阻抗补偿电路等。

图 6-10 功放与无源音箱

3.演播室常用音箱

演播室常用音箱一般可分为监听音箱、主放音音箱和返听音箱等。

监听音箱用于控制室节目监听使用,它具有失真小、频响宽而平直、对信号很少修饰等特性,因此最能真实地重现节目的原来面貌。

主放音音箱一般用作音响系统的主力音箱,承担主要放音任务。主放音音箱的性能对整个音响系统的放音质量影响很大,也可以选用全频带音箱加超低音音箱进行组合放音。

返听音箱又称舞台监听音箱,一般用在舞台上供演员或乐队成员监听自己演唱或演奏的声音。这是因为他们位于舞台主放音音箱的后面,不能听清楚自己的声音或乐队的演奏声,故不能很好地配合或找不准感觉,严重影响演出效果。返听音箱一般为斜面形(见图6-11),放在地上,这样既可放在舞台上不致影响舞台的总体造型,又可在放音时让舞台上的人听清楚,还不致将声音反馈到传声器而造成啸叫声。

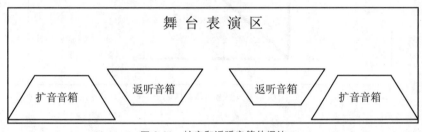

图 6-11 扩音和返听音箱的摆放

监听音箱一般是有源音箱,而主放音音箱和返听音箱多为无源音箱。

6.1.4 音频处理设备

1.均衡器

均衡器即频率均衡器(见图6-12),是一种可以分别调节各种频率成分电信号放大量的电子设备,通过对 20HZ~20KHZ 各种不同频率的电信号的调节来补偿扬声器和声场的缺陷,修饰各种声源及其他特殊作用。一般调音台上的内置均衡器仅能对高频、中频、低频三段频率电信号分别进行调节。在演播室音频系统中,一般要设计外置均衡器设备。均衡器常见的频率分段有 5 段、10 段、27 段、31 段以及双 5 段、双 10 段、双 27 段、双 31 段等。段数越多,代表均衡器所能调整的频率点越细致。

图 6-12 均衡器

2.压限器

压限器是压缩器和限制器的组合设备。

压缩器是对音频信号响度变化进行压缩的音频处理设备。例如,拾音位置的变化而带来的拾音电平忽大忽小时,压缩器可以对高于阈值的信号电平进行压缩,从而使整体音量的变化处于预期的动态范围之内,见图6-13。

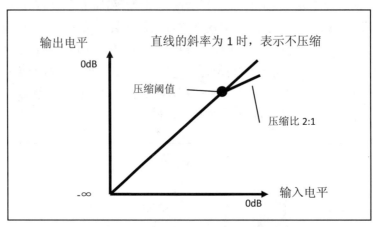

图 6-13　压缩器阈值与压缩比示意

限制器是一种大压缩比、高阈值电平的音频信号动态压缩处理设备。它的主要作用是抑制由于输入信号的意外大峰值冲击而造成设备的过载失真,其压缩比一般在10:1~20:1之间。与压缩器不同的是,限制器的阈值电平取决于信号的峰值而不是平均值,并且其动作时间与恢复时间也非常短。

3.扩展器

扩展器是一种特殊放大器,它有一个扩展阈,对小于这个阈值的输入信号按一定的扩展比进行扩展,对大于这个阈值的输入信号则不扩展,按 1:1 输出,如图6-14 所示。当信号电平低于阈值时,扩展器根据扩展比对输入信号进行扩展,使得底噪电平以更低的电平输出,从而达到抑制或消除噪声的目的。一般来说,扩展器的阈值电平定在高于

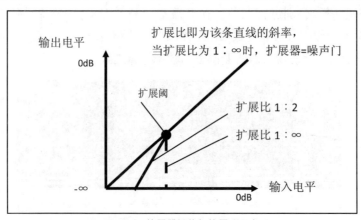

图 6-14　扩展器阈值与扩展比示意

噪声电平 10dB 左右,如果过高会使音源产生比较明显的不连续和不自然。

4.反馈抑制器

反馈抑制器是一种专门用于抑制扩声系统声反馈、消除啸叫声的设备。声反馈是指在提高扩声系统放声功率过程中,扬声器发出的声音通过直接或间接(声反射)的方式又进入话筒,使整个扩声系统形成正反馈,即声反馈现象。

反馈抑制器的原理是输入信号经放大后产生的模拟信号转换成数字信号,检测器不断对其扫描,将声反馈信号找到,由中央处理器立即告知数字信号处理器设定频率,并在数字滤波器中找到此频率点给予衰减。

5.混响效果器

室内声场分为直达声、早期反射声和混响声,比直达声晚到达 50ms 以内的声音为早期反射声,比直达声晚到达 50ms 以上的声音为混响声;混响的大小与房间的大小和周围界面的吸声特性有直接关系。

混响效果器是一种音频效果处理器,主要用于增加音源的空间感、模拟特殊音源效果和现场扩声效果。根据不同的应用需求,混响器可分为声场效果、特殊效果和声源效果三类,一般能存储数十种效果类型。图 6-15 为 LEXICON PCM91 混响效果器。

图 6-15　混响效果器

混响效果器的信号输入可由调音台的辅助母线送出,经效果器处理后,其效果声送回调音台的输入线路。对于数字调音台内置的混响效果器,可通过调音台的菜单进行设置。

混响效果器的主要调整参数包括:

(1)预延时的调整

早期反射声与直达声之间存在间隔,因此,不同的预延时展现的声场是不一样的,预延时越大,声学空间越大。但这个参数不能太大,不然会造成双重声音的奇怪感觉。

(2)混响时间的调整

混响时间是指当声源停止发声后,室内声压级衰减 60dB 所需的时间。混响时间是营造空间感的重要参数。

(3)混响声和直达声的比例调整

通俗地说就是干湿比,比例越大,声音也显得越圆润,但是,过大的混响量会影响声音的清晰度。

6.2 演播室音频系统的信号流程

6.2.1 基本信号流程

演播室音频系统的基本信号流程从信号源设备开始。话筒拾取的音频信号以及CD、放像机等播放的音频信号经过跳线盘输入调音台,经调音台的混合放大及周边设备的处理后,输出节目音频信号;音频分配放大器对节目音频信号进行多路分配,最终与节目视频同步送到录像机完成录制或送到播出系统进行播出。

图 6-16 是模拟音频系统的基本信号流程示意图,并非实际的演播室音频系统图。在实际系统中,会根据不同演播室的需求增减一些设备。所有信号源设备或录音设备并不是直接连接到调音台,而是通过跳线盘连接,在前面板进行系统信号的调整,便于系统维护。压缩器接在调音台之后,用于整体节目音频的动态控制。效果器由调音台的辅助母线送出信号,可调整各个输入通道的辅助母线发送量来确定是否对该通道进行效果处理,经效果器处理后的信号返回给调音台的输入通道。音频分配放大器简称为音分,它将一路音频信号进行分配放大,产生多路相同信号来满足多台录像机的录制需求。图6-16中,功放/音箱包括用于演播室扩声的功放和无源音箱以及控制室的有源监听音箱等。

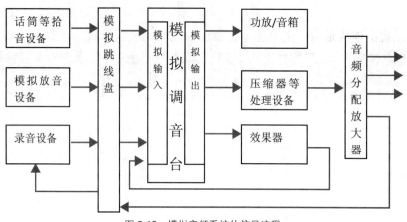

图 6-16 模拟音频系统的信号流程

数字音频系统与模拟音频系统的信号流程基本一致。传统的模拟音频系统不需要同步信号,而数字音频系统则需要数字同步源。虽然数字调音台本身可产生同步信号,但为了整体系统的稳定,需要选择统一的、稳定的同步信号源。数字音频系统同步源可选择由视频系统同步信号转换来的 AES 同步信号。图 6-17 中,跳线盘本身没有模拟和数字之分,但为了系统集成的需求,通常将模拟信号和数字信号分开,用单独的跳线盘来连接。音频分配放大器根据处理信号的类型分为模拟音分和数字音分。数字调音台一般会集成有内置的混响效果器和内置压缩器。作为一般的演播室音频制作来说,这些内置的处理器可以满足要求。如果没有内置处理器或对系统有更高的要求,可参照图 6-16增加专业的压缩器及混响器等设备。

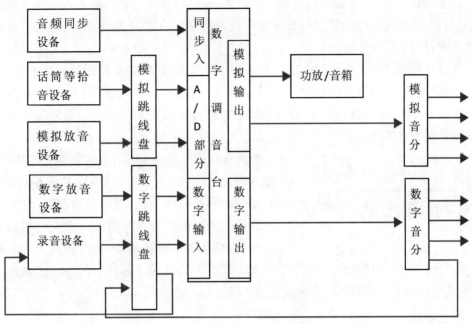

图 6-17　数字音频系统的信号流程

6.2.2　音频系统的连接

音频系统的连接是指系统中各个音频设备之间的输入和输出连接。在系统连接过程中,要考虑接口类型、阻抗的匹配、信号的高低电平、系统接地和外来信号的隔离等问题。

1.音频接口的匹配

音频接口从民用级到广播级有很多接口,如 RCA(莲花)、TS(大二芯)、TRS(大三芯)、XLR(卡侬)等。民用接口如 RCA 等属于非平衡接口,传输距离较远时容易混入噪波。广播级设备的音频接口大都采用平衡接口,如 XLR 或 TRS(大三芯);平衡方式信号传输采用三线制,用二芯屏蔽线连接,屏蔽网层作为接地线,其余两根芯线分别连接信号热端(参考正端)和冷端(参考负端)。由于在两条信号芯线上流过的信号电流是大小相同、方向相反的,因此传输线上感应到的外界电磁干扰将在输入端上被抵消。

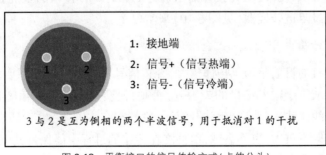

图 6-18　平衡接口的信号传输方式(卡侬公头)

以卡侬接口为例,设备的输出端为卡侬公头(针状接口),设备的输入端为卡侬母头(孔状接口)。使用一根卡侬公母线分别连接两个设备的输入、输出接口,即可实现两台设备之间音频信号的传输。

有时音频系统也会不可避免地接入一些不平衡的设备,如电声乐器中的电吉他、电贝司、电键盘、合成器等,这些非平衡信号接入平衡接口时,最好使用专门的转换器相互连接。为了提高系统的抗干扰能力,保障信噪比,专业音响系统中的信号连接都应尽可能采用平衡方式进行传输。

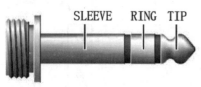

图 6-19　大三芯接头

调音台中常见一类标注为 INSERT 的接口,在输入通道的下方,为大三芯插孔,如图 6-19 所示。它是一种很特殊的结构,默认的情况下,它在调音台内部是连通的。当我们插入一个大三芯插头的时候,内部的连接就被切断,声音将从大三芯插头的"Tip"发送给一个效果器,经效果器处理后的信号再从大三芯插头的"Ring"返回调音台,但此时的效果器只对当前输入通道起作用。

2.音频接口阻抗匹配

信号输入接口的阻抗必须满足信号源输出接口对其负载的阻抗匹配要求,否则,就会使信号源电子设备的工作状态变差,从而造成其输出信号的失真,严重时,甚至有损坏音源设备的危险。

图 6-20　110 Ω –75 Ω 阻抗转换器

理论上,输出阻抗与其负载的阻抗相等时,信号的传输效率是最高的。如果输出阻抗大于负载阻抗,则信号电能就会大部分损失在信号输出电路上,不利于信号的传输。因此,音频设备在设计时,通常是按照输入阻抗大于输出阻抗设计的。IEC268-15 标准规定:所有音响设备的线路输出端阻抗都应在 50Ω 以下,而作为负载的线路输入端阻抗则都应在 10kΩ 以上。另外,传声器的信号馈送线一般较长,需要较强的抗干扰性,所以其输入接口阻抗一般在 1kΩ 左右。

在数字音频系统中,AES/EBU 信号有可能在不同的接口类型中传输,例如 XLR 和 BNC。根据 AES/EBU 标准,XLR 接口的阻抗为 110Ω,BNC 接口的阻抗为 75Ω,这就要求二者的连接要通过阻抗转换器(见图 6-20)来实现。

3.音频信号传输电平

音响系统连接的目的是为了传递信号,音频信号传输的最佳状态要求信号源输出的电平值必须大于或等于输入接口的灵敏度,否则,便会造成信号的信噪比指标恶化。专业音响设备上的线路输入、输出电路的增益一般都定在 0dB 上,也就是说,设备对输入或输出信号的电平既不放大,也不衰减,以使之在传输的过程中能保持其电平值不变。

音频信号一般可分为低电平信号和高电平信号两类。低电平信号主要是指话筒输出的信号,高电平信号是指调音台或音频周边设备输出的信号。在系统连接中,应注意输入信号电平与接口的匹配。调音台的输入接口一般设计为 MIC(话筒信号、低电平)/LINE(线路信号、高电平)可切换。MIC 接口通常采用阻抗较低的卡侬接口;LINE 接口通常采用阻抗较高的大三芯插座,要根据实际的连接情况进行选择,否则,要么出现设备过于激励,造成削波失真,要么激励信号不足,造成整个系统信噪比下降。对于某些信号处理设备,还会因为输入电平不匹配而达不到应有的效果。通常,除话筒外的音频设备(调音台、周边设备、功放)之间的连接是以线路电平传递信号的。

4.音频系统的接地

对系统的信噪比指标影响最大的是感应干扰,这种干扰可分为电场干扰和电磁场干扰两种。其中电场干扰是由于高压交变电场对系统的影响,从而引起其静电分布产生相应的变化所造成的。这种交变电场作用产生在系统的前级,经各级电路的放大后,会产生不容忽略的噪声电平。使用良导体(如铜、铝等)将设备屏蔽起来,并将其静电引入大地,即可有效地抑制此类干扰。电磁场干扰一般是由交变磁场作用在音频线路上形成电磁感应所造成的。屏蔽此类干扰,一般可使用高磁导率的材料,如铁氧体、坡莫合金以及各种软铁磁材料等。

两种感应干扰噪声的频谱通常为 50Hz 或 60Hz 的工频及其各次谐波。高压输电线、高压霓虹灯等高压电器设备所辐射出的多为电场,而变压器、调光器等电器设备辐射出的则多为电磁场。由于这两类干扰通常都是同时存在的,所以音响系统的抗干扰屏蔽应使用对电场和电磁场都具有良好屏蔽作用的软铁磁材料等。

为建立屏蔽系统,音频系统的所有设备必须接入同一个公共接地网络。整个接地网络由两部分组成,一部分是屏蔽系统,另一部分为公共接地系统。

(1)屏蔽系统

音响设备的铁质外壳和信号馈线的屏蔽层的作用是将音响系统的所有部件都屏蔽起来。馈线的屏蔽层则应一端接地,最好是在信号传输线的末端接地。导线的一端可接在设备外壳的接地螺丝上,另一端应尽量靠近系统前级(如调音台),集中接到一起后就近与接地装置相连。

另外,还可通过电源线的接地端进行接地。此时,系统的接地网络将集中于电源插板上。当然,用此方式接地时,所有设备的电源线都必须带有接地端;如遇到有个别设备的电源线没有接地端,可另用一根导线将其与电源插板的地端相连。

(2)公共接地系统

公共接地不仅起到防止触电事故发生的作用,而且对防止干扰、提高整个系统的信噪比有着不容忽视的作用。屏蔽系统对电磁场的抗干扰作用大小与其是否接大地是没有关系的;而对于电场干扰的屏蔽,则必须接大地,屏蔽才起作用,接大地也称为真地。在有强电场干扰或较为严谨的场合当中,屏蔽系统必须处于真地状态。音频系统真地一般可借用电源系统的真地装置,但在严谨的场合当中,必须使用单独的真地装置。

接地原则要确保整个接地系统是"等电位",接地的各点不应有电位差,因此接地点不应构成回路。在工程上采用"一点接地"的方式来确保达到此基本要求,将所有的信号地汇集于一点,通常是汇集于调音台,其连接是借助于信号电缆的金属编织屏蔽网层。

此时应注意信号地需要以调音台为中心呈辐射状连至各个设备,不能有地线回路,最后用粗铜线将调音台的信号地汇集点与机架上的外壳地汇集到为音频系统专门埋设的地线上。

对于经常移动的系统,有时采用在单件设备上将信号地与外壳地接于一点的方法。此时,用卡侬插上的外壳地端与信号地(1脚)相连。在这样的系统中,与真地连接端只能取自调音台一点,否则也将出现"地线环路"。

总之,接地的原则是使整个接地系统成为一个等势体,不许存在"地线环路"。在工程中若出现交流声等问题,应首先从接地是否合理着手考虑解决的方法。

6.2.3 音频信号的跳线分配

在演播室音频系统中,信号的连接要经过跳线盘。跳线盘对提高系统的灵活性起着非常重要的作用。

音频跳线盘有上下两排连接器件,上排器件通常用于信号输出,如调音台或其他音频设备的输出,下排器件通常用于信号输入,如调音台或其他音频设备的输入。

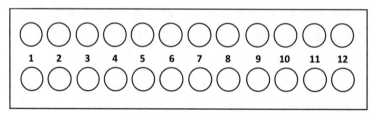

图6-21 音频跳线盘示意图

如图6-21所示的跳线盘为12路,上下两排各有12个插口,上排插口的背面通过线缆连通设备的输出接品,下排插口的背面通过线缆连通设备的输入接品。跳线盘的连通方式通常有三种:全环通、半环通和双环通。

三种连接方式的相同点是,当没有跳线插头插入时,音频跳线盘的上排(输出)与下排(输入)是连通的。

1.全环通方式

该连接方式是一种串行结构,当跳线插头插入上排插口,可获得信号输出,但同时应断开与下排对应插口的连接。此时,可直接在下排插口接入其他信号,而不影响上一排插口。

2.半环通方式

该连接方式是一种并行结构,当跳线插头插入上排插口,可获得信号输出,但同时不断开与下排对应插口的连接(如需断开,可在下排插入假插头)。此时,在下排插口接入其他信号,而不影响上一排插口。

3.双环通方式

该方式与半环通方式相似,即当跳线插头插入上排插口,可获得信号输出,但同时不断开与下排对应插口的连接(如需断开,可在下排插入假插头)。但不同的是,如果在下排插口插入信号,该信号也与上排连通(如需断开,可在上排插入假插头)。

6.3　音频信号的调整与控制

6.3.1　音频信号的电平控制

电平控制是调音工作的基本内容。在节目制作过程中,我们要保持节目音量处于合理范围之内。针对模拟音频和数字音频,有不同的电平表对信号峰值(或均值)进行测量。调音过程中,既要监听节目音频,也要实时观察调音台的表桥。

1.音频电平与标准

音频信号作为一种电信号,描述信号的大小时可以使用电压或电功率等参照数。通常使用电压作为参照数时,计量单位表示为 dBu,计算公式为 $20 * \lg($被测电压$/0.775v)$。其中,0.775v 为基准电压,是电阻为 600 欧姆时产生 1mw 功率所需的电压值。

模拟音频信号的监测一般采用 VU 表(Volume Unit,音量单位表)和 PPM 表(Peak Program Metter,峰值节目表),见图 6-22。其中,VU 表测量的是平均电平,其刻度并不是峰值电平,但与峰值电平有一定的正向相关性;PPM 表测量的是峰值电平,但为了便于观察,其刻度值没有采用真实的 dBu 值。

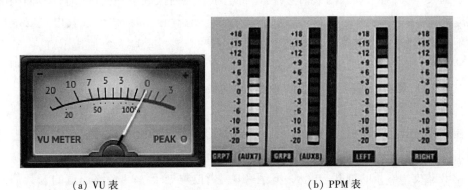

(a) VU 表　　　　　　　　　　(b) PPM 表

图 6-22 VU 表和 PPM 表

标准 VU 表的 0vu 刻度定在满刻度的 3dB 以下处,相当于信号的准平均值 1.228v。但在具体使用时也可插入所需的衰减器或放大器。实际上,0vu 的参考值是可以任意决定的。VU 表在显示度数时大约需要 300ms 的积分时间,所以不能很好地反映信号的幅摆峰尖情况。

标准 PPM 表的 0dB 相当于信号峰值 1.55v,但实际使用时可根据情况确定。PPM 表的特点是上升快、恢复慢,能比较真实地反映出声音信号的峰值变化。

数字音频信号使用 DPPM(数字峰值节目表)监测(见图 6-23),刻度单位为 dB FS,即

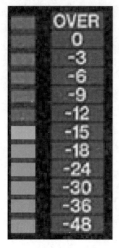

图6-23　数字峰值节目表

dB Full Scale(满度相对电平值)。0dB FS即为"满刻度"的最大编码电平;超过0dB FS,音频即为过载。所以,实际的数字音频信号满度相对于电平都是负值。

GY/T 192-2003《数字音频设备的满度电平》行业标准规定:在广播电视音频系统中,数字设备的满度电平值0dB FS对应的模拟信号电压电平为+24dBu(参照SMPTE标准)。考虑实际情况时,允许0dBFS对应的模拟信号电压电平为+22dBu的数字设备继续使用(参照EBU标准)。声音的校准信号为1KHZ正弦波,校准电平为-20dBFS,对应的模拟信号电压电平为+4dBu。

同时GY/T 223-2007《标准清晰度数字电视节目录像磁带录制规范》提出:节目电平最大值不超过-6dBFS(通常节目电平在-9dBFS以下);语言电平最大值不超过-12dBFS。根据这一标准,在实际调音工作中,要确保录音电平不过高,需要提前做好试音工作,让主持人和嘉宾以正常的节目状态试音,通过调音台严格控制音频信号的电平。

2.电平控制方法

(1)模拟输入信号增益控制

对于模拟调音台的输入接口或数字调音台的A/D输入接口来说,每个输入接口对应一个通道控制条。该通道条最上方一般有标注为"SENS"或"GAIN"的增益控制旋钮。该旋钮用来控制输入本通道的信号电压的放大倍数。对于输入的小信号,可以将电压放大倍数调大一些;对于输入的大信号,可以将电压放大倍数调小一些(顺时针方向负的分贝数越大,表示输入信号越小、增益越大)。在调整增益旋钮时,要保证其电平峰值在最大时不超出设备的动态范围,可参考PEAK指示灯。该指示灯为峰值指示灯,一般在峰值电平达到过载电平以下4dB时即被点亮。因此,将增益旋钮调整到输入信号出现最大电平时,PEAK灯刚好点亮的位置为增益控制的最佳位置。

(2)Fader(衰减器,俗称推子)电平控制

在调音台的每个通道控制条上,推子是音量衰减控制单元。它可以对本通道上进入总输出母线的信号电平大小进行连续调整,从而使本通道上的音频信号以适当的响度混入总输出母线。推子的刻度一般从-∞至+10。当位置处于-∞时,该通道的音频信号被衰减到消失;处于最大位置时,表示不对该路信号进行衰减。推子一般有ON/OFF开关按钮,也有MUTE(哑音,按下时相当于关闭该路通道)按钮。使用推子时,首先要确定这些按钮是否处于打开状态。推子要和增益旋钮配合使用,共同调整该路信号混入母线的电平大小。

模拟调音台的推子与通道一一对应,如24路输入通道对应24个推子,8路输出通道又对应另外的8个推子。数字调音台的推子通常设计为分层的,以YAMAHA DM1000数字调音台为例,该调音台有48路输入通道,而控制输入通道的物理推子只有16个,操作时,要首先通过LAYER切换按钮,选择第一层(控制1~16路)、第二层(控制17~32路)或第三层(控制33~48路),然后找到要控制的通道位置。

（3）母线输出电平控制

调音台的母线一般分为主立体声母线（通常标注为 STEREO，也有标注为 MIX 或 L-R）、编组母线（通常标注为 BUS，也有模拟调音台标注为 GROUP）和辅助母线（通常标注为 AUX）。立体声母线和编组母线通常由推子控制输出电平，而 AUX 母线通常由旋钮控制输出电平，也有数字调音台采用推子控制 AUX 输出。

以 YAMAHA DM1000 为例，其母线输出的控制推子共有 16 个，分别为 AUX1-8 和 BUS1-8，调整时，要首先通过 LAYER 切换按钮，将层切换至 MASTER 位置，此时的推子即为输出母线的控制推子。

6.3.2 音频信号的监听

在演播室节目制作过程中，音频信号的监听是非常重要的。一方面，要通过监听对节目的内容和声音状态进行主观评价；另一方面，通过调音台的监听设置，可实现输入信号的检查和单独监听等功能。监听的设备包括音箱和耳机。

1.监听源的选择

调音台一般都有独立的监听母线，该母线有一套选听系统，可以直接选择监听输入通道、主立体声母线、编组母线和辅助母线，而且不干扰任何通道。监听母线在调音台面板上由 MONITOR 模块进行控制。

以 SOUNDCRAFT GB8 模拟调音台为例，该调音台的 MONITOR 模块可选择立体声母线 L-R 或 2TK（两轨返回输入接口，一般为 RCA 接口，可接入录音返回信号，用于监听录音效果），音量旋钮可调整监听音量。

以 YAMAHA DM1000 数字调音台为例，其监听模块可选择 STEREO 母线、BUS 母线、SOLO（独奏，可对指定的一个或多个输入通道进行监听）、2TR（两轨录音接口）、SLOT（扩展插槽接口）。MONITOR LEVEL 旋钮可以调整监听的音量。

也有调音台包含多个监听模块，如 YAMAHA 02R96，在监听输出模块上分为 Control Room（控制室监听）和 Studio（演播室监听），各自有专门的监听源选择按钮和音量调整旋钮。

数字调音台连接到控制室监听音箱的输出接口应设置为监听母线，这样方便对其监听源和音量进行调整。调音台的耳机接口（PHONE），其信号来自监听母线；在较为嘈杂的工作环境下，应使用耳机进行监听。

2.PFL 监听

PFL（Pre-Fade Listen 衰减前监听或推子前监听），用于监听输入信号的原始状态。以 SOUNDCRAFT GB8 为例，每个输入通道都有专门的 PFL 按钮。当按下 PFL 按钮时，即使推子位置为最低，也可以监听到该路通道的信号。PFL 监听的好处是可以在该路信号混入母线之前对其进行监听，如在节目录制时，调音师可以通过 PFL 检查某一路信号是否正常，确认后再打开推子，将其混入节目母线。

与 PFL 对应的是 AFL（After-Fade Listen 衰减后监听或推子后监听）。当输入通道的 PFL 开关处于关闭状态时，即为 AFL 监听。YAMAHA DM1000 的 SOLO 功能可设置为

AFL 模式。当某一通道的 SOLO 被打开时,虽然只能听到该路通道的声音,但实际上并不影响其他通道的信号混入母线。

3.演播室扩声

演播室扩声是指在演播室节目制作过程中,对演播现场进行扩声,使主持人、嘉宾和观众能够更好地进入节目互动状态。大型综艺类节目通常需要单独的现场扩声系统,扩声与录音分开工作;而中小型节目常常由主调音台直接输出音频信号,经功放和音箱对演播室进行扩声。模拟调音台中,常由 Group 母线进行演播室扩声,而数字调音台中,由于输出接口可任意指派母线,具体的母线选择较为灵活。

演播室扩声时,需要避免声反馈现象,如有条件,应使用反馈抑制器和图示均衡器来避免这一现象的发生;在设备的摆放上,要避免话筒朝向与音箱正面相对;此外,扩声的音量也不宜太大。

6.3.3　音频信号的修饰

音频信号的修饰,包括对音源信号的均衡调整、压缩限制、混响及其他数字效果的处理。本节内容只介绍调音台内置效果器的使用。模拟调音台一般会内置简易的均衡处理器。数字调音台除内置均衡器外,还可以内置压缩、延时、混响等功能。

1.内置均衡器

有些调音台的输入通道控制区中有一个功能按键,显示为"100HZ"或"LOW CUT"等字样,按下此键,可将输入信号的频率成分中 100Hz 以下的成分切除。此按键即为高通滤波功能按键,用于有低频嗡嗡声的场合和低频声不易吸收的扩声环境。

调音台的均衡调整通常分为三个频段:高频段(H.F.)、中频段(M.F.)、低频段(L.F.)。

高频段主要是补偿声音的清晰度。

中频段的范围很宽,补偿围绕某个中心频率进行。如果中心频率落在中高频段,则补偿声音的明亮度;如果中心频率落在中低频段,则补偿声音的力度。

低频段(L.F.)主要用于补偿声音的丰满度。

2.内置压缩器

YAMAHA DM1000 的所有输入通道均内置了压缩器,它的主要调整参数包括 THRESHOLD(阈值)、RATIO(压缩比)、ATTACK(触发时间)、RELEASE(释放时间)、OUT GAIN(输出增益)、KNEE(拐点,即缓和值)。

阈值即压缩起作用的输入信号电平值。

压缩比即压缩的比例,该值越大,代表压缩得越明显,当压缩比为 1 时,表示不压缩。

触发时间即信号达到阈值后的反应时间,多数用来指从信号电平超过阈值到开始起作用之间的时间间隔。它允许放过一些瞬时超过门限值的信号,而主要对持续超过门限的信号进行压缩。

释放时间用来设定从音量电平低于阈值的时刻到压缩处理不再起作用之间的时间

间隔。当使用了大量的压缩处理后,噪声也会随之产生起伏,此时可适当提升释放时间,但参数不宜过大。

输出增益即信号发送到输出端时的提升程度,这个参数可以对音量进行补偿。

拐点是指当信号超过阈值后,压缩处理是逐渐产生作用的。使用拐点压缩不会让声音变化显得过分剧烈,这一点在比率参数值比较大时非常明显。

3.内置效果器

YAMAHA DM1000 内置了 4 个效果器,它们可同时以发送/返回/插入的方式使用。效果算法包括混响、延时、调制和复杂的组合效果。

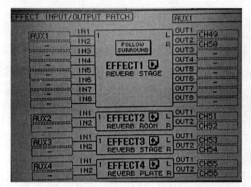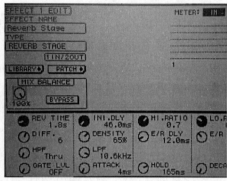

图 6-24　调音台内置效果器的配置页面

在输入配置页面的效果器设置区(见图 6-24),可配置效果器的输入、输出,使用 AUX 母线作为信号输入,经过内置效果器处理的信号返回给某一输入通道。

每个效果器都可以进行效果设置,如混响的类型、具体混响参数的调整、混合比例等。

6.3.4　音频信号的编组输出

编组输出是调音台的基本功能之一,各路输入通道经路由设置后进入编组母线。例如将所有话筒信号混入第 1、2 组,将所有音乐信号混入第 3、4 组,并将 4 组信号同时记录下来,这样非常方便后期的音频编辑。在使用辅助母线进行演播室扩声时,也可以利用其编组功能来选择扩声信号。

1. 编组路由设置

模拟调音台的编组设置按钮通常位于通道控制的推子旁边,以 8 路编组输出为例,通常用"1-2""3-4""5-6""7-8"按钮来设定。当按下"1-2"按钮时,代表该路通道混入第 1 和第 2 路编组母线;按钮抬起状态时,表示该路通道不会混入对应的编组母线中。

数字调音台的编组设置一般通过 ROUTING(路由)面板进行操作。以 YAMAHA DM1000 为例,该调音台路由面板可对所有输入通道进行路由设定;当按下某一输入通道的 SEL(选择)按钮时,路由面板即对该路通道进行设定;数字"1-8"按钮对应 8 路编组母线,点亮某一按钮代表该路通道混入该路母线。

辅助母线的编组设置通常通过旋钮来操作,模拟调音台的每个输入通道一般都有辅助母线的发送量旋钮。例如,第一路输入通道的 AUX1 旋钮处于-∞ 位置时,则表示第一路通道不发送到 AUX1 母线;当调整旋钮到-10dB 位置时,则表示第一路通道向 AUX1 发送-10dB 信号。

需要注意的是,辅助母线一般有 PRE(推子前)和 POST(推子后)之分,可通过相应按钮进行设定。PRE 状态表示不经过衰减器直接发送到辅助母线,此时即使推子处于-∞ 位置,也不影响该路通道的信号发送到相应母线;而 POST 状态则表示信号要经过衰减器才能发送到母线上,如果不打开推子,信号是不会发送出去的。

2. 环绕声的编组输出

YAMAH DM1000 支持环绕声模式,可在 ST/3.1/5.1/6.1 模式之间进行切换,以 5.1 环绕声模式为例,如果要将环绕声的多个声道进行录制,需要进行正确的设置。

在 5.1 模式下,每个输入通道可通过 Surround Pan 进行环绕声定位,根据定位点的位置自动将声音分配到 L(左)、R(右)、Ls(左环)、Rs(右环)和 C(中置),而 LFE(低音)的发送量则由专门的参数进行设定。默认情况下,各个声道与编组母线的匹配关系为:L-BUS1、R-BUS2、Ls-BUS3、Rs-BUS4、C-BUS5、LFE-BUS6。因此,要对环绕声进行分声道录制,必须正确设置输出接口,将对应的母线信号录制到不同的录音轨道中。

需要注意的是,每个输入通道均有一个 Follow Pan 开关,当开关打开时,Surround Pan 环绕定位功能才起作用。

6.4　演播室通话系统

通话系统通常是指短距离的单位、建筑内部通话系统。在演播室系统中,通话系统保障各个工作岗位之间的实时通讯,在节目制作过程中是必不可少的。一般来说,通话系统并不属于音频系统的范畴,但有时二者会有音频信号的交换,例如节目音频信号发送到通话系统中,用于向外场主持人提示节目的进程,或者将导播的通话指令发送到调音台并进行扩声,用于向演播室全体人员进行节目录制前的相关提示。

按照通话系统的不同类型,演播室通话系统可分为二线系统、矩阵系统和无线系统。

6.4.1　二线系统

由于最早的会议系统只有两条线路进行通信,因此,二线系统又名会议系统(Party-line)。二线系统是一种总线型的系统,所有的站点信号都在一条总线上传递,具有广播的特点。二线系统功能简单,易于搭建,通常应用于中小型演播室。

一个最基本的二线系统应包含以下设备:

1.用户站

用户站是指多通道通话站点,其面板包含话筒和扬声器(也可使用通话耳机),通过面板的按键可以控制与其他站点的听说开关。一个通话系统可以有一个或几个用户站。

2.主站

主站是指混合了用户站和系统电源的用户站。系统电源(通常是集中式的)为整个通话系统提供直流电力(自供电的用户站除外),通常包括音频通道的系统终端负载。

3.腰包

便携式头戴耳机用户站,它可佩戴在用户腰带上,也可安装在控制台的下端或安装在一些设备上。头戴通话耳机插在腰包上,通过通话耳机与主站进行通话。

4.接口转换设备

在二线系统中,"听"和"说"是同路的,而在四线系统中,"听"与"说"是分离的。在演播室通话系统中,并不是所有的设备都是二线设备,例如讯道摄像机的通话单元就属于四线设备。这就需要增加接口转换设备,将摄像机站点接入二线系统,从而实现导播对全体摄像师的通话,见图6-25。

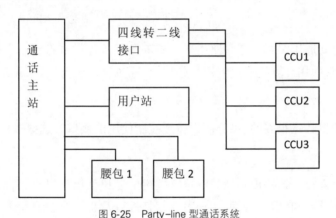

图 6-25　Party-line 型通话系统

6.4.2　矩阵系统

矩阵系统又称四线系统,因为早期的矩阵系统只通过四条线路传递两对平衡音频信号而得名。现代的数字矩阵通话系统是指以通话矩阵为核心的内通系统,其特点是具备寻址功能。随着技术的不断发展,矩阵系统具备了诸如站点绑定、只听、逻辑控制、电话拨号、路由编辑等功能。

在演播室通话系统中,矩阵系统可以完全实现二线系统的全部功能,并且还可以实现多人同时进行的点到点通话。例如,导播在调度摄像师构图的同时,放像编辑与音频师沟通音量方面存在的问题。

矩阵内部通话系统一般由通话矩阵、通话站和摄像机界面、两线转四线转换器、电话界面、全双工、单工无线传输等组件和接口组成。每一个通话站都有一个话筒、喇叭,既是音频信源,又是音频信宿。每一个通话站与通话矩阵相互进行双向物理连接,通话矩阵负责实现各通话站、其他通话点之间音频信源、信宿的连接。其他各种组件和接口实现通话矩阵与现有摄像机、两线通话系统、无线通话设备的连接,并能通过电话线路、光纤、ISDN、E-1/T-1 及 LAN/WAN 等实现远距离通话,见图6-26。

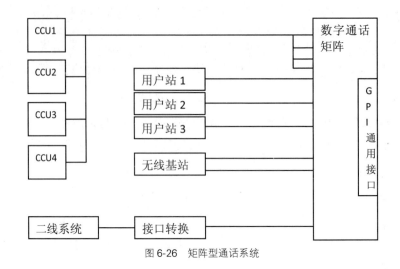

图 6-26 矩阵型通话系统

1.矩阵

建立用户之间通讯关系的音频路由器。矩阵不只是提供音频路由安排,还可以设置和存储状态,通常使用计算机连接到矩阵的端口,通过软件进行设置,并存储该设置。

2.端口

通话矩阵提供数量很多的、供外部设备连接所使用的接口。这些接口被称为端口。

3.用户站

也称为通话面板。这些设备从只有单一按键的简单话筒和扬声器,到可全编程的带有字符数字显示器、DSP 信号处理、用户可编程特性以及音量控制的通话面板。

4.GPI(或 GPI/O)通用接口或通用输入/输出

指为了各种目的而连接到外部设备的逻辑输入和输出。通常,它们都是光耦合的逻辑输入和继电器输出。

5.周边接口设备

矩阵系统为四线系统,如果要接入二线设备,必须要通过二线、四线转换设备。同时,为了方便连接其他通话设备,系统应通过接口分配器预留有线接口。

6.周边通话站点

指接入到矩阵系统中的其他通话设备,如腰包、有线通话盒、无线主站、无线通话盒等。

6.4.3 无线系统

无线系统是在有线通话的基础上诞生并逐步发展和完善的,包括最基本的一对步话机到蜂窝式话机再到专业的全双工内部通话产品等各种产品。无线系统最大的优点就是使用者可以在一定的范围内"无牵无挂"地自由活动,也可以连接在 PL 会议系统或数字矩阵(Matrix)系统中使用。无线通话系统也有不足之处,如保真度低、抗干扰和安全性有限、活动范围有限、工作频谱和电池寿命受限制等。无线通话系统最常用的频谱在两个区域:VHF系统从154MHz到216MHz,UHF从460MHz到806MHz。

不像无线话筒只工作于一个方向,由于发射和接收频率之间的关系,无线内部通话系统会有很多特殊的频谱要求。每套内部通话系统(指全双工系统)必须至少有一个向所有腰包广播的系统发射频率以及一个针对系统内每个腰包的接收频率。对于一个四腰包系统,也就是说最少要五个频率。

无线系统通常应用于转播车通话系统,但在大型演播室通话方案设计时,也可加入无线系统设备。

第7章 演播室灯光系统

■ **本章要点：**

1. 掌握光源的分类，了解气体发光光源的光原理以及使用固体发光光源和气体发光光源应注意的事项。

2. 了解演播室常规灯具的特点及应用方法。

3. 了解演播室中的灯具吊挂装置种类、结构及特点。

4. 了解调光台的概念。

7.1 光源基本知识

7.1.1 光源发展简史

照明光源主要分为自然光源与人工光源。19 世纪初期，人类开始探索电光源，碳弧灯的发明开创了电光源时代。1879 年，美国发明家爱迪生在他人研究的基础上，研制出具有实用价值的碳丝白炽灯。他的这一发明，不仅给人类的照明技术带来划时代的变革，而且对电力工业发展起到了巨大的推动作用。1912 年，美国人朗缪尔等人改进充气白炽灯，使其发光效率和使用寿命大大提高，扩大了白炽灯的使用范围。1938 年，美国人因曼制作出第一只荧光低压汞灯，其发光效率和寿命为白炽灯的数倍。1942 年，英国化学家麦基格发明卤磷酸盐荧光粉，日光灯诞生。50 年代末期，卤钨灯被发明。60 年代，金属卤化物灯和高压钠灯相继被发明，光源发光效率进一步提高。进入 80 年代，小功率、小体积的高压钠灯和金属卤化物灯被发明，电光源进入小型化、节能化时代。

随着科技的不断发展、现代化水平的不断提高，电光源的种类不断增加。目前，世界上已有数以万计的电光源产品。色温准确、显色性能好的光源才是演播室中首选的光源。

7.1.2 电光源的分类

电光源通常分为照明光源和辐射光源两类。

照明光源是以照明为目的的光源，可辐射出人眼视觉可见光谱（380~780nm）。辐射光源也叫特殊光源，是不以照明为目的的光源，如紫外线光源或红外线光源。以上两类光源为非相干光源,还有一类光源为相干光源,如激光光源。

照明光源又可分为热辐射光源、气体发光光源和电致发光光源三类。

热辐射光源:通电使物体温度升高而发光的光源为热辐射光源,如白炽灯、卤钨灯等。

气体发光光源:电流通过气体介质产生气体放电现象而发光的光源,如荧光灯、金卤灯等。

电致发光光源:在电场作用下,使固体物质发光的光源称为电致发光光源,它将电能直接转化为光能,如发光二极管等。

7.1.3　光源的基本结构

不同光源有不同的组成结构,一般可分为以下几部分:

发光体:灯丝、电极、荧光粉。

泡壳:普通玻璃、石英玻璃、半透明陶瓷管等。

引线:导丝、芯柱、灯头等。

填充物质:各类气体、汞、金属卤化物等。

其他部件:镇流器、变压器等。

7.1.4　演播室光源的技术要求

评定一个光源是否能被用作电视演播室光源使用,主要看其色温、显色性、照度、启动时间及寿命等。

1.色温

色温是评定光源能否使用的重要指标。通常色温分为两类,即室内色温 3200K 和室外色温 5600K。

在演播室灯光中,光源色温主要为 3200K,而在外景拍摄时,灯光色温多为 5600K。但室内光的原有色温为 5600K 时,应选择 5600K 的光源,只要环境光与人工光色温一致即可,这样在拍摄中才能尽可能避免画面偏色的情况。

2.显色性

光源发出的光照射物体后,物体颜色呈现效果的特性称为光源的显色性。它是光源能否正确呈现出物体固有色的一个特性。如果各色物体在某光源的照射下所呈现的颜色效果与标准光源(等能白光)照射时相同或相似,则称该光源的显色性良好;反之,如果物体在受照后出现颜色失真,则称该光源显色性差。光源的显色指数越高,表明其显色性越好,传达出物体的固有色越真实、纯正。显色性最好的光源是太阳,显色指数为 100。显色指数等于或高于 85 的光源才能够被演播室照明使用,否则颜色还原差,使色彩失真。

表 7-1 部分电光源色温及显色指数

光源	色温/K	显色指数 R_a
普通白炽灯	2600~2800	>95
蒸铝泡	2800~2900	>95
卤钨灯	3000~3200	>95
三基色荧光灯	3200~5600	85
高压钠灯	2300~2600	23~26
日光灯	6000~6500	70~80
氙灯	5500~6000	>90
金卤灯	5500~6000	80~90

光源的颜色从本质上来说是由它的光谱辐射能量分布决定的,如果光源的光谱能量确定了,光源的色温和显色性也就确定了。要说明的是,色温与显色性没有必然的因果关系,即高色温的光源不一定有高显色性,而低色温的光源也不一定失去高显色指数,所以,在为演播室选择光源时要将两者综合考虑。

3.照度

物体表面单位面积上接受的光通量称为该物体表面的光照度,用符号 E 表示,单位为勒克斯(lux 或 lx)。电视摄像对灯光的照度是有一定要求的,一般情况下,录制彩色电视节目时,照度不能低于 1500lx,否则,尽管光源显色指数和色温都符合拍摄要求,物体的色彩也会由于照度不足而出现偏色、反差小等问题。

随着摄像机灵敏度指标的不断提高,要求的照度值下限也在逐渐降低。

表 7-2 一些场合的照度

照明场合	照度(lx)
无月亮的夜晚地面	3×10^4
满月夜晚地面	0.2
一般工作场所	50~150
夏天采光良好的室内	100~500
多云天气室外地面	10^3
晴天正午地面	10^5
电视摄像条件	1500~2000

4.使用寿命

演播室照明光源的寿命是指光源能按照额定色温、照度照明的最长使用时间,并非其使用到光源不再发光为止。通常它要求寿命在 50 小时以上,以 200~400 小时为宜,对于 LED 光源来说,其寿命至少要达到 10000 小时以上。

5.启动时间

使用热辐射光源时,光源初次点燃或再次点燃可在零点几秒内完成。气体发光光源从接通电源、触发启动到正常工作往往需要 5~10 分钟,在熄灭后重新启动所需的时间更长。

表 7-3　部分光源启动时间

光源	卤钨灯	金卤灯	荧光低压汞灯	荧光高压汞灯	LED
启动时间	0.1s	4~10min	0.5~2s	4~10min	纳秒

7.2　演播室常用光源

7.2.1　卤钨灯

卤钨灯是在白炽灯的基础上发明而来的。白炽灯作为早期电视和舞台照明的主要光源,具有使用方便、机械加工性能好、显色性好等优点,同时也具有光效低、寿命短等缺点。

为了进一步提高光源的发光效率、色温及寿命,在白炽灯泡壳内充入卤族元素,实现卤钨循环,有效抑制钨的蒸发速度,减小钨的损失,从而延长灯丝的寿命。它的工作原理是,在适当的温度条件下,从灯丝蒸发出来的钨在泡壳壁区域内与卤素反应生成挥发性的卤钨化合物,当卤钨化合物扩散到温度较高的灯丝周围时又分解成卤素和钨,将释放出来的钨沉积在灯丝上,而卤素再继续扩散到温度较低的泡壳壁区域与钨化合。如此周而复始,将蒸发出来的钨不断拉回到灯丝上,从而延长灯丝的使用寿命。在这一循环过程中,卤素充当"搬运工"的角色。为了维持正常的卤钨循环,灯泡的泡壳壁应保持一定温度,使生成的卤钨化合物处于气态,但也不能太高,否则卤钨化合物分解,导致钨沉淀在泡壳上,造成泡壳发黑失透。所以与传统白炽灯相比,卤钨灯的泡壳尺寸要小很多,其日常选材多采用耐高温、抗强辐射、膨胀系数小、热稳定性好的石英玻璃或硬质玻璃。

卤钨灯的种类和名称有很多,通常根据灯内充入的卤族元素的不同来命名,常用的有碘钨灯和溴钨灯。

与传统白炽灯相比,卤钨灯在演播室照明中具有以下优点:

(1)色温稳定,可达 3000~3200K。在工作寿命期间,白炽灯色温会降低 1000K 左右,而卤钨灯只降低 50K 左右。

(2)发光效率高,可达 20~30lm/W。

(3)光通量输出稳定。卤钨循环抑制了光源泡壳壁发黑的情况,在光源寿命终了时仍有初始光通量的 95% 以上的输出。

(4)灯泡体积小,更便于使用。

图 7-1　溴钨灯

(5)使用寿命长。

使用卤钨灯应注意以下几点:

(1)不要直接用手接触石英玻璃泡壳,以免沾上汗水和污垢,降低泡壳透光率。

(2)点燃时应始终保持通风良好,以延长使用寿命。

（3）点燃大功率、大电流卤钨灯时，应先预热，减小冲击电流。

（4）碘钨灯应水平点燃，倾斜角度不大于 4°，以免因碘钨循环不畅导致灯泡寿命降低。

（5）安装调试灯具时应避免强烈震动，防止灯丝受到损伤。

7.2.2　氙灯

氙灯是在石英玻璃泡壳中充入氙气，利用超高压氙气的放电现象制成的气体放电光源。氙灯分为长弧氙灯和短弧氙灯、交流氙灯和直流氙灯。目前短弧氙灯（如图 7-2 所示）在演播室照明中得到较多应用。

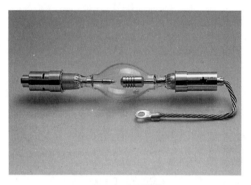

超高压短弧氙灯是一种在椭球形石英泡壳内充入 0.019~0.0266MPa 高压氙气、两极间距离小于 10mm 的氙灯。在冷态时，短弧氙灯泡壳内有 5~10 个大气压，启动电压很高，启动时需要借助专用触发器来点燃。氙灯的触发器产生的高频高压加到灯体的两极，使灯导通，两极间形成火花放电，产生电子和离子，同时发射出大量热电子，产生较大电流。

图 7-2　短弧氙灯

由于石英泡壳内气压高，氙灯安全性降低，当工作气压升高到 20~30 大气压时，容易产生爆炸，要特别注意防护。另外，氙灯辐射出的光线除了可见光外，还有紫外和红外部分，使用时要注意，以防灼伤眼睛。

短弧氙灯有以下几个特点：

（1）光谱分布与太阳光谱相似，光色接近标准白光，色温接近 6000K。

（2）光谱辐射持续稳定，显色性能良好，显色指数可达到 95 以上。

（3）寿命内光色输出稳定，寿命在 1000 小时左右。

（4）具有热启动性能，启动瞬间光输出即可达到稳定输出的 80% 以上。

（5）光斑小，可作为性能优良的点光源。

（6）灯的额定功率为 50~10000W，通常电视舞台上使用 1000W 以上的大功率灯泡。

7.2.3　三基色荧光灯

三基色荧光灯（如图 7-3 所示）属低压汞灯系列，它是在灯管内使用了三基色稀土荧光粉并填充高效发光气体制成的，属于气体发光光源。它是传统演播室内的主要光源。

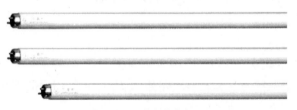

图 7-3　三基色荧光灯

20 世纪 50 年代以后的荧光灯大都采用卤磷酸钙,虽然价格便宜,但发光效率低,热稳定性差,光通量衰减较大。1974 年,Philips 研制成功了将发出人眼敏感的红、绿、蓝三色光的荧光粉氧化钇、多铝酸镁和多铝酸镁钡按一定比例混合成的三基色荧光粉,它的发光效率可达到 80lm/W 以上,色温为 2500~6500K,显色指数达到 85 以上。用它作为荧光灯的原料,可大大节省能源。

三基色荧光灯在启动时需要镇流器,配套使用的镇流器分为电感型和电子型。电感型镇流器成本低、噪声大,多用于办公室、家庭及商场照明等;电子型镇流器启动时间短、重量轻、寿命长,适用于演播室环境。

在生产三基色荧光灯时,因选择的荧光粉不同可生产出不同色温的灯管。根据色温不同,它可分为暖色光、冷白光、冷色光三种类型。暖色光色温为 3300K 以下,红色光谱分布较多,给人温暖、亲切之感;冷白光色温在 3300~5300K,光线柔和;冷色光色温在 5300K 以上,接近太阳光色温,光线白炽,给人明亮的感觉。演播室用的三基色荧光灯主要是 3000~3200K 的暖白光灯管和 5400~6400K 的日光灯管。

三基色荧光灯作为演播室中常用的照明光源具有以下特点:

(1)色温稳定,色温为 2500~6500K。

(2)显性好,显色指数可达到 85 以上。

(3)光通量可调,亮度可以从 3%~100%平稳调光,并且在调光过程中灯管的色温不会发生变化。

(4)发光效率高,可达到 85lm/W 以上,是卤钨灯的 4 倍。

(5)热辐射少,灯管表面温度低,光线均匀柔和,是优秀的面光源。

(6)寿命长,使用寿命长达 12000 小时,是卤钨灯的 50 倍,降低了维修费用。

(7)安全可靠,不会引起火灾和爆炸等安全事故。

7.2.4　金属卤化物灯

20 世纪 60 年代出现了金属卤化物灯。在高压汞灯内加入某些金属卤化物,放电过程中金属发出自身的特征谱线,增加复合色光中的红色部分,改善了光源的光色和显色性,又进一步提高了灯的发光效率,因此,金属卤化物灯成为人们关注的一种光源。按使用的金属卤化物性质,它可制成发光效率为 60~100lm/W、色温为 2400~10000K 的光源,可在任何位置稳定工作。

金属卤化物灯是电影、电视外景拍摄的良好光源,低功率的 HMI 金属卤化物灯被广泛应用于新闻摄像、外景拍摄等领域。在舞台照明方面,HMI 金属卤化物灯也起着重要作用,可作为追光灯、投影仪、幻灯机的良好光源使用。

金属卤化物灯内充入少量金属卤化物和气体,完全启动需要 1 分钟左右,其发光过程可分为以下三个阶段。

1.触发阶段

金属卤化物灯是气体放电光源的一种,灯内没有灯丝,只有两个电极,点燃时必须先在两极间加高压使灯内气体电离。

2.点燃阶段

灯泡触发后,电极间的放电电压进一步加热电极,形成辉光放电。

3.工作阶段

在辉光放电作用下,电极温度越来越高,发射的电子数量越来越多;过渡到弧光放电,随着温度继续提高,灯的发光由弱及强,最终趋于稳定。

金属卤化物灯具有以下主要特点:

(1)色温高,可达到6000K以上,发出光线更为白炽。

(2)显色性能好,显色指数高于90。

(3)发光效率高,可达到90lm/W,功率为125~18000W。

(4)光线强弱可调,无频闪现象。

(5)光源体积小,适合作为点光源。

(6)正常工作状态下,灯体发热小,是优良的冷光源。

(7)使用寿命短,通常在1000小时以下。

(8)启动需要专用触发器,如果启动速度过快会影响灯泡寿命。

在众多金属卤化物灯中,镝灯(见图7-4)在电视摄像和舞台照明中的应用最为广泛。镝灯在灯体内充入碘化镝、碘化汞和碘化铊,可分为交流镝灯和直流镝灯、短弧镝灯和长弧镝灯。

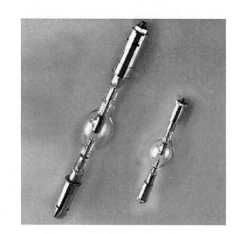

图7-4 镝灯

随着新材料、新技术的不断出现,金属卤化物灯的发光效率、显色性和工作稳定性逐步提高,电弧长度不断缩短,使得灯具的尺寸大大减小,使用更为方便。金属卤化物灯是电脑灯的主要光源,对投影和环境染色起到了很大作用。

7.3 半导体光源

半导体光源LED(Lighting Emitting Diode)即发光二极管,是一种将电能转化为光能的半导体器件。它利用固体半导体芯片作为发光材料,当两端加上正电压时,半导体中的载流发生复合,放出过剩能量,引起光子发射,发出可见光。

7.3.1 LED光源的发展

1968年,人们发明了第一个发光二极管,当时使用的材料由镓(Ga)、砷(As)和磷(P)三种元素结合而成,即GaAsP,发出波长为650nm的红光,发光效率极低,只有0.1lm/W。由于光通量输出非常少,引起人眼视觉感受非常有限,所以当时LED光源(见图7-5)只作为仪器、仪表的指示灯使用。70年代中期,由于引入了铟(In)、氮(N)等其他元素,LED中出现了绿色光(555nm)、黄色光(590nm)和橙色光(610nm),发光效率提高到 1lm/W。但很长一段时间内因为没有生产出蓝色的 LED，所以 LED 也就发不出白色光。80 年代初，砷镓铝（GaAlAs）的 LED 光源使红色 LED 的发光效率达到 10lm/W。进入 90 年代，氮化镓（GaN）LED 被发明出来，这使得 LED 种类中出现了蓝色光（465nm）系列。1998 年，将氮化镓（GaN）芯片和钇铝石榴石封装在一起制成发白色光的 LED，通过改变钇铝石榴石荧光粉的化学成分和调节荧光粉层厚度，可获得色温在 3500 ~ 10000K 的各类白光。

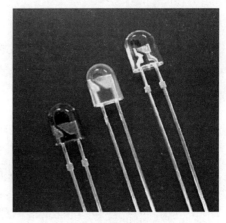

图 7-5　LED 光源

　　在发光效率方面，最初的白光 LED 发光效率只有 5lm /W。到 2005 年，其发光效率可达到 50lm/W。当前 LED 的发光效率已经达到 100lm/W。长期以来，LED 并不是作为电视照明的主要光源，其原因就在于最初的 LED 只能发出红色光和黄色光，加之输出后的光通量太低，不能达到电视照明的基本要求。目前上述问题已经基本得到解决，未来 LED 光源必将成为电视照明、舞台灯光中的主力照明光源。

7.3.2　LED 光源的结构和发光原理

　　LED 主要由 LED 芯片、电极和光学系统（如反射帽）组成（见图 7-6），内芯周围由环氧树脂封装，起到保护内芯的作用；当电流从 LED 阳极流向阴极时，半导体晶体就会发出光线。其发光过程包括正向电压下的载流子注入、复合辐射和光能传输。

　　发出光线的颜色与半导体元素的种类有密切关系；在 P 型和 N 型材料中掺入不同元素就可以得到不同颜色的 LED；不同外部材料也决定了 LED 的功耗、响应时间和使用寿命等特性。

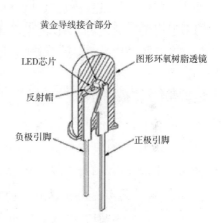

图 7-6　LED 光源的结构

　　白光 LED 的发明使 LED 为电视照明用光源提供了技术支持。白光 LED 是一种混合色光，具有丰富的光谱成分。目前，白光 LED 一般采取两种方法形成：一是将 GaN 芯片与 YAG 荧光粉封装在一起，当荧光粉受蓝色激发后发出黄色光，蓝色光与黄色光混合形成白色光；二是将不同色光的芯片封装在一起，通过混合产生白光。

7.3.3　LED 的主要性能特点

　　LED 作为近几年发展起来的新型光源与常规光源相比具有节能、光效高、成本低、寿命长等诸多特点，已越来越多地被用于电视演播室的照明。

1.安全可靠、调光方便

LED灯也属于冷光源系列,其发热量低,无热辐射,能够精确控制光质、光型和光强,光色柔和,无眩光,保证控制安全,光源体积小,可随意组合,便于安装维护。

2.响应速度快、发光效率高

LED的响应时间非常短,为纳秒级,其发光效率可达到300lm/W。白炽灯、卤钨灯发光效率为12~24lm/W,荧光灯为50~70lm/W,钠灯为90~140lm/W。可见LED灯的发光效率高于传统热辐射光源,且其光的单色性好,无须使用滤色片滤光。

3.光色纯、无污染

单色LED光谱范围较窄,不像卤钨灯那样拥有全光谱,所以LED灯的光色非常纯,饱和度高。目前各种单色LED已覆盖了整个可见光谱范围。另外,LED光源能耗低、抗震、抗冲击、不易碎,废弃后可回收,光源中不含汞、钠等可能对人体有害的元素。

4.寿命长

在正常使用状态下,其寿命可达到10万小时以上,是白炽灯的100倍,大大降低了灯具的维护费用。

目前,在一些演播室中使用的柔光灯,其内部已经大量使用LED光源。而在舞台照明中,LED筒灯、LED染色灯、LED屏幕、LED灯带等新型灯具也已经被广泛使用。随着LED技术的迅猛发展,LED的发光效率正在逐步提高,相信未来会在照明领域更广泛地取代常规热辐射光源,从而得到更大的应用。

7.4 演播室灯具

灯具的基本作用是保护光源、提高光源光能利用率、改善照明质量和美化照明环境。在演播室中,灯具通常分为常规灯具和特殊效果灯具。常规灯具一般为演播室提供必要的照明亮度,结构相对简单一些;特殊效果灯具多由电脑控制,其亮度、照射角度、光强等参数可调,从而实现光质、光比、光色的自动变化。

灯具由光学结构、电气结构和机械结构组成。光学系统是灯具光学结构的主体,也是灯具的核心,它决定灯具的光能利用率和光分布情况,主要解决光通量的利用和重组再分配,即根据演播室面积的要求,合理选择光源,设计确定灯具的反光镜和透镜,构建灯具内的聚光子系统和投影子系统的模式,借助光线的反射与折射,将光源的光通量重新调配,达到较高的光能利用率和良好的光分布。

7.4.1 常规灯具

电视演播室常规灯具是由舞台灯具和电影灯具发展起来的。18世纪20年代,瓦斯灯在剧场中得到广泛应用。19世纪末,电光源被发明,白炽灯、卤钨灯、金卤灯等灯具取代危险性强的瓦斯灯,被普遍应用于舞台照明中。20世纪中期,随着电视技术的飞速发展,电视照明在之前舞台照明的基础上不断发展创新,形成了新的灯光照明体系。

1.聚光灯

聚光灯是指通过一定机械手段对光照输出进行调焦控制以产生聚焦效果的灯具。灯具内分为反光系统和聚焦系统。按聚焦系统中使用透镜种类的不同,聚光灯一般可分为平凸聚光灯和螺纹聚光灯。

(1)平凸聚光灯

平凸聚光灯(见图 7-7)的光学系统由球面反光镜和平凸透镜组成,是一种反射—透射型灯具,其光源通常采用溴钨灯,也可采用蒸铝泡作为光源。使用蒸铝泡时,因其自身具有反光作用,所以无须再后置球面反光镜。平凸聚光灯的光源功率有 500W、1000W、2000W、3000W、5000W 等。

图 7-7　平凸聚光灯

在平凸聚光灯中,光源定位于球面反光镜的球心位置,点光源发出的光线经反光镜反射后仍原路返回,强化了光源向透镜发射光的光强度,提高了光源的光能利用率。光源与平凸透镜的位置关系有三种,即光源位于透镜焦点上,灯具可投射出平行光束;光源位于透镜焦点内,灯具投射出扩散光束;光源位于透镜焦点外,灯具投射出汇聚光束。在这三种调节过程中,光源与球面反光镜的位置关系始终保持不变。

平凸聚光灯具有以下几个特点:

① 平凸聚光灯具有很强的聚光和控光能力,投射光斑的距离较远、范围明显、光线方向性强。

② 光质较硬,光斑亮度均匀性较好,是理想的实现局部投光效果的灯具,能够使被照射物体形成明显的阴影。如果光位选择恰当,可很好地展现被照射物体的空间立体感。

③ 在调节灯内反光系统与聚光系统的过程中,可实现光线的聚光和散光变化。聚光状态下,光斑面积小,光照度强;散光状态下,光斑面积大,但光照度弱。

④ 灯口处可加装滤色纸,改变输出的光色。

⑤ 为进一步提高聚光灯的光能利用率,可将反光球碗改为非球面镜或椭球面镜,增加反光的包容角,提高聚光效果。

⑥ 聚光灯是演播室内的主要灯具,可作为人物或场景的主光、轮廓光。

(2)螺纹聚光灯

螺纹聚光灯也叫菲涅尔聚光灯(见图 7-8),是以发明者菲涅尔的名字命名的,最早用于灯塔照明,后经过几十年的不断改进,现在被广泛应用于舞台、电影电视的照明中。

螺纹聚光灯的光学系统与平凸聚光灯基本相同,只是将平凸透镜替换为螺纹透镜。螺纹透镜的曲面和非工作面同时参与光的折射,使得投射光分布更为均匀,光质较平凸聚光灯软,光斑轮廓模糊不清,是演播室照明的主流灯具。

在演播室中通常将螺纹聚光灯作为面光、逆光、辅助光、观众光等光位使用,是大型演播室中使用量最多的灯具。

螺纹聚光灯的特点有以下几个方面:

图 7-8 螺纹聚光灯

① 螺纹聚光灯因配用的螺纹透镜类型不同,其投射光的聚、柔特性也不相同。四螺纹透镜、多螺纹透镜、加压纹的四螺纹透镜、加压纹的多螺纹透镜,按照顺序,它们的聚光能力逐渐减弱,柔光能力逐渐增强。

② 螺纹聚光灯在聚光状态下,中心照度比平凸聚光灯低,而在散光状态下,中心照度却有较大幅度提高。

③ 螺纹聚光灯采用大光通孔径,焦距短,这就进一步扩大了光源的包容角,增加了光源的光能利用率,提高了灯具效率。

④ 螺纹聚光灯常用于需要聚光及柔光兼得的照明场合。

2.回光灯

回光灯(见图7-9)是依靠球面反光镜将光源发出的光线反射到照射环境中的灯具,是一种反射式、无透镜的灯具,通常可分为舞台回光灯和电影回光灯。

回光灯结构简单,由光源、反光镜和灯体组成。灯口处无透镜,通光口径比螺纹聚光灯大,光源在球面反光镜的光轴上前后调节,形成光斑的放大和缩小。

图 7-9 回光灯

回光灯发出的光线都截去了直射光部分,主要利用反射光照明,有很强的聚光能力和较好的可控性能,它的功率一般有 1000W、2000W、3000W、5000W 等。

回光灯的特点如下:

① 回光灯亮度高,有效射距大,光效比螺纹聚光灯高出一倍以上,投光面积大,光斑范围分布广,但光质不够均匀。

② 光源与反光镜位置调节时应特别注意不能将光源调节至反光镜的焦距以外,以免出现起火现象。

③ 光源的灯丝中心应调整在反光镜的主光轴上,灯丝发光面应正对反光镜。

④ 运输时应特别小心,不能用手直接接触反光镜表面。

⑤ 因其光斑照度不够均匀,导致现在在演播室内使用回光灯的数量大大减少,在大型演播室内偶尔作为临时附加灯使用。但在电影照明领域,回光灯具有亮度高、投射距离远等优点,依然具有很大的使用空间。

3.筒灯

筒灯也是一种反射性灯具(见图7-10),其光学结构与回光灯基本相同,因其外形像一个长长的圆筒而得名。它的通光孔径比回光灯小,具有更大的光源的包容角,在舞台上常用来制造光束,所以有时也把筒灯叫作光束灯。

筒灯由灯筒、灯泡组成。灯泡是集光源、透镜、反光镜于一身的密封型卤钨灯泡(见图7-11)。筒灯的规格型号很多,从外观看有长筒、短筒之分,有大孔径和小孔径之分,有多灯和单灯之分。一般按照灯口直径区分,筒灯有 PAR64、PAR56、PAR46、PAR36 等。

目前在演播室中主要使用 PAR64 和 AC 灯。

图 7-10　筒灯

图 7-11　筒灯光源

筒灯的特点如下：

① 筒灯结构简单、重量轻、便于携带；灯体由高质量铝合金制成，便于快速安装和调试；灯口处配有滤色片夹卡座，能够加装滤色片，从而改变光色。

② 筒灯功率有 1000W、500W、250W 等。

③ 筒灯发出的光线光质硬、照度强、光束扩散角小，可作为塑造光柱、光墙和光幕等的主要灯具。

④ 筒灯是综艺节目中最常用的一类灯具，是大型演播室内合适的灯具之选。

4. 追光灯

追光灯（见图 7-12）的光学系统由聚光子系统和投影子系统组成。有的投影子系统由固定焦距的一片平凸透镜组成，投射光束角单一，不能改变；有的由两片平凸透镜构成变焦组，投射光束可在一定范围内自由变化。追光灯的光阑是可变圆形光阑，光阑孔径改变可实现投射光斑大小的变化。

图 7-12　追光灯

追光灯的特点如下：

① 光源采用气体发光光源，显色性高、光照度强、方向性好。

② 追光灯可实现光线的聚光和投影成像，在演出中跟随演员，强化照明，起到突出角色形象的作用。

5.红头灯

红头灯因其灯体外壳为橙红色而得名,它的结构相对简单,由灯体、反光碗、灯管组成(见图 7-13、7-14)。灯口处设有灯扉,可以起到控光作用,无透镜。通过调节灯管与反射器之间的距离,可以改变光线的散光、聚光特性。

 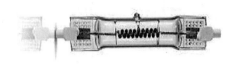

图 7-13　红头灯　　　　　　　　图 7-14　红头灯灯泡

红头灯的特点如下:

① 红头灯功率有 400W、575W、800W、2000W。

② 可悬挂使用,也可用作灯架支撑。

③ 光效高、体积小、重量轻、便于携带,但灯管的安全性能较差,灯丝会因高温拉长变形,靠近玻璃泡壁造成灯管变形弯曲,甚至发生爆炸。

④ 目前演播室内红头灯的使用量越来越少,而在外拍或临时搭建的小型采访环境中仍有使用。

6.散光灯

散光灯也叫大夹灯,是典型的泛光灯。它由灯体、对称型反光碗和灯泡组成,可输出且光强较为均匀的大面积散射光。

散光灯的特点如下:

① 散光灯灯光功率有 800W、1250W 等。

② 散光灯照明范围大、光强均匀、结构简单、重量轻、操作容易,可作为临时机动型灯具使用。

③ 在演播室内,散光灯主要用于对场景的大面积铺光或作为脚光使用,有时也用于天幕的照明。

7.天排、地排灯

天排、地排灯都属于泛光灯(见图 7-15),是用于天幕照明的专业灯具。为了产生均匀的天幕照明,使天幕上离灯最远处和最近处的照度基本一致,泛光灯将灯具内的反光碗设计成非对称型,采用浮点式镜面铝材作为反光材料。泛光灯的灯体结构与散光灯一致。

天排、地排灯的特点如下:

图 7-15 天排、地排灯

① 天排、地排灯的灯管功率有 800W、1250W 等。

② 天排灯悬挂在离幕布垂直距离 1.5m 左右的地方,与地排灯同时使用,使光线铺满整个天幕。

③ 有单灯型、双联型、四联型等规格。单灯一般只能提供一种颜色,双联型或四联型可提供多种颜色,丰富天幕的色彩配置。

④ 在演播室中,一般配有固定的天排、地排灯。但近几年,随着演播室中电脑灯的广泛使用,很多节目常常需要黑色天幕作为背景,使天排、地排灯的使用量有所下降。

8.三基色柔光灯

三基色柔光灯是一种使用三基色荧光灯管作为光源的泛光灯具,见图 7-16。这种光源相对于传统卤钨灯光源产生的热量较少。

20 世纪 70 年代,荧光灯光源被开发出来,成为一种新型光源;从 90 年代初开始在电视演播室中被使用。因其光质柔和、亮度没有回光灯、聚光灯高,所以非常适合在小型演播室或新闻演播室中使用。

图 7-16 三基色柔光灯

三基色柔光灯利用三种稀土荧光粉,按比例组合配制而成。红、绿、蓝粉按照不同比例混合后,可产生不同光谱能量分布的荧光灯,色温稳定、显色性良好。

三基色柔光灯由灯体、灯管、反光镜及电子整流器组成,根据使用需要配备减光罩。

三基色柔光灯特点如下:

① 光源功率有 36W、55W。

② 因为采用气体发光光源,常用的可控硅调光设备无法对其进行调光,只能起到开关的作用。

③ 配有电子整流器,可用数字信号调光。

④ 发光效率高,可达 100lm/W;显色指数高,可达 95;光强衰减小;光源色温可调;热辐射小;光照均匀;使用寿命长,可达 1 万小时,是卤钨灯的 50 倍。

⑤ 灯体较大、投射光线的有效距离短,灯光色温一致性较差。

⑥ 主要用于演播室内主光、基础光和辅助光的照明。作为人物逆光使用时,难以满足造型效果的需求,使画面显得平淡、立体感不强。

图 7-17　四眼无影观众灯

9.无影观众灯

无影观众灯以数只散光型射灯组合而成,多以 4 只、6 只、8 只或 9 只的组合形式出现,俗称四眼灯、八眼灯等,见图 7-17。

它的灯泡和筒灯灯泡外形相似,是具有抛物面反光镜的一体式封闭灯泡。

无影观众灯的特点如下:

① 光源功率有 300W、500W。

② 投射光线距离远、光质均匀、使用寿命长、色温一致性好。

③ 便于搬运安装。

④ 广泛应用于演播室内观众照明和大范围的场景照明。

7.4.2　特殊灯具

随着科学技术的不断发展,许多新型灯具不断被生产出来,如电脑效果灯、激光灯、光纤等,它们的出现大大丰富了演播室灯光的照明体系,也使光线的调控更为方便。

1.光纤

光纤是利用光在光导纤维中的全反射原理,把光传送到需要的地方进行照明,除用于照明外,还被广泛用于数据通信等领域。

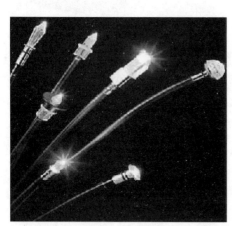

图 7-18　光纤尾端

光纤的主要组成结构为光发生器和亚克力(甲基丙烯酸甲酯)。光纤有端面发光和侧面发光两种。端面发光是光从光纤的一端传导到另一端,在整个传导过程中损耗小,在尾端可产生不同光束或光斑效果,见图 7-18。侧面发光光纤是利用光纤的外侧发光作为装饰;光纤直径有多个种类,便于不同环境使用。

光发生器是光纤照明系统的重要组成部分,光发生器内有光源、反射器、滤光器及旋转色盘。光源一般采用卤钨灯或金属卤化物灯。卤钨灯光源功率一般为 20W 或 75W,自带变压器;金属卤化物灯功率一般为 150W 或 200W。

光纤作为演播室装饰用光有其自身的诸多优点,例如光强可调、颜色可变,可用一个光源提供多点发光,形成各种装饰图案。此外,光纤照明安全、本身不带电、不发热、无紫外线和红外线辐射、无电磁干扰、体积小、防水、使用寿命长、维修工作量小、检修方便。

图 7-19　激光器

2.激光

激光 LASER,全称为"光受激辐射放大",1960 年由美国研制成功。此后激光技术得到飞速发展,逐渐被应用到各大晚会作为特效光线使用。

激光的主要部件为激光器(见图 7-19),其由三个部分组成,即工作物质、激励能源和共振腔。按照工作物质的不同,激光器分为固体激光器、气体激光器、液体激光器和半导体激光器。

(1)工作物质

它是激光器的核心,只有实现能级跃迁的物质才能作为激光器的工作物质。目前激光器的工作物质已有数千种,如红宝石、石榴石、氦氖离子、氩离子、若丹明液体等。

(2)激励能源

它的作用是给工作物质提供能量,将原子由低能级激发到高能级。通过强光照射工作物质而实现粒子数反转的方法称为光泵法。通常这种能源有光能源、热能源、电能源和化学能源等。

(3)共振腔

它是激光器的重要部件,主要有三个作用,一是使工作物质的受激辐射连续,二是不断给光子加速,三是限制激光输出方向。

激光作为优秀的相干光源具有以下特点:

① 亮度高

激光亮度很高,是普通常规光源的亿万倍,输出的脉冲激光束比太阳表面亮度还要高百亿倍。

② 方向便于控制

激光发射角度非常小,可作为优良的光束光源使用。激光射出 20km,光斑直径也只有 20~30cm。

③ 色彩饱和度高

激光辐射出的可见光波长基本一致,光谱宽度窄,颜色纯粹,饱和度高,单色性非常好。

④ 相干性好

普通光是自发辐射光,不会产生干涉现象;激光是受激辐射光,有极强的相干性。

3.电脑效果灯

电脑效果灯(电脑灯)是指利用数字化电脑技术控制的智能化程度较高且功能较多的效果灯,见图7-20。它善于在演播室中创造更为丰富的、动态的灯光效果,在演播室中被广泛使用。目前常用的电脑效果灯有镜片反射扫描式和灯体运动式两种。

图 7-20　电脑灯

(1)电脑灯的基本结构

电脑灯具有多个微电脑电路,可接收来自控制台发出的信号指令,并将其转化为电信号控制其机械部分,实现各种功能。电脑灯的结构大体可分为三个部分:即电脑电路部分、机械部分和光源部分。

电脑电路部分是灯具的"大脑",接受命令并发出命令,通过这些命令控制电脑灯的照射角度、光色、图案灯的变化。机械部分是灯具的主要载体,它由若干微型步进电机组成,可驱动图案转轮、颜色转轮和调光、聚焦、变焦、光束水平移动及垂直移动等动作。光源部分是电脑灯的发光单元,通常采用高亮度的金卤灯作为发光光源。灯体内可安装整流器等灯泡电源电路。目前新型 LED 光源也在电脑灯中被广泛使用。

电脑灯的功能强大,不仅可改变光束的投射方向、镜头焦距变化、光束亮度调节等,还可改变光束颜色、图案变化、光质变化、运动图案等。"一灯多用"是电脑灯的最大特点。我们将灯光的变化过程通过编辑储存在控制台中,根据时间线进行播放或实时调整,实现上述功能。

(2)染色灯

染色灯(见图7-21)是一种可以给照明空间铺色并改变场景环境光色的电脑灯,其头上配有螺纹透镜,可使光束的光质变得更软。

因为它主要用于对场景的染色,所以功能比一般电脑灯要少,其最大特点是光质柔软,可大面积铺光,并可通过三基色组合输出无限变化的色光,在演播室及舞台中被广泛使用。

染色灯的功率一般有 575W、700W、1200W、1500W 和 2500W 等。实际情况中根据不同的照明环境配备不同功率,如 2008 年北京奥运会开幕式上就使用了大功率的外景染色灯。

（3）数字媒体灯

数字媒体灯（见图 7-22）是一款由电脑灯和数字视频技术结合产生的电脑效果灯，它与传统电脑灯相比虽然没有摇头灯的一些典型传动装置，但其灯光效果却比传统电脑灯丰富很多。

数字媒体灯的主控制系统为一台媒体服务器，可对多台设备进行远程控制；灯具具有强大的素材管理功能，除自身的素材库外，还支持客户导入的指定素材，包括 3D 图形、媒体文件及静态影像等。数字媒体灯可通过 DMX 信号进行控制，可以与电脑联机，对图案和媒体文件进行实时更换。

图 7-21　染色灯

数字媒体灯具有高亮度输出、高清晰视频素材输出、多台拼接等功能。它可以在任何材质、任意形状的表面进行影像校正，被广泛用于大型剧院、演播室及大型户外演出中。

（4）LED 电脑灯

采用 LED 作为光源的电脑效果灯叫作 LED 电脑灯（见图 7-23）。随着 LED 效果灯在电视演播室作为效果灯使用以来，各种各样用于电视节目制作的 LED 电脑灯如雨后春笋般发展起来。LED 节能、环保的优势及光色的纯正等特点使其在照明领域成为热点。

图 7-22　数字媒体灯

图 7-23　LED 电脑灯

LED 电脑灯的体积一般较小、重量较轻，其光源由环氧树脂封装，可承受高强度机械冲击，且亮度衰减周期长，使用寿命可达 5 万～10 万小时，所以大幅降低了灯具的使用成本，同时具有省电节能的优点。

即使目前 LED 的技术还有一些缺陷，如白光的显色性问题、一致性问题、光源散热问题等，但随着技术的发展，这些问题都将会被一一解决，LED 电脑灯作为新型电脑灯的一种，在演播室、舞台等照明领域将发挥越来越大的作用。

7.5 灯具安装吊杆及设备

7.5.1 吊挂设备的种类

吊挂设备是灯光安装时悬挂灯具或其他灯光设备的装置,它是电视演播室中灯光设备的重要组成部分。它能使灯光工作人员快速、准确地安装及移动定位灯具,根据演播室的面积及照明需要设置灯光的投射方向,为演播室灯光的搭建、调试提供很大的方便。

目前,演播室灯光吊挂设备的种类很多,按照安装方式,可分为定位式、平移式、升降式、支撑式、临时性功能吊架和小型灯架等。

定位式吊挂设备主要用于大中型演播室,将灯具悬挂于演播室上方,方便控制灯光位置,且在定位式吊挂设备上的灯具位置不会频繁改变,常用的一类为吊杆。

平移式吊挂设备主要用于小型演播室,以满足频繁更换灯位的需要,常用滑轨式吊杆。

升降式吊挂设备可以产生丰富的灯光艺术效果,采用单点吊机,通过提升 TRUSS 架,组合出多种多样的灯光位置。

支撑式吊挂一般设置在演播室表演区一侧墙面附近的有效空间上,为充分扩大演播室的有效使用面积、减少节目录制过程中的重复劳动而设计。

临时性功能吊架主要用来悬挂较重的灯具设备,或表现某种特定舞台艺术效果,主要是 TRUSS 架。

小型灯架主要用于悬挂一两只灯具,使用便捷,根据灯具不同,使用的灯架也不同。小型灯架作为临时性演播室搭建中的灯光安装设备被广泛使用。

在演播室中选择哪种吊挂设备要考虑以下几个方面:

1.演播室的用途

在选择吊挂设备时,要看演播室中的节目类型是新闻类还是访谈类,是综艺类还是电视剧场,并要考虑节目制作场景变换周期的要求。

2.演播室的实用性

在演播室内要更灵活、无死角地设置灯具的位置,考虑设备的可操作性及灯具的维护、保养是否方便。

3.演播室的安全性

吊挂设备通常都是安装在演职人员和观众头顶上方的,在使用过程中要绝对保证安全、可靠。

4.设备的持续使用性

吊挂设备要给未来技术预先留有空间,使设备可以在新技术支持下持续使用。

5.演播室的局限性

演播室中除了灯光设备外,还有音视频设备、空调设备、消防设施等,这些都是选择吊挂设备时需要考虑的因素,因此,安装前要充分了解演播室中各类设施的安装位置、布线方法、房屋的建筑结构等。

6.演播室的经济性

考虑经济投入的情况,在同等功能的需求下选择性价比高的设备。

在演播室选择灯具吊挂设备时,要充分考虑以上几点,做出合理的评估,保证设备在满足演播室布光要求的前提下,达到最优的性价比。

7.5.2　定位式吊挂设备

定位式吊挂设备是指只能做升降运动不能做水平移动的灯具吊挂设备,常见的有水平吊杆、组合吊杆、垂直电动吊杆等。

1.水平吊杆

水平吊杆是电视演播室中常用的一种灯具吊挂设备(见图 7-24),它是安装在演播室设备层或固定在演播室顶棚上能够完成升降运动的一类吊杆,一般由电机、提升器、吊杆、电源插座、信号插座等组成。

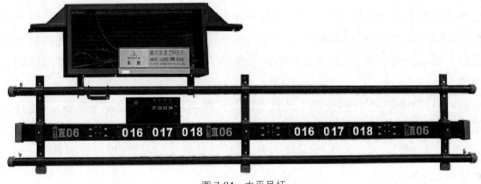

图 7-24　水平吊杆

每根吊杆长度为 3～10m 不等,提升重量一般大于 300kg,每根吊杆上设置多路2～6KW 灯具电源插座,2～6 路 DMX512 控制信号插座及网络信号接口。有的吊杆配有可伸缩副杆,可最大限度地减少演播室布光的死角。

水平吊杆在灯杆上设有一组电缆槽板或电缆筐,灯杆升降时收放电缆,还设有多个电源及信号插座,这些插座包括调光电源、直通电源、机械灯电源、电脑灯控制信号、机械灯控制信号等。为了升降安全,吊杆具有多重保护和自锁功能,配有上、下限保护措施。

水平吊杆具有承重能力强、一杆多用、可同时吊挂几台甚至几十台灯具、机械结构简单、设备成本低、操作简便安全等优点。水平吊杆可降到很低的高度,便于灯具更换维修。同时,水平吊杆还有一些不足,比如灵活性稍差,同一吊杆上的灯具只能处在同一水平高度上,灯具位置分布死点较多,需要其他类型的吊杆配合使用以弥补照明死角。目前,水平吊杆在大型演播室中的使用非常普遍,但在小型演播室中,因其自身的一些缺点,使用相对较少。

2.组合吊杆

组合吊杆是在水平吊杆的基础上演变发展的一种演播室灯具吊挂设备,见图7-25。它采用典型的自提升机械传动机构,提升机和各种电器保护装置都安装在灯杆上,靠灯杆上的机械系统完成升降功能。吊杆整体通过滑轮组和钢丝绳与演播室顶棚连接,标准灯杆长度一般为2m左右。

图 7-25　组合吊杆

组合吊杆和水平吊杆一样,一般设有五种电器保护装置和机械传动装置,以及电缆槽板、灯具电源插座和信号输出口插座等。与水平吊杆不同的是,组合吊杆机械升降传动机构上设有操作手柄,当组合吊杆传动系统出现故障时,可用手动方法将吊杆降下进行维修。

组合吊杆和水平吊杆相比最大的优点就是设备不需要专门的灯光设备层,这样既简化了演播室顶棚结构,又增加了演播室的使用高度,在安装更换方面也比水平吊杆更灵活、简单。组合吊杆的缺点有:承重能力差、悬挂灯体较少、现场维护比较困难。

3.垂直电动吊杆

垂直电动吊杆是一种能垂直伸缩、升降的竖杆,见图7-26。它的提升传动设备固定在演播室灯光设备层上,主要功能是通过提升机利用钢丝绳带动灯具完成升降运动。

图 7-26　垂直电动吊杆

每台机械减速机带动两根并行的钢丝绳;钢丝绳穿过一组圆筒或方筒组成的垂直杆,吊杆下端设有1~2根水平横担式灯杆,用于悬挂灯具。电缆和信号线从灯光设备层环绕垂直吊杆到底端的电缆收线筐中,电缆通过插座与灯具连接。其优点是:结构简单、使用灵活、工程造价低。它对演播室灯光设备层的要求相对水平吊杆简单很多,灯杆上吊挂的灯具可以围绕吊杆做360°水平旋转,灯具在空间自由度上比水平吊杆和组合吊杆大。其缺点是安全可靠性稍差。为保证灯杆平衡,灯具在灯杆上必须成对安装。如果只悬挂单个灯具,则灯具必须悬挂在定点吊杆的中心位置。另外,由于钢丝绳隐藏在垂直杆内,当钢丝绳发生故障时,工作人员很难发现,所以必须定期对吊杆进行检查,及早发现事故隐患,确保安全。

垂直吊杆适用于 250m² 以上的大型演播室,既可以单独使用,也可以和水平吊杆一起使用。

4.简单吊架

简单吊架(见图 7-27)是将圆管横竖交叉制成井字形的网状灯栅架,并与顶棚牢固连接固定,在圆管的适当位置设置灯具电源插座,使灯具与铰链伸缩器连接,然后用灯钩悬挂在圆管所需的位置上。灯具的水平移动主要靠人工实现;灯具的高低变化可以靠铰链伸缩器完成。

图 7-27 简单吊架

简单吊架的优点是结构简单、造价低。缺点是使用高度不够,通常不能高于 4.5m;操作不方便,且维护成本较高。

简单吊架一般用于小型演播室,对于灯光场景变化不多的演播室也有一定应用。

7.5.3 平移式吊挂设备

平移式吊挂系统是指既能做升降运动又能做水平运动的吊挂设备。它通过滑动轨道实现灯具在一定距离范围内的平行移动,这样可以增加灯具的灵活性,提高灯具的使用率。采用这种吊挂设备可以减少演播室的灯具数量,达到降低工程造价的目的。

目前常用的平移式吊挂设备主要有卧式行车吊杆、电控式轨道吊杆、垂直杆等。

1.卧式行车吊杆

卧式行车吊杆在结构上与垂直吊杆结构基本相同,只是在其提升传动系统的基座下增加了一个四轮机械驱动车,使它能够沿一定轨迹做平移运动。为了防止两台设备移动时发生碰撞,系统增加了防撞保护装置。

卧式行车吊杆的最大优点是使用灵活、维修方便。它能够在有限的演播室空间内进行移动,增加了灯具的灵活性。它的缺点是设备安装要求高、成本高;因为需要在演播室上方铺设轨道,所以对演播室灯光设备层的要求也非常高。

卧式行车吊杆通常可在大、中型演播室与其他吊挂设备混合使用。

2.电控式轨道吊杆

电控式轨道吊杆是将滑轨小车改成机电控制的一种灯具吊挂设备,见图7-28。它采用一根铝轨与演播室顶棚固定成轨道,使机械小车直接倒挂在轨道上。小车上设有两套机械传动结构,一套用于小车在轨道上的运动,另一套用于吊杆的升降运动。

灯具电源、控制信号等插座设置在轨道的旁边。系统设上限位、下限位、松断绳保护、机械小车碰撞保护等各种保护装置。

这类吊杆的优点是体积小、操作方便、升降空间大;缺点是安全保护性能差、现场维修困难。

图7-28　电控式轨道吊杆

目前,电控式轨道吊杆主要用于 $250m^2$ 以下的演播室。

3.垂直杆

垂直杆是一种通过手动控制其弹簧结构实现灯具升降的吊挂设备,见图7-29。垂直杆一般用来提升单个灯具,提升高度在2m左右。垂直杆通常可以和滑轨小车结合使用,通过杆控或手动控制完成平移运动,目前在很多演播室中被广泛使用。

图7-29　垂直杆

7.6　调光台

7.6.1　调光台概述

调光台(Lighting Controller),又称调光控制台,可对演播室的灯光色彩、亮暗、动态效果、照射角度或位置进行远程控制,是灯光控制系统的核心。它的性能决定了灯光控制的多样性和连续性。

调光技术发展大致经历了三个阶段:机械联动阶段、电子控制阶段和计算机控制阶段。在机械联动阶段,调光台的操作完全依靠机械动作来完成,如果需要对多个调光器集中控制,必须采用机械联动的方式。在电子控制阶段,可控硅的出现使弱电控制强电、直流控制交流成为可能。要对多个调光器进行集中控制,可使用电子线路来完成,它向调光器发送控制信号,从而控制调光器中晶闸管器件的工作状态(导通、截止或改变导通角大小),进而达到对灯具的控制。电子控制方式的灯光控制台也被称为"手动调光台"。在计算机控制阶段,随着计算机技术在灯光控制技术中的应用,出现了集控制、信息存储于一身的计算机调光台。它既可以对灯具进行编组,控制灯光亮度、色彩等变化,也能够存储大量的有用信息,大大简化了灯光师的操作过程,有助于更智能化地将艺术构思展示出来。

目前被广泛使用的数字调光台就属于计算机控制的调光台。计算机技术的发展,给数字调光台的发展提供了良好机会和安全保证。数字调光台的发展基本上与计算机发展同步,在 CPU、内存储器、外存储器、显示器等方面有长足的发展。网络技术使舞台灯光与舞台音响、舞台机械等舞台其他职能部门与灯光控制合并成一个大系统成为可能,各个子系统可独立工作,在需要时又可在各子系统间进行数据传输,实现资源共享、远程监控等网络功能。

7.6.2　演播室调光台选择

1.小型演播室

小型演播室主要承担新闻直播及专题节目的制作,要求灯光系统既要满足制作高清新闻类电视节目的需求,也要满足访谈等电视节目类型的制播要求。

对于灯光调节,小型演播室首先要考虑的是系统的安全可靠性,特别是新闻直播节目,在调光台的选择上要求具有较高的安全性、稳定性。其次,小型演播室灯光主要用于塑造人物形态,在主持人、嘉宾的面光、逆光、侧光造型上都需要进行精细处理,这就要求调光台具有操作方便、调光准确的特点,确保每支灯都可以灵活操作。

小型演播室通常使用小型调光台,一般小型调光台控制光路小于 100 路,可控制的调光器都在 1024 路。小型调光台所配置的手控推杆较多;调光台上较多的手动推杆对灯具的单独控制直观、便捷。小型调光台配置的集控推杆较少,如需扩充集控推杆,可通过调光台集控分页功能来实现。

2.大、中型演播室

大、中型演播室能够满足大型文艺晚会的直播和录制,以及各类综艺类节目的制播工作。与小型演播室相比,大、中型演播室对调光台的要求不仅是安全可靠、操作方便,还需要具有强大的控制功能、丰富的接口及对新光源的适应性。大、中型演播室一般选用大型调光台。大型调光台的调光光路一般都在 1000 路以上,可控制的调光器都在 2048 路以上。灯光控制人员通过集控推杆进行操作,通过对调光台编程来实现节目内容与灯光效果的配合。

大型调光台具有灵活简单的编程方法和程序修改方法,程序的每次调整都会涉及灯光效果的改变。调光台在控制功能上要求灵活地进行场景控制、区域控制等,以便在制作不同类型节目时能灵活地改变灯光效果。

7.7　灯光系统结构

演播室灯光系统包括两部分,如图 7-30 所示,一部分是电光源(各色灯具)部分,其作用是把电能转化为光能,以满足各种特定灯光效果的目的和需要;另一个必要的组成部分是照明供电系统,其作用是把电能(如电压、电流、功率的数值)准确、安全地传送到每一个电光源,使之能正常工作。

照明供电系统包括控制电器和传输线路,其中控制电器包括控制台、调光器、保护电器、开关电器等,其中核心设备是控制台;传输线路包括导线、电缆、无线网络等,作为信

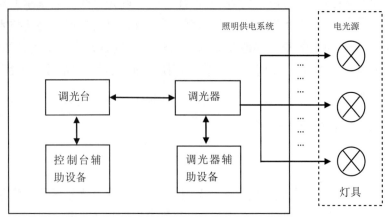

图 7-30 灯光控制系统

号传输的介质。

演播室灯光控制的内容包括以下几个方面：

(1)通断控制：灯的开关，被称为开关系统。

(2)调光控制：亮度的亮与暗，被称为调光系统。

(3)色彩控制：各种色彩的变化，被称为变色系统或换色系统。

(4)特殊效果控制：如频闪、图案、旋转、扫描以及激光、光纤等效果变化，被称为效果照明控制系统。

在实际应用中，通常会将以上控制内容相互结合，以满足节目拍摄中所要求的气氛或情调。

根据演播室节目制作的需要，各色效果设备，如烟机、雾机、雪花机、泡泡机、电控烟炮机、排滚转筒等，极大地丰富了节目创作的艺术效果。

第8章 电视节目后期制作系统

■ **本章要点:**

1. 了解线性编辑与非线性编辑的区别,以及线性编辑中组合编辑与插入编辑的特点。
2. 了解非线性编辑系统的基本分类、非线性编辑网络的组网方式。
3. 理解多通道录制和多机位编辑的原理。

电视节目制作技术的发展过程主要表现为从模拟到数字,从线性到非线性。当前使用的后期节目制作系统的种类一般有两种:线性编辑和非线性编辑。在计算机技术、电视技术、数字视音频技术、存储技术以及网络技术迅速发展的基础上,很多省市级电视台开始放弃使用磁带,改为使用基于文件存储的节目制作系统;基于磁带的线性编辑系统也逐渐在这类大型电视台里消失了。相应的非线性编辑系统已成为电视节目后期制作系统的重要组成部分。不过,毕竟磁带还没有完全被淘汰,人们会为了保持画面质量进行高清磁带的编辑;在电视台进行数据迁移时,技术人员也需要使用线性系统将记录在录像带上的数据进行读出、文件化处理,以及加入元数据和检索信息,用于以后媒资系统的使用。另外,线性编辑对制作人员有一定的技术要求,不理解线性编辑的基本原理很有可能会造成自动编辑无法完成或断磁。因此,本章有必要对线性编辑的原理进行阐述。目前,电视节目后期制作主要采用非线性编辑系统。非线性编辑技术的应用极大地解放了创作者的思想,打破了电视节目制作中的传统规则,简化了电视节目的生产工艺和流程。非线性编辑网络为需要素材共享和大规模人员协作的复杂节目后期制作提供了平台。结合多通道录制系统,非线性编辑系统还支持多机位编辑,可以"准实时"地处理"海量"素材,令制作效率大幅提高。

8.1 线性编辑

线性(Linear)编辑是在非线性(Nonlinear)编辑的概念提出来后,用于区别新旧技术而出现的名词。所谓线性编辑,就是以磁带(录像带)作为存储媒介,通过倒带、转录将不同磁带上的节目素材片段按照一定顺序记录到另一盘磁带上的过程。线性代表该编辑的转录顺序不能调换,必须是从前至后的。究其原因,这种编辑次序的固定要求是与磁带记录中数据存储与读取方式有极大关系的。具体可以参考第 3 章的磁带录像机技术章节。

8.1.1 编辑及记录方式

线性编辑的核心是磁带录像机。与录像机编辑和记录的方法相似,线性编辑也采用直接录制(硬录)方式和打点编辑两种方法。

1.直接录制(硬录)

当记录信号的起始或终止都不需要精确到帧时,或在空白磁带上记录视音频信号时,人们一般采用硬录的方法。制作者首先确保待录信号已经发送,然后直接按下记录按钮,比如"Play+Rec"键(设备品牌不同,操作方法可能会不同)。这时录像机开始对该信号进行记录。这种记录方式操作简单,利于处理突发事件,但缺点是编辑点的位置并不精确。在节目带上录制起始时码为 00:00:00:00 的一分钟彩条时,也必须使用直接录制的方法。

2.打点编辑

通常我们把编入的节目与磁带上原有节目间的接点称为编辑点。每一个镜头都有两个编辑点,前方的点为编辑入点,后方的点为编辑出点。当我们需要保证镜头间编辑点时码连续且精确到帧时,就需要采用打点编辑了。打点编辑的前提是节目录制磁带中编辑入点前有超过预卷时长的连续时间码,素材带上的素材入点前也有超过预卷时长的连续时间码,且整段待录素材时间码是连续的。打点编辑需要在编辑机面板上输入素材带的编辑入点及节目带编辑入点的时码,即"两点编辑法",且在编辑结束时手动操作完成(比如按下"All Stop"键);也可以采用"三点编辑法",即输入素材带与节目带四个编辑点中的三个,从而自动完成一个镜头的编辑录制。

8.1.2 编辑模式

在打点编辑时,必须选择编辑模式,即采用组合编辑还是插入编辑。两种编辑模式下,磁带记录的方式完全不同。如果选错编辑模式,可能会造成编辑失败、断磁或者不该删除的信号被删除等后果。

1.组合编辑

组合编辑是指在已存在一段节目的磁带后面再衔接上新的节目段,通过组合方式可将几段短小的素材汇编成完整的节目。在演播室,组合编辑是记录节目信号的主要方法,其特点是:视频信号、声音信号、控制磁迹信号和辅助跟踪信息全部被重新记录。

在组合编辑模式下,无论磁带上是否记录过信息,录像机的总消磁头都会将磁带在磁带宽度方向上全部消磁。总消磁头覆盖磁带全部高度,所以可将磁带上记录的所有信号消除。不过,如果仅使用总消磁头,一段时间后,磁带上所剩磁迹会如图 8-1 所示,有些倾斜磁迹会只剩下一半。如果在这样的磁迹上记录新的信号,会出现信号重叠区(图 8-1 左侧三角区域),新记录的信号会被旧信号干扰。为了将重叠区的倾斜磁迹消除,需要启用安装在磁鼓上的旋转消磁头（简称旋消头）。旋消头可沿倾斜磁迹消磁。从编辑入点开始，总消磁头与旋消头同时工作，但旋消头只工作几秒钟。旋消头将重叠区的倾斜磁迹全部消磁完毕，便立即停止工作，而总消磁头一直工作到编辑记录停止为止。旋消头只完成总消磁头到磁鼓间这一段磁带上倾斜磁迹的消磁。

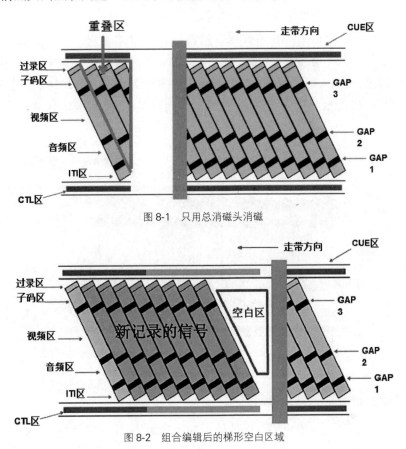

图 8-1　只用总消磁头消磁

图 8-2　组合编辑后的梯形空白区域

组合编辑后，由于组合编辑的后半阶段都是由总消磁头消磁的，消磁的区域为矩形，而记录了倾斜磁迹后，后面仍会留有梯形空白区，即断磁，如图 8-2 所示。也就是说，只要使用组合编辑记录了一段信号，信号结束的位置就会出现断磁。

2.插入编辑

在制作好一段电视节目后，如果发现节目中间有一段需要修改，这时就不能使用组合编辑修改了，因为组合编辑会令段落的编辑出点出现断磁，此时应使用插入编辑。插入编辑是在已存在连续节目的磁带中间换上一段新素材的编辑模式，可对已录节目做部分修改。

插入编辑的特点是不重新记录控制磁迹信号和辅助跟踪信息，主导伺服维持重放状态的控制方式。插入编辑确保视频磁头能跟踪原有的视频磁迹，使新的视频信号（音频信号）准确地记录在旧磁迹的位置上。它可根据需要，只对视频或某一路声音信号进行单独记录，可用面板上的选择按键加以控制，因此，通过插入方式可实现前期或后期配音。

插入视频前的消磁工作全部由旋消头完成,从编辑入点到编辑出点,旋消头一直工作,而总消磁头不工作。根据插入信号的不同,旋消头有不同的工作时间控制。比如只插入视频,则旋消头只在它旋转到接触视频节点时才工作。旋消头下方安装了记录头,会在消磁头刚刚消过磁的地方记录新的信号。

如图 8-3 所示为对 DVCPRO 格式磁带进行插入编辑的过程。左侧的深色视频信号为修改后的新信号。使用插入编辑的时候,要对插入何种信号进行选择,比如磁带支持 2 声道的音频记录,则插入编辑可任意选择修改视频和音频 CH1、CH2 中的任意一路、两路或全部;如使用 HDCAM-SR 格式磁带,则可支持视频及 12 路音频的任意一路或多路的修改。

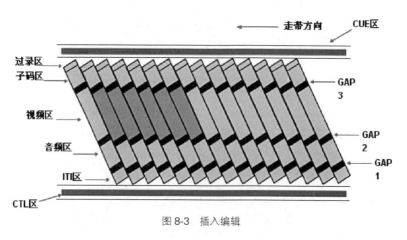

图 8-3　插入编辑

3.不同编辑模式下的自动编辑过程

编辑的全部过程中,录像机需要保证信号的正确衔接,使视频信号、磁迹跟踪信号(如控制磁迹信号、辅助跟踪信号等)在编辑点处不发生相位跳变,确保重放时画面稳定,保证组合编辑和插入编辑过程中的信号连续。自动编辑的过程如图 8-4 所示。

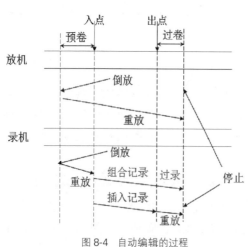

图 8-4　自动编辑的过程

制作者在放像机和录像机上打好编辑点(入点、出点)后,按下自动编辑按键;编辑控制器将控制编辑放像机和编辑录像机快速进带或退带,令放像机和录像机的磁带迅速运行至入点之前的预卷(PREROLL)时间处。比如假设编辑录像机入点的时码为 00:10:15:00,预卷时间为 5 秒,则录像机会引导磁带运转到 00:10:10:00 后停下,开始常速重放 5 秒,到达入点 00:10:15:00 时,录像机开始记录。放像机则从入点前预卷时间处开始,一直保持重放状态。之所以要进行预卷,是为了通过一定时间的走带,录像机伺服系统调整好录像机的走带速度,使放机传来的信号记录到录机磁带上时编辑点处信号是连续的,同时可更好地保证放机和录机信号的同步。

预卷时间可由用户在编辑控制设备上设定。从预卷结束到入点的过程中,放机和录机都处于重放状态,各自对应的监视器可显示其磁带重放出来的信号。从入点时码开始,放机继续保持重放状态,此时放机传输出来的信号作为录机的待录信号。而录机从入点时码起,变为记录模式,将待录信号录制在节目带上。在插入编辑模式下,从入点时码起,录机保持编辑重放的伺服状态,旧信号被擦除,新信号被记录;到出点位置时,录机变为重放状态,直到过卷(POSTROLL)时间后,结束编辑。过卷时间一般设定为 2 秒;某些编辑控制器对过卷时间可调整。在组合编辑模式下,录机的记录状态是从入点一直保持到过卷时间的,也就是比预计的记录长度多录了一会儿,这是为了后面继续进行组合编辑时,保证编辑入点附近不会有信号的缺损。

8.1.3 编辑控制

1.传统硬件控制

在传统应用中,直接录制、打点编辑可通过编辑控制器、录像机操作面板完成。编辑控制器如图 8-5 所示,可控制一台(或多台)放像机和一台具有编辑功能的录像机,实现带到带编辑的编辑控制方式。也有录像机面板上带有编辑控制功能,录放设备可以不连接专用的编辑控制器。如图 8-6 所示,录像机面板上带有编辑入点和出点的输入按钮,具备编辑控制功能。

图 8-5 SonyPVE-500 编辑控制器　　　　图 8-6 SonyHDW-M2000 数字高清磁带录像机

典型的一对一线性编辑系统如图 8-7 所示,该系统也可以由带有编辑控制功能的编辑录像机和编辑放像机组成。编辑放像机输出的视音频信号通过线缆连接到编辑录像机的相应输入接口上;编辑控制器通过串行遥控信号对编辑放像机和编辑录像机进行控制;制作人员通过使用编辑控制器面板上的按键和搜索盘可对录(放)像机进行快进、快退、停止、暂停、记录、搜索、重放等操作。控制面板上有时码数据显示、计数显示、指示灯等,为工作人员提供当前的设备工作状态、编辑点的时码等信息。这些信息是由串行遥控接口传输的。工作人员只需要在编辑控制器中输入录机和放机的编辑入点(IN)、编辑出点(OUT),即可自动编辑(AUTO EDIT)或预演(PREVIEW)。编辑放像机与编辑录像机都通过视音频线缆连接到监视器,用于监看和监听素材信号和录制好的节目信号。

在图 8-7 所示的一对一线性编辑系统中,编辑放像机只有一台,又没有可提供特技合成的切换台或处理器,所以不能完成混合、划像等 A/B 卷功能。

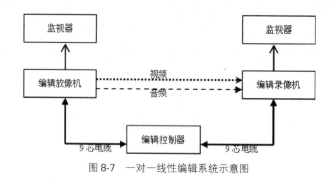

图 8-7　一对一线性编辑系统示意图

　　图 8-8 所示的二对一线性编辑系统中,编辑控制器可同时控制两台编辑放像机和一台编辑录像机。与一对一线性编辑系统相似,控制信号是通过串行遥控接口连接并传输的。两台放像机把各自的视频信号送入特技切换台,把音频信号送入调音台。特技切换台可以对两路信号进行混合、划像等转换特效;调音台可对多路音频信号进行音量调节、均衡、延时、门限等处理。特技切换台和调音台输出的视音频信号被送入编辑录像机。编辑控制器可在控制编辑放像机播放信号的同时控制编辑录像机对切换台和调音台输出的视音频信号进行记录。编辑放像机和编辑录像机的信号也通过视音频线缆连接到监视器,供制作人员监看和监听。

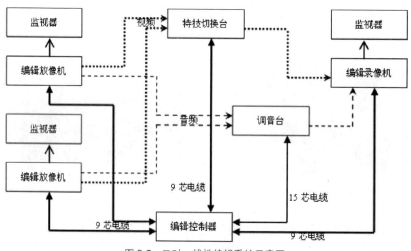

图 8-8　二对一线性编辑系统示意图

　　混合、划像这样的 A/B 卷特效不一定非得使用二对一线性编辑系统完成,如果在应急情况下,只要编辑录像机带有预读功能,那么连接了特技切换台的一对一线性编辑系统也是可以完成 A/B 卷特效的。另外,为了实现对更多视频信号的同时处理,比如多层画中画特技,可能需要连接多对一线性编辑系统,这时就要求使用支持多台放像机控制的编辑控制器。

　　2.软件控制

　　由于编辑控制信号可采用数字串行遥控信号(见本章 8.1.5),通过 RS-232、RS-422

接口控制磁带录放设备,因此线性编辑的控制也完全可以由安装了相应控制软件的计算机、工作站、服务器等设备完成。通过计算机进行编辑控制可完成批量打点编辑(由非线性编辑系统剪辑后生成 EDL,见本章 8.1.7。EDL 记录了多个镜头的编辑信息,计算机根据 EDL 发出遥控信号,完成线性编辑)。另外,非线性编辑系统、媒体存储工作站或视频服务器等设备将录在磁带上的素材进行采集(上载)或将节目录制(下载)在磁带上时,需要通过软件对磁带录像机、放像机进行遥控。比如图 8-9 Sony 多接口视音频存储单元 PWS4400,可支持 4K 超高清的实时录制和 RS-422 遥控协议,也带有相应的遥控接口,可以远程遥控 Sony 录像机的录放过程。如果媒体设备没有相应的遥控接口,还可以通过添加 I/O 设备或接口箱实现对线性编辑系统的控制。

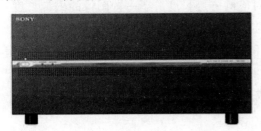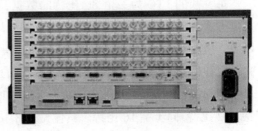

图 8-9　SonyPWS4400 视音频存储单元(本图片来自 Sony 官网)

3.控制功能

编辑控制设备主要可完成以下功能:

(1) 具备时间码和 CTL 计数的显示功能,可提供放像机和录像机的时码状态,精确表明磁带的位置。

(2) 设定编辑方式(组合或插入);在插入过程中,可以为视频和音频声道设置独立的入点和出点。

(3) 选定编辑入点、出点画面后,可存储入点和出点的时间码。

(4) 能分别对放机与录机进行重放带速控制,以寻找合适的编辑出入点;有"REW"(快退)、"PLAY"(播放)、"FWD"(快进)和"STOP"(停止)按钮;搜索轮可提供"SHUTTLE"(无极变速搜索或称快速搜索)和"JOG"(逐帧搜索)两档。

(5) 能进行自动编辑;在记录了放像机编辑入点和录像机编辑入点后,编辑控制器的"Auto Edit"(自动编辑)即可启动。只要经过预卷时间,放像机和录像机能正常寻带并找到相应的编辑入点,自动编辑就可以正常开始,将放像机从入点开始的视频记录到录像机磁带的入点之后。

(6) 能进行编辑预演;如果想看一下编辑效果,但是并不执行录像操作,可使用"PREVIEW"(编辑预演);在编辑预演时,录像机在播放完入点之前的视频信号后,就会将 EE 信号输出,即从放像机传来的待录信号可供制作人员判断编辑点是否合适。

(7) 能以帧为单位修正编辑点位置。

(8) 对具有无杂波特技重放功能的放像机进行带速设定、存储和控制,实现动态运行控制(DMC)。

8.1.4 时间码(Time Code)

为了使编辑精确到帧,线性编辑与非线性编辑一样,都是使用时间码作为画面的绝对地址进行编辑的。时间码不仅能为每一帧画面记录小时、分、秒、帧的绝对地址,而且用户还可根据需要将拍摄该节目的年月日、演播室号、摄像机号、磁带序号等信息以数码形式存在时间码中,为电子编辑提供方便。时间码有两种形式:纵向时间码(LTC)、场消隐时间码(VITC)。

1.LTC(Longitudinal Time Code/Linear TC)

每一帧的 LTC 为一个 80 比特的数据,对应的磁迹长度等于一帧图像的磁带长度。调制方式为双相位标志码,即每一比特起始均有跳变,而数字"1"在其比特中间增加一个跳变。LTC 有适用于 525/60 制的 SMPTE 码和适用于 625/50 制的 EBU 码。它们都采用自带时钟(双相位标志)、24 小时时间信息的 80 比特复合码。每一帧 80 比特的码位分配基本相同,其中时间地址码 26 比特,标志位或未指定位 6 比特,用户比特(或称使用者比特) 32 比特,同步字 16 比特。具体见表 8-1。

表 8-1　LTC 码位分配表

比特位	SMPTE 码	EBU 码	比特位	SMPTE 码	EBU 码
0~3	"帧"的个位	"帧"的个位	43 号	二进制标志	二进制标志
4~7	用户比特 第一个二进制组	用户比特 第一个二进制组	44~47	用户比特 第六个二进制组	用户比特 第六个二进制组
8~9	"帧"的十位	"帧"的十位	48~51	"小时"的个位	"小时"的个位
10	失落帧	固定"0"	52~55	用户比特 第七个二进制组	用户比特 第七个二进制组
11	彩色帧标志	彩色锁定标志	56~57	"小时"的十位	"小时"的十位
12~15	用户比特 第二个二进制组	用户比特 第二个二进制组	58	未定义 固定"0"	未定义 固定"0"
16~19	"秒"的个位	"秒"的个位	59	二进制标志	相位校正比特
20~23	用户比特 第三个二进制组	用户比特 第三个二进制组	60~63	用户比特 第八个二进制组	用户比特 第八个二进制组
24~26	"秒"的十位	"秒"的十位	64	固定"0"	固定"0"
27	相位校正比特	二进制组标志比特	65	固定"0"	固定"0"
28~31	用户比特 第四个二进制组	用户比特 第四个二进制组	66~77	同步字　固定"1"	同步字　固定"1"
32~35	"分"的个位	"分"的个位	78	固定"0"	固定"0"
36~39	用户比特 第五个二进制组	用户比特 第五个二进制组	79	固定"1"	固定"1"
40~42	"分"的十位	"分"的十位			

（1）用户比特：可以记录演播室号、摄像机号、节目拍摄的日期。

（2）失落帧：用于记录 NTSC 制。为了降低声音载频（4.5MHz）与彩色副载波（3.58MHz）差拍对图像的干扰，避免使行频与差拍发生偏置，而采用帧频 29.97Hz、行频 15734.265MHz。如果读出时间为 30 帧/秒，则指示时间比实际时间慢。所以 SMPTE 码有两种方式：一是校正方式，除 0/10/20/30/40/50 分外，每分钟开始 2 帧不计数。这样，一小时少计 108 帧，指示时间与真实时间极为相似（24 小时，只差 75ms），此时失落帧比特为 1。二是非校正方式，此时失落帧比特为 0。

（3）彩色帧标志：该帧与四场循环（色同步信号）的锁定情况。

（4）相位校正比特：保证每一帧 0 号比特位前沿都是下降沿。采用双相标志码（保证一帧 0 的个数为偶数个 0）。

（5）二进制标志位：标志用户比特的模式。

（6）同步字作用：同步字中含有 12 个连"1"，而其他比特最多只有 9 个连"1"，由此很容易测出同步信号。同步字表示帧地址的开始。另外，通过同步字可以测出当前录放机是进带还是倒带：12 个连"1"后如果是"01"，是正向放带、进带；如果是"00"，则是倒带。

2. VITC（Vertical Interval Time Code）

VITC 码采用非归零调制方式，每一帧 90 比特，其 EBU 码的时钟频率为 116 倍行频，即等于 1.8125 兆赫（比特周期为 551.7241ns）。为防止因特技重放时跟踪不良或失落而导致时间码丢失，每一帧记录 4 行。EBU 码规定可在一帧的第 7 至 22 行与第 320 至 335 行中分别选取两行（通常推荐的行数是第 19 行、21 行和 332 行、334 行）进行记录。EBU 码规定 VITC 的起始位置在行同步前沿之后的 11.2μs 处；低电平与消隐电平保持一致，高电平比消隐电平高 0.56V（视频信号为 1Vpp）。VITC 一帧的 90 比特所占的时间为 49.655μs。

VITC 的 SMPTE 码时钟频率为 455/4 倍行频，约等于 1.79MHz（比特周期为 558.7302ns）；起始位置在行同步前沿之后的 10.5μs 处；一帧的 90 比特所占的时间为 50.286μs。

表 8-2　VITC 码位分配表

比特位	SMPTE 码		EBU 码		比特位	SMPTE 码		EBU 码	
0	同步	固定"1"	同步	固定"1"	42～45	"分"的个位		"分"的个位	
1		固定"0"		固定"0"	46～49	用户比特 第五个二进制组		用户比特 第五个二进制组	
2～5	"帧"的个位		"帧"的个位		50	同步	固定"1"	同步	固定"1"
6～9	用户比特 第一个二进制组		用户比特 第一个二进制组		51		固定"0"		固定"0"
10	同步	固定"1"	同步	固定"1"	52～54	"分"的十位		"分"的十位	
11		固定"0"		固定"0"	55	二进制标志		二进制标志	

比特位	SMPTE 码		EBU 码		比特位	SMPTE 码		EBU 码	
12~13	"帧"的十位		"帧"的十位		56~59	用户比特 第六个二进制组		用户比特 第六个二进制组	
14	失落帧		固定"0"		60	同步	固定"1"	同步	固定"1"
15	彩色帧标志		彩色帧标志		61		固定"0"		固定"0"
16~19	用户比特 第二个二进制组		用户比特 第二个二进制组		62~65	"小时"的个位		"小时"的个位	
20	同步	固定"1"	同步	固定"1"	66~69	用户比特 第七个二进制组		用户比特 第七个二进制组	
21		固定"0"		固定"0"	70	同步	固定"1"	同步	固定"1"
22~25	"秒"的个位		"秒"的个位		71		固定"0"		固定"0"
26~29	用户比特 第三个二进制组		用户比特 第三个二进制组		72~73	"小时"的个位		"小时"的个位	
30	同步	固定"1"	同步	固定"1"	74	未定义 固定"0"		未定义 固定"0"	
31		固定"0"		固定"0"					
32~34	"秒"的十位		"秒"的十位		75	二进制标志		场标志:"0"为奇数场,"1"为偶数场	
35	场标志:"0"为奇数场,"1"为偶数场		二进制标志		76~79	用户比特 第八个二进制组		用户比特 第八个二进制组	
36~39	用户比特 第四个二进制组		用户比特 第四个二进制组		80	同步	固定"1"	同步	固定"1"
40	同步	固定"1"	同步	固定"1"	81		固定"0"		固定"0"
41		固定"0"		固定"0"	82~89	CRCC 校验		CRCC 校验	

3.LTC 与 VITC 的比较

LTC 与 VITC 这两种时间码都是绝对地址码,两者各有优缺点。与 LTC 相比,VITC 的优点如下:

(1) VITC 每一场都记录,因此可设置场标志比特来区分奇偶场。

(2) VITC 每场起始被解码是实时的;LTC 在每一帧末解码。

(3) VITC 读取方向只有一个,电路较简单;LTC 则要确定磁带运行方向。

(4) VITC 插入视频信号中录放,与视频信号的时间关系恒定;LTC 则不能。

(5) VITC 中含有 CRCC 校验码,纠错能力强;但从另一个角度讲,VITC 是因为更容易出现错码才加入校验码的。

(6) 在超慢速搜索和静帧时,只要能提取视频信号,就能读出 VITC;LTC 则不能。

与 LTC 相比,VITC 的缺点如下所示:

(1) VITC 在快速寻像时,由于磁头连续扫描多条磁迹,可能会使数据丢失;在进行脱离磁鼓的快进、倒带时,则会无法读取,这时需要 LTC 提示磁带位置。

（2）由于 LTC 使用专用磁迹,所以可以在录制视频信号之前或之后单独将时间码录制到磁带上去;VITC 记录在视频消隐期,因此,不能单独重写。

一般高档录像机都同时内装 VITC 和 LTC 发生器和读出器。发生器的作用是在记录期间产生与视频信号同步的 VITC 与 LTC。读出器的作用是在重放或电电状态下对 VITC 和 LTC 进行解码,并以时间数字的形式出现在显示屏和监视器上。

既然 LTC 和 VITC 记录在磁带的不同位置上,会不会出现 LTC 和 VITC 不一致的情况？某些格式的录像机是具有单独修改 TC 码功能的,即利用插入编辑修改 TC 码;被插入编辑修改的 TC 码就是 LTC,而 VITC 处于视频信号的场消隐期,无法独立修改。线性编辑中,新节目的开始时间码一般设置为 00:00:00:00,采用硬录的方法直接录制彩条信号;录制彩条信号前,要对时码清零。对于一些制作好的节目带有时码不连续或时码起始数据不标准的问题,可以通过插入编辑修改 LTC 来完成。不过,修改了 LTC 后,LTC 就与 VITC 不一致了,这是很多大型电视台所禁止的。

8.1.5　串行遥控信号

编辑控制器可通过 RS-232 或 RS-422A 协议对编辑录像机和编辑放像机进行遥控,同时可得到来自编辑录机和放机的状态数据及应答指令。录像机与编辑控制器间的指令和信号传输统一采用串行方式,常见的接口标准是 RS-422A 和 RS-232C。以 RS-422A 为例,该接口信号标准以国际电工委员会（IEC）标准

图 8-10　RS-422A 9 芯接口

RS-422A 为基础,称为 RS-422A 串行遥控信号。

RS-422A 指令有 3~18 个字节,每一个字节有 11 个比特,其中 8 比特用于传输指令信息内容。它采用平衡型传输,即用 A/B 两根单芯电缆传输正向与反向的信号。当 A>B 时,数字为 1;B<A 时,数字为 0。此传输通常采用 9 芯 D 型插座,如图 8-10 所示;各插头座芯脚排布见表 8-3。

表 8-3　9 芯 RS-422A 芯脚信号分布

信号＼芯脚	1	2	3	4	5	6	7	8	9
编辑控制器	地	接收 A	发送 B	地	空	地	接收 B	发送 A	地
录像机	地	发送 A	接收 B	地	空	地	发送 B	接收 A	地

RS-422A 指令属双向信号,每一个指令块起始以 0 作标志,表示每一字节的开始,中间 8 比特传输信息。第 9 位是奇偶校验,采用奇校验,即从 D0 到 D7 加上校验位,使这 9 位的数字总和为 1,最后一位为停止位,以数字 1 结尾,见图 8-11。

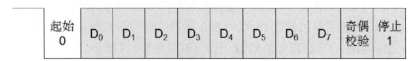

图 8-11　RS-422A 字节的组成

RS-422A 指令块的格式如图 8-12 所示,不同指令的长度不同,最长 18 字节时,其中含 15 个数据字节;最短个 3 字节时,不含数据字节。

图 8-12　RS-422A 指令块格式

编辑控制器与录像机间的信息传输是以编辑控制器发出指令、录像机回答的形式进行的。编辑控制器发出指令后,必须收到录像机发回的回答指令后才能继续发第二个指令。录像机的回答指令有三种:

(1) 如果编辑控制器发出不要求录像机返回数据字节的指令,则录像机在执行的同时只返回认可指令。

(2) 如果编辑控制器发出要求返回数据字节的指令,则录像机要返回带数据字节的指令。

(3) 如果编辑控制器发出错误指令或未定义的指令,则录像机返回不认可指令。

8.1.6　线性编辑的优缺点

线性编辑的技术已经比较成熟。制作人员从摄录机中取出磁带后,可以直接在线性编辑系统上进行编辑,非常方便,因此线性编辑多用于粗编及编辑素材相对集中的节目。加入字幕机、特技机、调音台等设备的线性编辑系统,亦可以制作出完全满足播出要求的节目,不过,它亦有以下缺点:

(1)由于是以磁带作为信息载体,线性编辑一般按照顺序编辑,因此,编辑好的节目难以修改。虽然使用插入编辑方式能使一段新的声音信号或视频信号替换节目中间的某个段落,但这种替换并不能直接改变节目的总长度。如果使用线性编辑来修改已经制作完成的长篇电视连续剧,那将是一项浩大的工程。

(2)磁带的物理结构决定了线性编辑不能做到数据的随机存取,也就是说,使用线性编辑不能在任意时刻获取媒介中存储的某段素材。因为磁带中的节目按顺序录制,如果要查找某段素材,就要将磁带用录放机卷带进行搜索,且搜索所用时间的长短和卷带速度、素材的位置有关,因此,线性编辑的素材搜索非常浪费时间,并且在搜索时也会对磁带和磁头造成磨损。

(3)对于记录模拟视频信号的磁带来说,多次复制会造成图像质量的严重下降。使用数字磁带记录信息时,在每一次对数字带进行编辑和翻录的过程中,也会存在磁带磨损而造成误码的问题,只不过由于数字录像机采用的编码技术具有强大的误码纠错能力,若干次复制对图像质量不会造成影响;当多次翻录造成的误码超过纠错能力后,画面质量会急剧下降,出现马赛克等问题。

(4)有些线性编辑系统构成非常复杂,包括录机、放机、编辑控制器、切换台、特技机、时基校正器、字幕机、调音台等。系统连线则有视频线、音频线、控制线、同步基准线等。现场操作的复杂度也比较高,可能会因为某台设备、某根连线故障或是某位工作人员的操作失误,而对整个系统的工作造成严重影响。

8.1.7　线性编辑向非线性编辑的过渡

磁带上记录的数据并不是基于文件的,更没有可检索的文件头,大部分磁带不存储元数据(某些磁带上带有存储元数据的 IC 芯片,可记录入点、出点、NG/OK 等信息),因此,虽然一盘磁带在手,但如果没有附加分镜头记录单的辅助帮忙,编辑人员根本不知道磁带里面记录了什么素材。如果想查找一段素材,必须从磁带头开始快速播放,人工查找。另外,信号记录在磁带上的位置与其所在时码有关,编辑好的节目片段是无法随意调换、缩短或延长的。在线性编辑过程中,原始素材直接按照编辑顺序拷贝到成品磁带上,这种编辑又叫联机编辑(On-line Editing)。

为了提高编辑人员的工作效率,人们使用能够记录多条编辑点的高级编辑机实现自动编辑。按照剧本需要,先将镜头所在磁带的位置信息以 EDL 的形式编写出来,再把该 EDL、素材带和成品带放入高级编辑系统,由自动编辑机逐条按指令控制放像机和录像机的走带以及记录。另外,当线性编辑系统不能支持较高质量的图像处理时,编辑人员会把素材以较低分辨率、较差质量的形式上载到非线性编辑系统进行编辑;剪辑好所有镜头后,将所有的视频编辑步骤用 EDL 或类似的文件记录下来,最后将内容一模一样但图像分辨率和质量更高的磁带替代硬盘中的素材;EDL 导入自动编辑机,再由编辑机控制放像机播放磁带;控制录像机记录每一个镜头,进而完成全部高质量视频的剪辑。这就是典型的脱机编辑(Off-line Editing)。

EDL(Edit Decision Lists,编辑决定表)是一种用于描述视频编辑步骤的文件,可以通过磁盘等存储介质保存,以便下次调用出来进行相同的编辑操作。EDL 主要用于脱机编辑,现已被广泛用于非线性编辑中。

EDL 文件一般由文件头、文件体和文件结尾组成。EDL 文件头包括文件类型和版本信息。EDL 文件体一般由编辑线和注释线组成。编辑线一般包括 Filename/Tag(文件名/标记)、Edit Mode(编辑模式)、Transition Type(转换类型)、Num(划像序号)、Duration(持续时间)、SrcIn(编辑素材入点时间)、SrcOut(编辑素材出点时间)、RecIn(编辑录机入点时间)、RecOut(编辑录机出点时间)。EDL 文件结尾表示文件结束。

表 8-4 为某 EDL 的两行操作,每一行操作都是编辑一个新镜头。其中 Edit 为编辑表号;Reel Name 为磁带名称;Channel B 代表视频+音频 1 的插入编辑;C 代表 Cut,即快切;D 代表使用特技切换台上的混合特效——叠化;Dur 是特效运行长度,单位是帧;Source IN 为放机入点时码;Source OUT 为放机出点时码;Record IN 为录机入点时码;Record OUT 为录机出点时码。

表 8-4　EDL 结构

Edit #	Reel Name	Channel	Trans	Dur	Source IN	Source OUT	Record IN	Record OUT
105	123	B	C		03:05:53:17	03:05:57:17	01:00:17:20	01:00:21:20
105	123B	B	D	025	03:15:33:09	03:15:35:24	01:00:21:20	01:00:24:05

EDL 有多种文件格式,不同的 EDL 格式,其文件头、编辑主体和编辑结尾都有所不同。EDL 常用的标准有 SMPTE 和 GVG/Edit Ware EDL 格式。

8.2　非线性编辑系统

非线性编辑是指素材的长短和顺序可以不按照节目制作的时长和先后次序而进行任意编辑。非线性编辑系统一般是以硬盘、光盘、固态硬盘、半导体存储卡等为存储媒介,以计算机为主体的视音频处理平台,配合视音频模块、板卡、辅助卡等设备而组成,其核心是存储媒介必须能够随机存取和处理素材。非线性编辑系统提供了丰富的编辑手段,包括视音频数据压缩、解压缩、回放、视音频编辑、声像合成、字幕制作、特效制作等功能。非线性编辑过程中,非编系统以文件的形式记录下编辑素材的路径、编辑点所在位置以及特技类型、特技参数等信息;编辑人员可以对编辑点和特技进行任意的添加、调整和删除,因此,它为影视节目制作带来了极大的便利。

大多数电视节目的制作都需要非线性编辑的支持,比如新闻节目中的新闻摘要、演播室节目录制过程中现场大屏幕播放的视频都要在节目录制前做好,它们都会利用非线性编辑系统来实现;连续剧、专题片等节目更要在拍摄完毕后进行精良的后期制作与包装,这些也是在非线性编辑系统中完成的。

8.2.1　系统架构

1.非线性编辑工作站与外围视频设备的连接

非线性编辑系统的主体为计算机工作站。为了实现对外来素材的上载,并完成节目的录制和输出,工作站需要通过板卡或接口箱与外围视频存储设备相连。在编辑过程中,编辑人员需要对节目素材和节目合成效果进行双窗口甚至多窗口监看,因此系统需要增加专用的监视器。

如图 8-13 所示,接口箱是工作站重要的信号连接设备;摄像机的视音频输出接口通过线缆连接至接口箱视音频入口,接口箱再通过专业多芯线缆与非线编工作站相连。此时,摄像机拍摄的视频信号便可以上载至工作站,系统也可以直接使用录像机与非线工作站通过接口箱相连。除了同摄像机连接方法相似的上载线路外,还可将接口箱的视音频输出接口与录像机的视音频输入接口相连。为了实现录像机操作的远程遥控,还应通过遥控接口(如 RS-422)将接口箱与录像机连接。为了实现同步监看,接口箱应与监视器和音箱等监视监听设备连接。另外,视频信号在上下载过程中,为保证信号源与信号终端的同步,系统还需要连入同步信号,将同步信号发生器发出的同步信号环接到信号源、信号终端及接口箱设备的同步接口上。

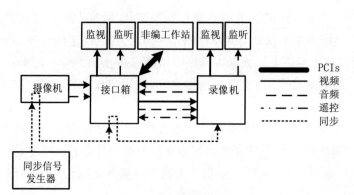

图 8-13　非线性编辑系统示意图

2.非线性编辑的网络架构

近年来,非线性编辑已从所谓的数字孤岛(在单机上模拟信号输入经数字处理后又还原成模拟信号)逐步走向数字大陆——非线性网络。用计算机网络将各个孤立的非编工作站连接起来,实现素材共享、流水线作业、素材管理以及媒体资产管理等功能,被称为非线性编辑网络,其硬件结构主要包括多种不同类型的多媒体工作站、高性能的硬件网络和高容量存储设备。

当前常用的非线性编辑网络是以存储为中心构建的系统,可以比较灵活地根据需要进行扩充,主要有存储区域网 SAN(Storage Area Network)和附属于网络的存储结构 NAS(Network Attached Storage)两种结构。

SAN 结构的特点是网络中的工作站节点与存储器直接连接,访问速度快。实际操作中,通常通过光纤通道使网络中的设备直接与中心存储体相连,构成光纤通道存储区域网(FC-SAN)体系结构(如图 8-14 所示)。这种结构具有高速存取和共享存储体等特点,可避免大流量数据传输时发生阻塞和冲突,非常适合高速和不间断视频数据流的传送。用户能在网上的任意一个工作站访问共享存储体得到素材,从而避免了服务器方式的瓶颈效应。

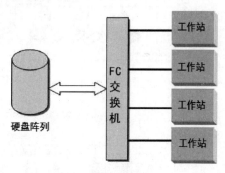

图 8-14　FC-SAN 网络结构

NAS 存储网络结构是传统以太网的改进网络系统,它使用 TCP/IP 等网络协议,通过网络实现数据的交易与管理。它与传统的以太网最大的区别是存储设备与服务器均连接在局域网上,而且文件服务器与应用服务器是分开的。数据存储采用专用的文件服务器管理文件存储系统,提供硬盘共享,支持多个 I/O 节点和网络接口,从而扩大了访问带宽。

NAS 适用于网络资源较多的环境。另外,由于采用网络协议,其速度会受到影响,并且,NAS 系统扩展也会受到网络带宽的制约,因而需要设计更高码率的主干网。

FC-SAN 通常由一个以共享存储器为中心的物理连接层和一个管理这些连接的管理

设备组成,用于实现在计算机系统与共享存储器之间或者共享存储器之间传输数据。FC-SAN 在各广播级非编工作站与共享存储体间建立直接、高速的连接,无须通过中间的媒体服务器,既实现了视频素材数据在网络中最直接的实时共享,又保证了工作站和共享存储体之间直接进行稳定、高速的数据传输,但在用户权限控制和工作站之间管理数据交换等系统管理方面存在不足。

以太网工作站访问共享数据须通过媒体服务器,其网络结构不是面向通道连接的,在连接和协议方面的开销很大,其实际数据传输率仅为整个带宽的 40%左右。1000Mbit/s 以太网,实际数据传输率仅为 400Mbit/s,即以太网在带宽和实时传输方面存在不足。但以太网在系统管理方面具有优势,而且成本很低。

很多电视台在面对以上问题时都采用了双网结构的解决方案,其中心思想是综合 FC网和以太网的优点,将播出画面的质量与编辑时看到的画面质量分开管理,具体思路见图 8-15。从图中可以看到,双网结构由两个网组成,一个是由广播级非编组成的城域网FC-SAN,其特点是以存储器为中心,支持实时广播级视频数据的高带宽数据流,可以进行广播级视频数据的上下载和编辑;其缺点是可挂接的广播级非编太少,且站点之间无法通信。第二个网是基于以太网技术的局域网 LAN。以太网有服务器支持,可以支持各节点之间的通信和提供数据库服务,但缺点是节点的带宽太小,受网络干扰较大。

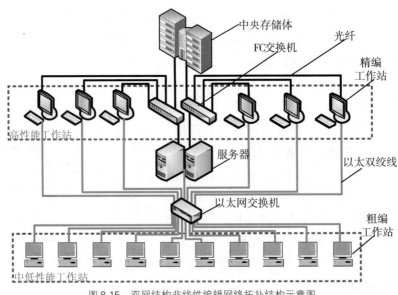

图 8-15 双网结构非线性编辑网络拓扑结构示意图

FC-SAN 负责实时的高质量广播级视频数据流的传送、存储、共享和管理;以太网负责管理系统信息、低质量的视频数据流、音频数据流/文稿数据等的传送、存储和共享;FC-SAN管理软件负责对网络共享信息的读写权限进行管理和控制。

双网结构使得两种不同类型的网能够互联互通、取长补短,其工作原理主要采用双路采集技术,如图 8-16 所示。系统先由 FC-SAN 中广播级非编进行素材上载,可以同时采集两路视频素材(一路为高码率、低压缩比的广播级素材,一路为高压缩比、低码率的脱机级素材),之后将这两路素材分别送到 SAN 和 LAN 中。在 LAN 中进行编辑时,由于只需要进行浏览和粗编,所以低水平的分辨率就够了。这个水平的视频编辑对工作站性能要求低,甚至可使用无卡工作站,以降低系统建立的成本。粗编工作站的编辑完成以后,生成 EDL 送到 FC-SAN 中;SAN 中的精编工作站进行视频替换,将视频素材换成广播级素材进行播出或下载。这种方式使人联想起脱机—联机(按 EDL 在录像机上自动进行广播级编辑)的早期非线性编辑的方式,所以也有人将无卡非编的编辑工作称为"网络脱机编辑"或"草稿编辑"等;而 SAN 中根据 EDL 进行的自动素材替换被称为"自动联机编辑"。

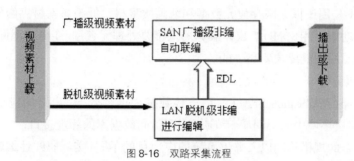

图 8-16　双路采集流程

FC-SAN 和以太网的双网结构中,视频网络基本硬件构件包括以下内容:

(1) FC-SAN 系统硬件(连接有卡工作站):(双)FC 交换机、FC 网卡、硬盘阵列。

FC 交换机级联用于连接所有的有卡工作站(如上载工作站和精编工作站等)以及共享硬盘阵列。为了防止出现系统故障,一般准备两台 FC 交换机,一主一备,避免因交换机单点故障导致系统崩溃。

(2) 以太系统硬件:(双)以太网交换机、以太网卡、热备份双管理服务器、热备份双媒体服务器。

以太网通过 TCP/IP 协议连接系统所有设备(工作站点和服务器)。客户端如果为百兆以太网,则主干网为千兆高速以太网。管理服务器通过千兆接口实现整个网络的管理;媒体服务器用于高压缩比、低码率视音频数据和文稿数据的存储。

(3) 各类工作站:上载、收录、快编、粗编、精编、配音、文稿录入、串编、审片、下载、播出工作站等。

在双网结构下配置的服务器有以下几种,其中前三种是必备的:

(1)元数据控制器

即 MDC(Meta Data Controller),负责共享逻辑卷元数据管理,用于控制高质量和低质量信号同步。位于中央存储体上的共享逻辑卷是 MDC 本地硬盘资源。客户端对共享逻辑卷的访问是通过 MDC 服务器本地硬盘资源的以太网映射完成的。精编工作站对位于存储体上的素材数据进行访问时,先要从 MDC 取得其元数据;如果该设备无法正常工作,则即使共享逻辑卷完好无损,客户端也无法访问。

(2)数据库服务器

即 Data Server,它将应用程序和其访问的节目数据从逻辑上分开,为应用程序访问节目数据提供标准接口,并具有共享内容数据接口和用户权限管理功能。如果它发生故障,将导致用户编辑系统无法登录到网络界面,且共享内容不可见。系统对其安全性、稳定性和工作性能的要求很高。

（3）域控制器

即 DC（Domain Controller），负责管理以太网。域中站点和用户对资源的访问权限由其决定，如果它发生故障，将导致用户在操作系统界面无法登录到网络。由于非线性编辑制作网络的站点规模一般较小，域控制器的 I/O 流量不大，所以可以和其他服务功能配置在一台物理服务器上。一般应用中经常将域服务器和数据库服务器配置在一起。

（4）媒体服务器

Media Server，用于以太网存放元数据和低画质素材。低画质素材供给粗编工作站访问，具有 MDC 功能。相比 MDC，媒体服务器除了要处理元数据，还要处理低画质素材，所以对媒体服务器的性能要求要高一些。

（5）应用服务器

应用服务器（Application Server），是连接数据库服务器、用户终端应用程序的服务器，是分布式三层环境中的中间层，是应用程序访问数据库的标准接口。

根据电视台的规模不同以及非编系统的应用目的不同，实际非线性编辑网络也有采用单网结构的，比如站点较少、不需要严格管理使用权限时，可采用 FC-SAN 单网网络。对于网络管理严格、站点较多并且配置灵活的要求，也可采用以 IP-SAN 单网模式。虽然千兆以太网环境下的 IP-SAN 比 FC-SAN 逊色，但是如今大中型电视台早已有能力建立万兆以太网，满足高清环境下的后期节目制作需求。当前主流应用仍以双网结构居多。比如在大型电视台，人们将同一制作网划分为两种功能：一方面，针对高清节目包装合成与高端制作网对高质量、高性能、高效率的需求，采用高性能高清编辑工作站，则网络架构上设计成以光纤架构为基础的高速共享网；另一方面，针对本地制作与在线编辑相互结合的模式，在线编辑工作站点能够以项目共享、素材共享、资源共享的方式进行协同工作。本地工作站要采用高清无压缩格式素材制作节目，对带宽需求量极大，本地制作站点间又有频繁的文件传输需求，需要具备快速交互的能力，因此双网结构的另一网可使用万兆以太网架构。

另外，电视台正面临着节目生产向移动、互联网等多种媒体的扩展，节目制作平台也就需要满足媒体融合的需求。因此，很多集成商将云计算应用在非线性编辑网络应用中。这种云媒体制作系统一般由软件即服务层（SaaS）、平台即服务层（PaaS）和基础设施即服务层（IaaS）组成。其中 SaaS 层以基于互联网的浏览器为交互平台，可为远程用户提供服务器端的非编软件。如果编辑人员利用这个平台进行非线性编辑，编辑过程中，存储在云端的高清源素材及其对应的低码率副本都是没有被修改的，编辑人员的所有操作过程是通过 EDL 文件进行保存的。EDL 文件通过网络传送至后台计算机集群，后台则可根据 EDL 使用高清源文件进行高速数据处理，最终生成高清节目文件。后台还可对高码率节目文件进行压缩，用于生成在线观看使用的低码率文件。编辑人员只要携带普通的笔记本电脑，在任意一个提供足够带宽网络的地方，都可以凭借账号登录云非编平台，进行高效的编辑工作。

8.2.2　非线性编辑系统计算机平台结构

非线性编辑工作站的主体是计算机系统,其构成包括计算机硬件平台、非线性编辑软件、视音频采集、处理板卡/GPU、存储系统及接口箱等,如图8-17所示。非线性编辑系统需要视音频处理板卡或者GPU来加速,而接口箱用于视音频信号的转换传输。有些视频板卡集成了I/O接口,可通过多芯线缆与接口箱相连。在GPU加速的平台上,系统则通常会有专用的接口卡与接口箱相连,甚至某些笔记本带有专用的接口卡插槽以备外部连接。

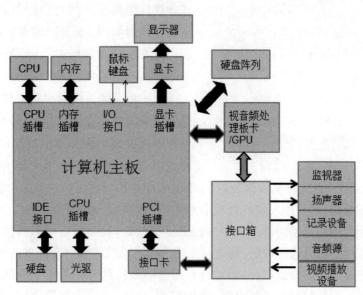

图8-17　非线性编辑系统硬件结构

由于非线性编辑系统要处理的视频流的数据量非常庞大,所以计算机平台的性能(CPU的性能、内部总线的带宽、磁盘存取能力、工作稳定性等)对非编系统影响非常大,尤其是实时非编,对计算机平台的要求就更高了。非编的计算机平台主要包括SGI工作站、苹果Mac机和多媒体PC三种主流机型。

按照硬件加速方式,非线性编辑系统可分为三种类型:基于板卡的非线性编辑系统、无卡非线性编辑系统、CPU+GPU+I/O接口的非线性编辑系统。

1.基于板卡的非线性编辑系统

非编的重要硬件之一是视频编辑卡(Video Editing Card),也可称为非编卡。视频编辑卡依赖于计算机平台,因为视频编辑卡只是计算机扩展槽中的一个或一组板卡。

专业的板卡一般由以下几部分组成:

(1)视频/图像二维特技合成卡。

(2)视频三维特技处理卡。

(3)数字视频编解码/数字音频混合卡。

(4)数字信号I/O卡。

(5)图形加速卡。

（6）视频窗口卡。

板卡的主要功能包括 2D/3D 视频特效、视频混合(Mix)、特技处理(DVE)、字幕叠加(GFB)、压缩解压缩(Codec)。

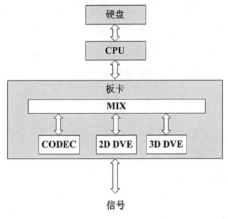

图 8-18 基于板卡的非线性编辑系统工作原理示意图

专用的视音频编辑卡上配备经过特殊处理的芯片与连接电路,将视音频编解码和实时特技处理功能固化在硬件电路上。非线性编辑系统的编解码和实时特技由编辑卡完成,因此非线性编辑系统的处理能力完全取决于板卡的性能指标,且板卡的输入输出接口、压缩解码方式决定了系统的视音频质量。工作原理示意图如图 8-18 所示。

基于板卡的非线性编辑工作流程是:视音频信号采集时,需要处理的信号通过板卡中的编解码模块编码为标准的视音频文件存放在硬盘中;视音频处理时,由相应的应用程序通过 CPU 将压缩后的视音频文件从硬盘中调出;板卡中的硬件编解码器芯片将视频数据解码成基带视频数据,然后传入硬件合成芯片中进行视频合成;需要进行二维特技处理的数据被发送到专用的二维特技芯片中进行二维特技处理,处理后的数据传回合成器;对于需要进行三维特技处理的数据,则通过专用的私有总线传输到专门的三维特技板卡中的三维特技芯片进行三维运算,然后通过专用总线回传到专用板卡上面的合成器;合成器对特技转换后的视频数据进行合成,完成扫换、叠化、键控等效果;合成完成后的画面数据由板卡的专用 I/O 接口以基带信号的形式输出,或再次回送到硬件编解码器编码成某种格式,从相应 I/O 接口输出。

板卡可以使视频处理过程不占用计算机本身的资源,因此计算机平台的配置就不必很高。专业级的板卡实现视频信号解码、特技处理和画面合成时,能够精确地保证系统实时性和高速的计算能力。但是板卡本身也限制了非编系统的功能升级和特技形式,决定了非编系统可编码解码的格式、特级效果的种类和实时性能等,因此无论如何提升计算机平台的配置,都很难改善系统的实时性能。软件不过是控制板卡正常工作和实现操作界面,却无法提供更多实时功能。因此使用价格较低的低档板卡就要面临编解码格式单一、特技效果单一、可调参数过少、兼容性差等问题。如果在一开始投资购买设备时就选错板卡,那么整套设备将很难发挥出其应有的作用。另外,专用板卡成本高、价格昂贵,实际应用中容易存在兼容性问题,维护修理过程较为烦琐,需要花费大量资金;板卡上的大量芯片还会带来非编系统耗电量大、发热量高、稳定性差等问题。

基于板卡的非编系统的国外生产厂商主要有 AVID 公司的 MC 系列、Media 100、EDIT 等。国内的索贝、大洋、新奥特等公司都在基于 Matrox 公司的 Digisuit 系列硬件板卡上进行了 OEM 开发,因此相应的产品也是基于板卡的非线性编辑系统。

2.无卡非线性编辑系统

基于专业板卡的非线性编辑系统无论是购买价格还是维护成本都很高,因此,为了节约资金,人们还会配置不依靠专用视频板卡完成编辑处理的非线性编辑系统,这就是无卡非线性编辑系统。

无卡非线性编辑系统的编解码、2D 和 3D 变换以及多层画面合成过程完全依靠 CPU。图 8-19 示出无卡非线性编辑系统结构。从硬件结构看,无卡非编系统相当于一台高性能计算机。由于全部运算都依赖 CPU,这类非编系统受到计算机系统 CPU 性能的限制和软件构架的局限,只能处理编解码运算比较简单的视频压缩格式,同时也只能处理视频画面分辨率较低的视频数据。

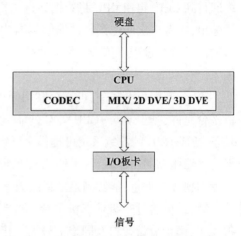

图 8-19　无卡非线性编辑系统工作原理示意图

无卡非线性编辑系统在功能和性能上都无法与基于板卡的非线性编辑系统相提并论,但因为无卡非编系统成本较低,经常作为基于板卡的非编系统的重要补充。在建设小型非编网络时,可使用若干台有卡非编工作站,再加上若干台无卡非编工作站;重要的采集和合成过程由有卡工作站完成,而普通的剪辑和加入简单特技的过程则可由无卡非编工作站来完成。

3.CPU+GPU+I/O 接口的非线性编辑系统

GPU(Graphic Processing Unit),即图形处理单元,是随着用户对计算机系统中 3D 图形处理要求越来越高、由 NVIDIA 公司于 1999 年在发布 GPU-GeForce 256 图形处理芯片时提出的概念。GPU 是以硬件的形式支持多边形转换和光源处理(Transform and Lighting,即 T&L)的显示芯片。由于在 3D 渲染中多边形转换和光源处理是一个非常重要的部分,因此,它的最大作用是进行各种绘制计算机图形所需的运算,包括顶点设置、光影、像素操作等,特别是应用于 3D 游戏和 3D 特效渲染中物体移动时的坐标转换及光源处理。

GPU 出现后,在图形处理过程中起到了替代 CPU 的作用,主要包括:

(1)2D 引擎;

(2)3D 引擎;

(3)视频处理引擎;

(4)全景抗锯齿引擎;

(5)显存管理单元等。

其中,对 3D 运算起决定作用的是 3D 引擎,是区别 GPU 等级的重要标志。

系统工作时,从硬盘或其他存储介质中读取(已编码的)视频数据,由软件编解码引擎通过 CPU 运算,将数据解码成基带视

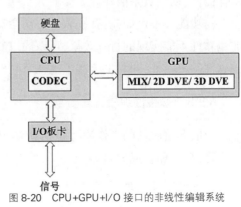

图 8-20　CPU+GPU+I/O 接口的非线性编辑系统工作原理示意图

频数据,然后通过主机内部总线发送到显卡上的 GPU 图形处理器。2D、3D 特技处理和视频数据合成都分别利用 GPU 的相应引擎运算完成;合成后的数据再次通过主机内部总线回传到 CPU,再由 CPU 将数据通过主机内部总线传输给 I/O 板卡。它以基带信号的形式输出,或者再次回送到软件编解码器中编码成某种格式,并通过 I/O 板卡上的相应接口输出。整个过程不依赖专用处理电路。由于以上结构特点,基于 CPU+GPU+I/O 的非编系统有以下几方面特性:

第一,不受板卡限制,可充分利用硬件系统资源,实现高性能编辑和处理。只要计算机平台允许,基于 CPU+GPU+I/O 的非编系统可以实现多路视音频流合成。目前主流的基于 CPU+GPU 的非编系统可提供多层特技实时输出,素材在处理过程中是基带信号,既保持了无压缩的制作流程,不使用板卡承担实时数据处理,也能保证 8 比特或 10 比特无压缩的视频数据量,能够满足广播级数字高清节目的后期制作要求。

第二,可通过升级计算机平台,支持各种主流 I/O 接口,包括数字 SDI、模拟复合、模拟 Y/C、模拟分量接口及同步信号输入接口等;音频包括 SDI 嵌入式数字接口、AES/EBU 数字接口、模拟平衡和非平衡接口;支持 IEEE 1394 接口等;还可以直接支持蓝光盘和 P2 卡存储设备,因此后期制作人员只需要在操作时直接将 P2 卡和光盘里的素材导入本地硬盘,无须二次转换。

第三,利用 GPU 对视频图像进行处理的非编,在没有附加特效卡的情况下,一方面通过计算机平台配置的提高,可获得更好的硬件性能和非编系统的性能;另一方面,不需要像基于板卡的非编那样使用标准 SDK 调用专用板卡功能组件实现系统功能。非编软件升级、更新换代和维护都很方便,且系统可以通过软件模块的添加和升级来支持更多的编辑格式,获得更多的特技效果,有较强的可扩展性。

第四,其系统整体价格相对于以往的有卡非编来说,无论是前期投入还是后期升级和维护,都更为便宜。

第五,不使用专用的硬件板卡,增加了结构简单的 I/O 板卡进行基带信号的输入、输出,因此,故障率低,耗电量和发热量小,稳定性相对于基于板卡的非编系统大大提高,有利于进一步优化系统硬件结构,使编辑系统得到更高的安全性和稳定性。

很多软件公司针对自己的非编软件不断开发新的插件,包括各种视音频特效插件、字体插件、动画效果插件等。编辑人员可以根据自己的需要选择插件,超越了非编软件原有的功能。不仅如此,有些软件公司会提供非编软件开发包。编辑人员如果遇到现有非编软件不能实现的特技效果,可以通过软件开发包自行编程开发。这就大大加强了非编软件的灵活性,同时也丰富了电视节目的表现形式。

8.2.3 非线性编辑工作流程

一般非编软件的工作流程包括新建项目文件、素材导入、视音频剪辑、视音频特效、加字幕、混音和合成导出等。

1.新建项目文件

在进入非编软件时,编辑人员要新建一个项目文件,或者打开上一次建立好的项目文件继续编辑工作;有的软件将项目文件命名为故事板,不过其功能都是相似的。新建项目文件时,首先是对该项目文件的一些参数进行设置。这些参数规定了这个项目文件的电视制式、分辨率、音频采样率、帧频、场设置、安全框设置、数字视频分量信号量化比特数等信息。编辑人员在开始工作前要确定上述参数。

2.导入素材与浏览

开始剪辑之前,要将剪辑所需的素材导入(Import)到项目文件的库文件中(Bin 或 Project 等)。编辑人员可以根据自己的工作习惯,做好素材的分类工作,在库内通过新建或删减文件夹来管理素材。所有库文件中的素材可以在专门的监视器窗口(Monitor)浏览。

3.素材的剪切

编辑人员可以在浏览过程中选中需要的素材,设置入点(In Point)和出点(Out Point),将入点、出点内的段落插入时间线(Time Line)。最简单的剪辑工作,比如后期制作的粗编工作,就是将需要的段落按照顺序和层次剪贴到时间线。时间线的视频轨和音频轨是分开放置的。视频轨上的视频片段用长条矩形表示,或者矩形上带有视频内容的图片作为片段头或尾的标志,这样编辑人员很容易从时间线的片段图标看出节目是如何编辑的;而在音频轨中,每一个声音片段的波形都会显示在片段的矩形上,根据波形可以比较容易地找到编辑点。时间线还提供"显示/隐藏""锁定""静音"等按钮以方便编辑。

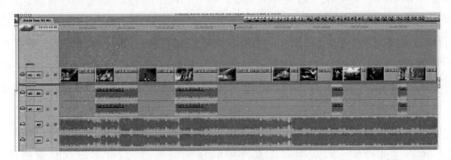

图 8-21　时间线(Time Line)

非编软件可提供工具栏(Tools Bar)。工具栏内排列了若干带有图标的按钮,表示可选择的工具,具体功能根据软件不同而各异。如果需要改变时间线上各片段的位置,或者改变片段入点、出点的位置,可以在点选"选择工具"后,直接用鼠标拖动,也可采用快捷键,直接用键盘控制。

4.节目生成

剪辑工作结束之前,要将制作出的节目编码为成品,这个过程被称为导出(Export)。一般的非编软件会提供专门的生成对话框。编辑人员可选择生成的文件是动态视频文件、静态图片还是纯音频文件,然后设置相应的参数。如果生成视频文件,那么就要选择成品的编码格式、量化参数、色彩深度、节目长度、图像质量、文件中是否含有声音以及声音参数等。静态图片的导出主要设置图片的格式、是否带 Alpha 通道和色彩深度等。声音的导出主要设置声音文件的编码格式、采样频率、声音类型、声道数量等。这一步骤决定了节目的最终格式和质量,因此非常重要。

8.2.4 非线性编辑的优点

与线性编辑相比,非线性编辑有如下优点:

(1)非线性编辑系统的硬盘存储由 0 和 1 构成的数字信息,多次复制也不会有质量下降。硬盘磁头不与盘片接触,因而磁头和盘片都不会因此受损。

(2)使用 EDL 或项目文件进行编辑,免去了无谓的素材复制;素材可随机存储,且实现零帧精确编辑;具有友好的编辑界面,易于对素材进行管理,可视性强,节目编辑方便、快捷。

(3)非线性编辑软件自带图像处理功能,可以帮助调节图像的亮度、色调、饱和度,还有键控抠像、多种划像、场景过渡选项,在后期节目制作中可以完全替代传统的特技机。非线软件中也包括音频处理部分,配合其他电子音乐制作软件则可以替代原有调音台和 MIDI 系统。在非线性系统中还可以安装各种 2D、3D 动画制作软件,用于为节目添加动画和特技素材。一套非编系统加一台录像机就可以代替一整套复杂的线性编辑系统。

8.3 演播室非编网络的特殊需求

演播室非编网络的实现一般有两种形式:第一,作为后期非编网络的端点扩展,在演播室配置收录、编辑、包装、回放等站点,但不配置存储服务器。这种方法成本低、功能简单、节目制作效率不高,与其他部门共用存储器,系统安全性低。第二,在演播室系统中设计专用非编网络。该网络针对演播室特殊需求进行配置,与后期非编网络以文件的方式进行交换。这种方法成本高、功能强,可提供高效编辑流程,且独立存储安全性高。本节主要讨论第二种演播室非编网络的建设形式。

随着计算机性能的提升,非线性编辑系统实时处理十几路甚至更多路高清信号已成为可能。而在非线性编辑网络中连入高性能的视频服务器,即可实现实时采集的功能。配合在线场记等小型工作站的业务支撑,数字电视演播室引入非线性编辑系统,从而实现多通道录制、多机位编辑和多模式播出。

演播室最常用的多机位切换是通过切换台进行的。用这种方式制作的电视节目,镜头角度丰富、调度方便。但在大型节目录制中,用切换台切换来自几十路讯道的视频,操作中难免会有纰漏。一旦切换操作出错,要么重新录制,要么采用后期节目制作系统来弥补。如果重新录制,必然会影响演出的真实性,同时会延长录制时间,增加成本;采用后期弥补,则要求各讯道信号必须被完全记录下来,这样编辑人员才能找到相应的镜头弥补失误。但在架构普通演播室时,人们一般不会考虑设置那么多的录像机去将所有摄像机讯道同时记录下来。即使演播室有这样的配置,如果采用传统的非线性编辑方式来剪辑如此大数量的镜头,无疑增加了后期制作人员的工作量。因此,对于多机位、快节奏、调度复杂的节目,可采用非编软件提供的多机位切换功能,在硬件上采用多通道录制系统。

1.软切换

非线性编辑软件中的多机位编辑又称软切换或软切,就是把多个机位对应的素材在后期进行快速非线性剪辑的某种特殊功能。软件在提供该功能时,一般会提供多个机位素材的浏览界面,且多个素材可同时同步重放。编辑时,用户只需要按下讯道号码的快捷键,或用鼠标点击一下软件界面上相应一路讯道的浏览窗口,即可完成一次镜头的编辑,不需要传统非编的素材挑选、打入点、打出点、逐镜头帧对齐(同步)等操作。

具体来说,以图 8-22 为例,系统共有 4 个机位,制作人员可以任选一个机位的素材输出。非编软件的多机位切换界面会提供 4 个机位视频的预览窗口,让制作人员同时看到 4 个机位的实时播放画面。当软切开始时,制作人员先选定第一个镜头的来源,如 CAM1,这一操作相当于打了入点。当制作人员选择 CAM2 作为第二个镜头时,计算机自动完成镜头 1 的 Out(打出点)操作,同时在 CAM2 素材上打入入点,以此类推。所有操作完成后,在时间线上就形成了来自 4 个摄像机机位素材的多个片段,快速完成了非线性编辑。

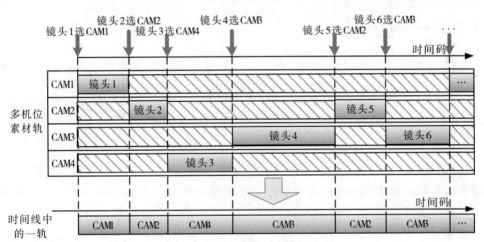

图 8-22　软切换原理图

使用软切换前,要统一将各机位镜头进行帧对齐,即将每一个机位素材的起始时间调整一致,以便镜头变换时不会出现重复或缺失。如果素材并不是所有机位的摄像机同时拍摄的,则需要 GPS 时码同步,或需要通过画面中同时出现的大幅动作(比如打板、挥手等)、声音电平在时间线上进行素材对齐。

另外,多机位素材是由不同摄像机拍摄的,即使同一型号的不同摄像机之间也会有画面、声音上的差异。各机位的切换,容易让观众察觉出各镜头之间的画面亮度、色调、声音等因素的不一致。因此,在拍摄时应校正好各摄像机的光圈、黑白平衡;软切换前,还需要对各素材进行统一的调色;在声音方面,应该将声音信号的编辑区别于画面编辑,以主机位的声音为主。

2.多通道录制与多机位编辑系统

多通道录制系统可同步采集多摄像机拍摄的画面。该系统中,每一路摄像机讯道都连入录制服务器。每一台录制服务器支持多路摄像机信号的同步录制,再由多个录制服务器组成多通道录制网络,进而实现更多摄像机信号的同步录制。如图 8-23 所示的是多通道录制系统示意图。每一台录制服务器负责 4 台摄像机信号的同步采集,各录制服务器由控制服务器统一管理。

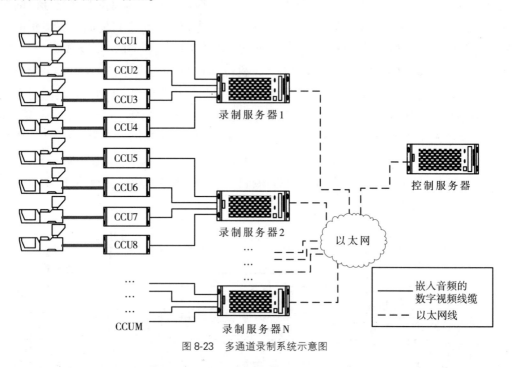

图 8-23　多通道录制系统示意图

以新奥特公司的 CreaStudio 多通道录制系统为例。CreaStudio 多通道录制系统中,录制服务器为 CreaStudio xServer,控制服务器采用 CreaStudio xPanel Pro。每台 xServer 可录制 4 讯道摄像机信号,则 8 台 xServer 即可支持 32 路摄像讯道信号的同步记录。

多通道录制系统中的录制服务器一般具有如下特点:同时满足多路高标清视频信号的记录及输出,且过程实时;支持时间码帧同步录像,方便多系统配合,提供的录制素材保证了非线性编辑的多路信号同步与实时编辑;支持多种记录格式和多种封装格式;支持分段录制,实现录制时间自定义,方便后期剪辑;存储媒介容量大,读写速度高且稳定,有较好的可靠性和移动性。

在新奥特 CreaStudio 系统进行后期非编制作时,可将 xServer 上的 xDisk 录制磁盘拔出,转而安插在 CreaStudio xCenter 媒体管理服务器中。该服务器可安装 24 块录制磁盘,还带有 4 个千兆以太网口和一个 8Gbps 的 FC 光纤网口,可满足非编网络中素材共享的需求。

另外,要实现边收边编、边编边播,则需要采用多通道录制服务器与在线存储服务器通过以太网或光纤制作网相连,如图 8-24 所示。多通道录制的节目可采用分段记录,比如每 5 分钟为一段;录好的视音频以文件的形式存储在 xServer 中,就可以通过网络传输到在线存储服务器中。支持多机位编辑的精编工作站(CreaStudio xEdit Pro)也连接在该网络中,提供各机位实时浏览的视频界面。制作人员可利用多机位编辑,快速观看所有精彩镜头,实时切换想要的精彩画面。新奥特 CreaStudio 系统中,实时电子场记系统 xLog 可通过有线或无线连接多通道录制网;PC 和平板、手机等移动设备都可以成为场记平台。场记中描述字段将嵌入录制的视频文件中。节目包装时,制作人员将从精编工作站的界面上看到这些描述,并且可以通过已做的场记信息,快速查找打点的素材,进行精彩片段的制作。

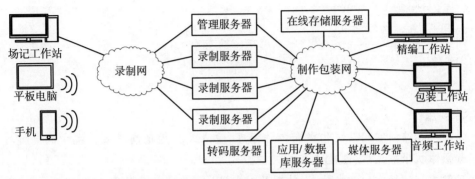

图 8-24　新奥特 CreaStudio 系统的录制网与制作网

在精编工作站中的多机位编辑过程很像利用切换台进行的视频切换,方便快捷,且实时,不过在效果上亦有区别。多通道录制系统可以实现边录制边迁移,但从素材安全及设备稳定性方面考虑,一般还是采用分段迁移。比如每 5 分钟为一段,录制完毕后,传至在线存储器中,进而传输至编辑工作站。此编辑会有至少数分钟的延时。不过,对比传统的直播节目制作方式,这种软切换的方式虽然有一定的延时,但是可以提供更精良的节目包装,更能满足及时的错误修改,提高节目的灵活度和可看性,也能提供一定的错误规避手段。相比传统的利用演播室切换台进行录播的节目形式,软切换的编辑速度要快得多。毕竟传统方式的包装还要在后期完成,而且很多演播室系统设计时并不考虑把每一路摄像机的信号都记录下来,所以如果出现切换错误时,供后期修改的素材很可能不足,还需要现场再重演、重录一遍,因此软切换方式还是比传统制作方式高效得多。

第 9 章　虚拟演播室技术

■ **本章要点：**

1. 掌握虚拟演播室的系统构成和工作原理，重点掌握虚拟演播室系统中的关键技术，如摄像机跟踪技术、色键技术。

2. 了解虚拟演播室的灯光技术，特别是灯光设计对合成效果的影响。

　　1978 年，Eugene L.提出了"电子布景"（Electro Studio Setting）的概念，指出未来的节目制作可以在只有人员和摄像机的"空"演播室内完成，而布景和道具都由电子系统产生。1993 年，以色列 ORAD 公司设计完成了世界上第一套真三维数字虚拟演播室系统。此后，另外一家以色列厂商 RTSet 也推出了基于传感器跟踪技术的真三维数字虚拟演播室。1994 年，虚拟演播室技术（Virtual Studio）在 IBC（International Broadcasting Convention）首次展出，并由此真正走向了实用。目前世界上有多家公司已开发数字虚拟演播室系统，如美国 E&S 公司的 Minset 系列虚拟演播室系统、加拿大 DiscreetLogic 公司的 Vapour 虚拟演播室系统、以色列 RT-SET 公司的 Larus 虚拟演播室系统等。2000 年以后，中国大洋、奥维迅、索贝、新奥特等公司也相继推出数字虚拟演播室产品。目前我国各级电视台、视频网站等都开始大量使用数字虚拟演播室系统，该技术使未来电视产业低碳环保发展成为可能。

　　本章主要介绍虚拟演播室技术的特点、系统架构、工作流程和扩展应用，详细介绍虚拟演播室核心技术，主要包括摄像跟踪技术、虚拟场景生成技术、色键技术和虚拟演播室灯光技术。

9.1　虚拟演播室概述

　　虚拟演播室是建立在高速图形计算机和视频色键基础上的一种演播室技术。在虚拟演播室系统中，应用摄像机跟踪技术获得真实摄像机数据和相关参数；现场视频可以实时地与计算机输出的图形、图像完美融合在一起，构成一个现实中不存在却又能在电视画面中呈现出来的新场景。

9.1.1　虚拟演播室的优越性

　　与传统实景演播室相比，虚拟现实技术应用于演播室可以说是演播室技术的一次革命。它不仅大大降低了制作成本,缩短了制作周期,更重要的是虚拟场景可随时随心地设计、更改并可灵活地根据用户需求进行定制,极大地满足了电视创作的需要。它所具有的优越性是传统演播室节目制作无法比拟的。

1.创作自由

虚拟演播室突破了传统演播室制作工艺的限制,产生的三维场景几乎不受限制,场景的大小、布局、材料、道具、灯光、动画等均可根据节目需要任意设定、自由发挥,不受时间、空间、距离的限制。采用虚拟演播室技术,只要有充分的想象力就可以营造出独一无二的场景效果,能为制作人员提供无限的自由创作空间。

2.布景轻松

虚拟演播室利用三维动画软件,制作出各种逼真的三维场景。虚拟模型可以在布景、拆景方面节省大量时间和开支。同时,虚拟演播室具有即时更换场景的能力。由于景片道具是"放置"在存储设备里的,制作人员可即时更换,实现在同一演播室里录制多个不同类型风格的节目,或者在同一节目中实时更换不同的场景。

3.节省空间和费用

虚拟演播室可以利用计算机随时更改演播室的大小,实现任意景别的透视关系的合成,突破传统实景演播室的物理空间限制。同时,虚拟演播室还节省了存放道具的空间,不需要高额的场景搭建费用和相关的设备维修费用,使多个场景重复循环使用,具有极高的性价比。

4.升级方便

虚拟演播室是基于计算机技术的。由于计算机的软件、硬件不断地升级换代,所以虚拟演播室可以根据需要随时更新软、硬件系统,以满足电视节目制作的要求。

9.1.2 虚拟演播室系统的构成和工作原理

虚拟演播室系统主要由摄像机、摄像机跟踪器、延时器、图形图像工作站、视频合成系统和切换台构成,见图9-1。虚拟演播室系统的工作流程是利用摄像机跟踪系统将摄像机的工作状态信息传送给图形、图像工作站,计算机依此得到前景物体与摄像机之间

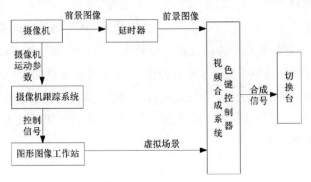

图 9-1 虚拟演播室系统结构框图

的距离和相对位置等参数信息,从而计算出虚拟场景最适宜的大小、位置,并按要求生成虚拟场景。虚拟场景图像可以是动态的,也可以是静止的,可以是二维的,也可以是三维的。主持人或演员置身于蓝色或绿色背景幕布前表演;现场视频(前景图像)利用色键原理将人物从背景幕布中分离出来,实时地与图形、图像工作站生成的虚拟场景完美地合成在一起,最终把合成画面输出到切换台。由于图形、图像计算机需要充足的时间实现场景渲染,因此对于前景图像需要增加延时器,使之与虚拟场景同步。

1.实景现场(蓝箱或绿箱)

虚拟演播室中摄像机所拍摄的现场已不是传统的主持人或演员的全部活动区域,而只是虚拟画面中的一部分。现场布景是单一的蓝色/绿色背景幕布,仅作为抠像的基准色。除了摄像机拍摄到的现场人物,实景现场的全部蓝色/绿色区域将被替换成计算机生成的虚拟场景。

虚拟演播室蓝箱的制作要求背景平滑,且具有空间感。根据演播室实际尺寸大小的不同,蓝箱尺寸也相应地变化。蓝箱主要有一面一底式、两面一底式和三面一底式三种,如图9-2所示。其中,三面一底式的蓝箱有更大空间,使摄像机可以相对较自由地设置机位,拍摄范围大,被摄对象的活动空间也较大。制作蓝箱时要注意表面喷涂均匀,为了保证最好的色键效果,要使用纯正的色键蓝色;因为对折角布光非常困难,各面的交接处需要有弧面处理,不能有明显的接缝痕迹;蓝箱的地面要注意保持清洁,防止被污染而影响抠像效果。另外,演播室要保证一定的高度,给顶部灯光留出足够的空间。

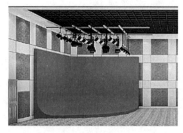 

(a) 两面一底式　　　　　(b) 三面一底式

图9-2　蓝箱实景图

2.摄像机跟踪技术

摄像机跟踪技术是虚拟演播室中的一项关键技术,其作用是实时获取现场真实摄像机的运动参数,并将其配置到虚拟摄像机。计算机生成的虚拟场景可以根据真实摄像机的变化情况呈现正确的透视关系,使虚拟摄像机与真实摄像机同步,通过连续跟踪获得摄像机的运动参数,包括镜头运动参数(聚焦、变焦、光圈)、机头运动参数(摇移、俯仰)和空间位置参数(平面位置坐标和高度坐标)等。目前成熟的跟踪技术主要有机械跟踪、红外跟踪和图形识别三种方式。

3.色键系统

虚拟演播室系统中视频合成的基本技术是色键抠像技术。摄像机拍摄的真实景物先通过色键器进行抠像处理,然后与计算机生成的虚拟背景合成。为了保证合成的图像准确,首先应使拍摄视野中的蓝色幕布处于均匀照明之下,其次要仔细调整色键器的各个功能按钮,以保证抠出来的前景图像的细节尽可能与抠像之前一样。除了与虚拟背景、灯光和摄像机有一定关系外,色键制作的质量对虚拟演播室节目质量的影响也很大。

4.图形、图像工作站

图形、图像工作站负责处理由摄像机跟踪器传来的摄像机运动数据,调用和调整事先做好的虚拟场景,向图形发生器传输图像数据。图形发生器根据主机传来的摄像机运动数据实时地计算出虚拟场景的变化,保证其输出的虚拟背景与真实前景匹配。一般虚拟演播室系统配备的图形、图像工作站主要有两种:基于 Unix 系统的图形、图像工作站和基于 Windows NT 系统平台的 PC。虚拟演播室中的场景、道具等虚拟场景都可以由图形、图像工作站生成。虚拟场景可以是静止图像,也可以是活动视频,可以是 2D 场景、2.5D 场景或 3D 场景。

9.1.3 虚拟演播室的新应用

虚拟演播室技术最初只是用于演播室节目制作,但现在它的应用范围有了很大的扩展,特别是在体育节目报道和广告方面,出现了以虚拟演播室技术为基础的一些新技术、新应用,如虚拟重放系统、虚拟广告系统等。

1.虚拟出席

虚拟出席是在虚拟演播室系统的基础上增加了一个特殊功能,它能将远程传来的实况视频无缝地集成到本地演播室,将远地虚拟演播室中的参与人与本地演播室的参与人结合在一个虚拟场景中,而不是通过传统的视频窗口的连线方式。该功能的优点是远程的节目嘉宾不必亲临本地演播室参与节目制作,只需要到最近的虚拟演播室参与视频录制,便可实时无缝地融入本地演播室节目。

2.虚拟广告

虚拟广告系统可在体育节目或文艺节目的直播期间,将演播室制作的虚拟广告牌插入赛场或表演场的空地上,或用虚拟广告牌替换场地上原有的广告牌。虚拟广告系统大大加强了广告投放的灵活度和实效性,同时节省了成本。

3.虚拟重放

虚拟重放系统主要应用于体育比赛(特别是球类节目)的转播和评论。该系统的一种应用是在重放时利用视频跟踪技术自动跟踪并突出显示关键运动员、球的运动轨迹,测量并显示运动员和球的速度以及两者之间的距离;可在视频图像上直接描画各种箭头、轨迹、路线和标志,还可以提供球场、球员及球的动态三维图形,连续改变虚拟摄像机的拍摄视点。对于观众来说,虚拟重放系统可使他们更清楚地了解比赛的细节。对于体育评论员和球队教练来说,虚拟重放系统是一种理想的分析工具。该系统的另一种应用是选择并冻结一帧画面,然后将其转换成球场、球员和球的三维动画场景。虚拟摄像机可以围绕这一场景自由进行 360° 无死角拍摄;观众可以从任意角度观看瞬间的比赛情

况。它还可以部分代替慢速重放,使呈现在观众面前的不再是"有争议"或难以判断的
情况。

9.2　虚拟演播室系统中的摄像跟踪技术

9.2.1　机械跟踪技术

机械跟踪技术是较早应用于虚拟演播室的一种跟踪方式,它利用附加在摄像机镜头
上和三脚架上的传感器装置,通过机械方式来获取摄像机的各项运动参数和位置信息。
机械跟踪系统由传感器、前端采集器和固定支架壳体组成。传感器安装在摄像机镜头和
云台的运动结构部位,负责感知摄像机焦距、位置和方向的变化,并将其转化为电信号。
镜头传感器与镜头上的变焦环和聚焦环的齿轮相互咬合。当变焦或聚焦环发生变化时,
传感器能够检测出其变化;云台传感器能测出摄像机摇移、俯仰、平移、升降和旋转等的
细微角度和位置变化。前端采集器通常安装在摄像机支架上,其作用是完成对传感器信
号的采集、数据编码、数据打包和同步,同时与图形工作站进行通讯。机械跟踪系统的工
作流程是传感器选用高精度的光电码盘,将摄像机的物理位移和转动量转换成电信号;
码盘送出脉冲电信号,经过数据采集(采样间隔为 20ms,与场同步信号同步)、数据预处
理(编码、数据打包),通过数据线传送到计算机串口,并送入图形工作站中进行参数预滤
波和校准,如图 9-3 所示。

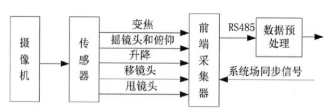

图 9-3　机械跟踪系统结构图

摄像机的校准和定位是机械跟踪系统中的关键一步。摄像机校准的目的是获得变
焦透镜组的焦距随镜头变焦和聚焦码盘刻度变化的非线性关系,并获得相应的虚拟场景
中虚拟摄像机的视角与真实摄像机变焦/聚焦变化的非线性关系。虚拟摄像机定位的目
的是为了获取真实摄像机的初始空间位置和方向信息,保证单机位时虚拟摄像机和真实
摄像机的透视匹配,进而保证多机位时不同摄像机之间的位置和视野的相对一致性。虚
拟演播室系统一般要求参数跟踪的角度定位精度和分辨率要达到 0.001 度数量级,位移
定位精度和分辨率要达到 0.01mm 数量级。

机械跟踪技术有很多的优点,例如测量获得的摄像机参数非常精确,工作稳定,数据
处理时间短,而且对演播室的尺寸及形状、摄像机的运动都没有限制,允许摄像机有各种
拍摄角度和位置,也无须在蓝箱上绘制精确的网格,使演员在蓝色舞台范围内可以自由
活动,不用担心遮挡网格。但是,这种摄像机跟踪技术对镜头、摄像机和三脚架有一定的
要求,例如云台的细微不稳定和齿轮咬合的松紧度等都会给系统带来参数误差,造成前
景和背景的运动不一致,因此,在拍摄前需要对系统进行精确的校准,特别是在获取摄像

机的初始位置和方向时耗时较大。另外,当需要多台摄像机同时工作时,每台摄像机都要配备一套跟踪系统,因而增加了建设和维护成本。

9.2.2 图形识别技术

图形识别技术是通过间接的方法对摄像机输出视频进行图像处理和分析后获得现场真实摄像机的各种参数信息。图形识别技术是在蓝箱内标记有别于蓝底的参考点,例如事先在蓝箱上用不同饱和度的浅蓝色画上粗细不等线条的网格(见图9-4),以相邻的四个网格为最小识别单位,而且任意相邻四个格子的组合都是不相同的。摄像机在拍摄前景图像的同时也拍摄了蓝箱上的网格,然后将其传送到网格识别器中,利用网格识别技术与事先设定的模型进行比较,用图像分析的方法分析摄像机的水平位置、垂直位移和聚焦的变化,从而计算出摄像机的各项运动参数;再将获得的运动参数送至用于生成虚拟场景的图形工作站;应用软件根据这些参数来控制虚拟摄像机相应的运动。

图 9-4 基于图形识别技术的虚拟演播室蓝箱网格

图形识别技术有很多优点,最主要的是不需要对摄像机进行改造,无须镜头校准;可直接使用演播室原有的摄像机,甚至是便携式摄像机。它解决了机械跟踪技术在虚拟演播室应用中的不足之处,便于摄像人员运用各种摄像机以不同的角度进行拍摄。但这种方式也存在很多不足之处,主要表现在:虚拟合成后网格应该是不可见的,在制作色键时的阴影也很难处理,因此很难保持键的质量;图形识别技术获得的摄像机运动参数的精度比机械传感器的精度低;当标记的参考点不在当前视野时,跟踪系统有可能失去方向,因此必须准确知道参考点的坐标,使摄像机移动时保持正确的相对位置;当摄像机散焦或者摄取画面中图像信息量过少时,系统无法正常工作;为了保持精确的跟踪,摄像机的焦点必须始终保证在网格上,蓝箱中的真实人物有时会显得模糊。该技术需要对图像进行分析、计算,这就增加了数据处理时间,加大了视频延时量。为了解决这个问题,虚拟演播室使用视频和音频延时器以实现摄像机图形、图像工作站制作的各个背景图像之间的同步。

为了增大拍摄的自由度,实现极端推进、宽角度拍摄等,可以采用辅助摄像机技术进行跟踪。辅助摄像机技术是图形识别技术的一种扩展,其主要操作是在主摄像机的顶部加一个小型的辅助摄像机,使蓝色的网格背景摆放在摄像师的后部、侧墙或天花板上。网格图案简化为黑白两色,采用黑白 CCD 摄像机,可降低图像处理的复杂度。当主摄像机进行拍摄时,辅助摄像机就会拍摄到网格图案。通过对网格的视频图像信号进行分析,可得到主摄像机的各种运动参数。但是,辅助摄像机跟踪技术无法获得主摄像机的聚焦信息。

9.2.3 红外跟踪技术

红外跟踪是一种较新的跟踪技术,适用于高端虚拟演播室。它利用红外线来检测摄像机的位置及其拍摄的对象位于画面中的深度。该技术支持摄像机和演员的自由移动,对取景构图没有限制。它要求在实际拍摄前对整个演播室的空间进行三维测量:使用红外发射设备发射红外线,同时在演播室的上方固定若干红外摄像头,用来接收红外发射设备所发射的测量红外线,从而绘制出摄像机和被摄对象活动范围内的三维网格空间图。摄像机和被摄对象上也需要安装红外线发射设备,它所发出的红外线信号会被事先布置的红外线摄像头所摄取。红外摄像机获取的信号被传输到计算机,经过分析和识别,可以得到在虚拟三维网格空间中摄像机和被摄对象的位置。但红外跟踪技术不能获取摄像机镜头参数,因此通常需要配合机械跟踪技术或图形识别技术使用。

9.2.4 多种跟踪技术的结合

事实上,虚拟演播室跟踪系统拟采用机械传感器跟踪、图形识别跟踪和红外跟踪三种技术相结合的方式。三种跟踪技术同时使用,系统根据优先级自动切换,确保跟踪参数准确、定时地传递给图形计算机。这样的跟踪系统性价比高,能满足各种拍摄要求。例如图形识别和机械跟踪结合,一方面图形识别借助传感器的帮助,可以允许摄像机在取景时不必考虑网格占画面的大小,完成特写镜头的拍摄,甚至在失焦时也不会跟踪失败;另一方面,机械跟踪借助网格可以节约系统校准时间,因此通常在摄像机定位时选用图形识别技术,在完成摄像机定位后,在节目制作阶段则由机械跟踪技术来获取摄像机运动参数。

ORAD 公司的自动深度键 ATRACK 系统,通过两个红外摄像头和网格配合可以对三维空间所有的真实及虚拟物体进行三维定位。这种自动深度键系统是除了红外跟踪系统外在实际使用中可支持摇臂的成熟技术,并且和单纯的红外跟踪技术相比,它花费的成本要低很多。

9.3 虚拟演播室系统中的虚拟场景生成技术

虚拟背景的实时生成是整个虚拟演播室系统的关键步骤之一。目前,虚拟背景有三种类型:2D 场景、2.5D 场景和 3D 场景。其中,前两种方式都采用预先拍摄或渲染的图像作为虚拟背景,通过图像的透视变换匹配虚拟摄像机的俯仰、平移和变焦等运动。但在实际操作中,图像的内容和分辨率是固定的,这必然限制摄像机的运动和变焦范围,因而它一般只适合固定机位的小范围运动和变焦的应用场景。3D 虚拟场景是计算机根据当前真实摄像机的位置和焦距实时生成的,场景透视效果逼真,且摄像机可以自由运动和变焦,是当前虚拟演播室系统的发展方向。

9.3.1 2D 场景

2D 场景主要应用于早期的虚拟演播室系统,这类系统的价位较低。二维虚拟演播室系统采用一般的图像处理器,生成二维图像作为虚拟背景。拍摄时,机位固定,受镜头运动参数的控制,图像处理器会产生相应变化的图像,并与拍摄的前景合成。根据不同的节目类型,二维虚拟场景通常选择抽象或具体的图片,比如《天气预报》中的地图、《新闻播报》中的新闻事件影像等。这类场景的构成元素通常包括电视屏幕、抽象图案、背景墙、图表框、新闻事件照片等。

2D 场景的生成软件主要有 Photoshop、Illustrator 等平面图形处理软件。虚拟场景通常分为两部分：背景和场景中的小部件。输出文件格式应按照虚拟演播室系统标准要求进行选择，不带通道的背景图片的格式为 bmp、tif，带通道的小部件图片的格式为 tga、png。2D 场景图片尺寸取决于电视信号的质量和摄像机的取景范围，如高清图片采用 1920×1080 的分辨率、16∶9 的画幅，而且一般会比实际视频尺寸稍大一些，以保证电视画面的边界不会出现空白。

9.3.2　2.5D 场景

2.5D 场景是介于 2D 场景和 3D 场景之间的过渡产品，具有良好的性价比。

2.5D 虚拟演播室系统生成的虚拟场景是预先在三维动画编辑软件里渲染好的一张特别大的广角位图，该图像的水平和垂直清晰度不小于 1024 像素，以保证在镜头的推拉、俯仰和摇移过程中不会超出虚拟场景画面。不同于真三维虚拟演播室系统，这类系统是事先生成场景的，选择图片的一部分与前景合成，且这类场景制作方便、成本低廉。不足之处是它仍然以一张位图作为背景，场景生成相对简单。当真实摄像机角度发生变化时，它没有办法实时地调整虚拟摄像机，因而会造成透视关系失配，且前景和背景将会因脱节而造成"穿帮"。因此，摄像机位置移动后必须重新渲染虚拟场景。

2.5D 场景的生成可以使用基于 Windows XP/NT 的 Photoshop、Illustrator、3D Max、AutoCAD 和基于 SCI 工作站的 Power Animation、Alias 等软件。Illustrator 矢量图形软件适合制作栏目标识、字体以及场景中所需要的平面构成元素。Photoshop 等图像处理软件适合制作三维模型贴图，以及对生成的场景效果图进行二次加工。3D Max、AutoCAD 等三维软件适合制作数据明确的建筑模型。SCI 工作站的制作成本较高，效果更好。2.5D 场景的输出格式与 2D 场景的输出格式相同。

9.3.3　3D 场景

3D 场景需要事先在三维动画软件里为场景中的各个物体设计、制作三维模型。目前三维建模软件很多，主要有 3DS MAX、Maya 等。做好三维模型之后，将其进行场景渲染，制作成特别大的高质量图像，以保证镜头在推拉、俯仰和平移过程中合成的画面不超出虚拟场景。

在虚拟演播室系统的 3D 场景生成流程中（见图 9-5），首先场景矢量图形文件根据所获取的当前摄像机参数和场景物体动画参数对顶点数据进行几何变换，如坐标变换、平移缩放等；然后，经过视场裁剪和光栅化，得到填充后的三角面片信息；接着进行场景多纹理混合处理，调整活动视频窗的纹理内容；其后，对场景的光照和阴影进行处理；最后，对上述计算机图形进行视频处理，包括系统同步处理；最后，输出符合电视标准的视频信号至场缓存器。

一个 3D 虚拟场景需要大量的计算来处理虚拟摄像机的运动信息和再生背景。在虚拟演播室中，虚拟场景的渲染是靠图形工作站的实时渲染生成的。一般场景的三角形面

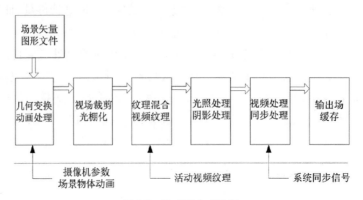

图 9-5　3D 场景生成流程

片的数量都在十几万甚至几十万个,所以 3D 虚拟场景对实时渲染的要求十分苛刻。同时,场景的复杂程度受到计算机运算能力的限制,因此,在建模时,必须把握好虚拟系统的指标,如渲染能力、场景比例、活动空间等;在场景构建时,必须仔细地分析场景,精心设计每一个物体的构造。

9.4　虚拟演播室系统中的色键技术

目前虚拟演播室系统大多采用数字色键器。虚拟演播室系统的色键技术是键控技术的一种,键控基本原理详见前文 4.1。

9.4.1　深度键

深度键是 Sony 开发的一种数字色键器。深度键可以实时计算场景中纵深方向的运动信息,实现前景物体与虚拟背景之间的动态遮挡。

深度键的实现是由前景和背景分别生成两个键信号,通过数字电路实时组合,使前景图像可以按照不同的比例出现在虚拟场景中。深度键主要有两种类型。早期使用的是层次级深度键。该技术使前景物体被分别归类到有限数量的几个深度层级中,因此演员在场景中的位置不能连续变化,因而限制了节目制作的空间。现在大多使用像素级深度键,这种色键技术保证场景中的每一个像素都有相应的深度值,这就使得虚拟场景和前景物体可以在节目中自由地相互遮挡,大大增加了场景的真实感。像素级深度键可以通过两种方法来获取深度值:一种是以虚拟演播室内前景物体和摄像机之间的相对距离作为色键器的深度值,物体和背景在纵深方向上的相对关系可以通过手动控制,易于实现。但是,一旦物体迅速移动,计算实时性难以保证,容易导致画面失真。另一种是采用自动跟踪技术获得深度值,实现物体的精确定位。无论是动态还是静态场景,它都能较好地适应。

9.4.2　软色键

硬色键器通过高低电平来控制键信号开关,形成陡峭边沿的矩形脉冲信号,效果类似特效中的硬边。抠像时,通过非线性放大器切割图像,会在图像边缘出现一些不规则像素,甚至在前景和背景的分界处出现视觉抖动。特别是针对一些具有大量不规则边缘细节的前景物体(如女性头发),这种色键技术使得在切割边沿处产生相应的杂波。另外,当前景物体是半透明材质(如玻璃、宝石等),蓝幕背景产生的漫反射会透过物体,对键信号的识别产生困难,导致合成图像上出现不连续的画面。

为了克服上述缺点,软色键应运而生。软色键采用了线性相加的混合方式,通过差分控制电路,形成梯形键信号,克服了数字色键只能识别 0、1 字符的缺陷,使得画面的融合效果更为真实。软色键采用色键矩阵实现色键信号的识别,可以减少色键信号的杂波成分。另外,加入消色电路,可以消除 PAL 制中抠像物体边缘键信号的颜色成分,保留亮度成分,这样既可以精确调整抠像颜色,又能保证画面色调的真实性。

9.4.3　"垃圾"键

在虚拟演播室中,由于实际场地的限制(蓝箱的天花板可能较低或对于宽角度拍摄来说太窄),当摄像机进行推、拉、摇、移等运动时,拍摄的图像中会出现蓝箱以外的景物;图像输入到视频合成系统与虚拟场景合成时,这些景物也会出现在输出的视频中,无法呈现前景与虚拟背景的完美融合。因此,在实际使用虚拟演播室时需要使用无限蓝箱(Unlimited Blue Box)功能。该功能通过如下方法实现:首先,对实际蓝箱进行建模,建立统一的坐标系,并在摄像机保持水平垂直时初始化跟踪设备;然后根据虚拟摄像机的参数,实时生成前景"垃圾"键信号,即在 alpha 缓存中产生一个水平带,将这个水平带输入到视频合成系统,与前景、背景一起合成时遮住不需要的区域。

在虚拟演播室系统中,键信号包括:

(1) 前景键信号:为前景去除蓝色背景产生的键信号 Key_F。

(2) 背景键信号:为背景具有遮挡关系的物体产生的键信号 Key_B。

(3) "垃圾"键信号:为系统无限蓝箱功能产生的键信号 Key_G。

最终的键信号是三者的合成,合成关系如图 9-6 所示。图中 A 是前景视频 $Video_F$,B 是前景键信号 Key_F,C 是"垃圾"键信号 Key_G,D 是背景视频 $Video_B$,E 是背景键信号 Key_B,F 是前景键信号和"垃圾"键信号合成后的键信号 Key_{F+G},G 是合成视频 $Video_{out}$,H 是最终合成键信号 Key_{F+G+B}。

假设键信号为二值图像,取值范围 $Key \in \{0,1\}$,则有:

$$Key_{F+G+B} = Key_F \times Key_G \times (1 - Key_B) \qquad 公式(9-1)$$

$$Video_{out} = Video_F \times Key_{F+G+B} + Video_B \times (1 - Key_{F+G+B}) \qquad 公式(9-2)$$

当进行实时合成图像时,前景信号的每一帧必须与背景信号的相应帧合成。为了保证前景和背景的运动一致,系统必须在前景摄像机的输出端增加延时器,以保证前景运动和背景运动之间的同步关系。产生延时的原因主要来自两个方面:一是处理摄像机传输运动和位置信息时造成的跟踪延时。基于机械跟踪技术的虚拟演播室系统延时一般为3~5帧,基于图像识别技术的虚拟演播室系统延时一般为 7~15 帧。二是虚拟背景图像生成产生的延时远大于跟踪延时,这是主要的延时,所以不论机械跟踪技术还是图像识别技术,都需要加视频延时。另外,声音信号也要做相应的延时处理,以保证音、视频同步。

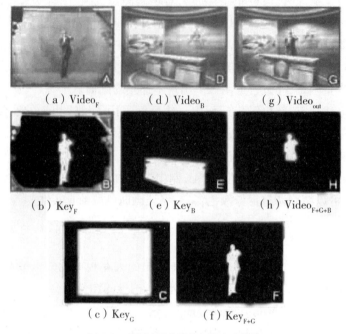

（a）Video$_F$ （d）Video$_B$ （g）Video$_{out}$

（b）Key$_F$ （e）Key$_B$ （h）Video$_{F+G+B}$

（c）Key$_G$ （f）Key$_{F+G}$

图9-6　虚拟演播室系统色键合成信号

9.4.4　色键技术难点

在虚拟演播室的色键技术中,最难解决的问题是边缘锯齿和阴影效果。

键信号的边缘锯齿现象是数字色键器中最容易出现的问题。具体的解决方案有:一是根据画面切割电平的不同,在不同位置上设置不同的增益控制来完成对信号的键控。二是通过提高键源信号的频率或者增加其内插点,得到高频采样点,从而消除键信号空间混叠失真。

在虚拟演播室节目创作中,有些场景需要真实的阴影效果。因此,为了得到较好的阴影效果,有一种键控技术专门针对前景物体的阴影进行抠像。这种技术不但保留了前景物体的图像,而且收集并记录了背景图像的信息,还能调整阴影和图像之间的相对位置。

9.5　虚拟演播室系统中的灯光技术

灯光技术是虚拟演播室系统的另一项重要技术,布光的好坏将直接影响色键抠像和合成的效果。在虚拟演播室中有两类灯光布局:一类是演播室蓝箱中的现场灯光布局,另一类是虚拟场景的灯光布局。蓝箱中的灯光布局不同于传统演播室,所有光色必须保证蓝箱基色以适应色键抠像的技术要求。虚拟场景的灯光布局则可以通过软件系统的灯光参数进行调整。演播室蓝箱的灯光和虚拟场景的灯光是相辅相成的。例如蓝箱的灯光设计中主持人用暖光源,蓝箱用冷光源。那么在制作场景时,前景(主持人的活动范围)要用暖光源,这样当主持人通过抠像进入虚拟场景时,背景和主持人亮度、色调反差不会太明显。

9.5.1　现场灯光

针对虚拟演播室多机位的特点,为了使各个角度抠出的图像都不会出现"抠透"或者"蓝边"现象,蓝箱需要被照得非常均匀。例如主持人以坐姿出现时,要特别注意灯光在人身上和道具桌椅上的均匀照射,避免由于人腿部弯曲、衣服褶皱或道具局部无光照带来的"抠透"现象。虚拟演播室的布光越全面、越均匀,抠像效果越好,人物在场景中的感觉越真实。虚拟演播室要消除蓝箱中大面积蓝色的反光对前景(主持人)的影响,就必须有立体布光的理念,首先对前景进行布光,之后再对蓝箱进行布光。现代演播室蓝箱的灯光系统是建立在新型的三基色柔光灯的基础上的,这种灯发光均匀、阴影小、发热少、色温恒定。但是,由于三基色柔光灯发光面积大,在对前景(主持人)布好光后,会在蓝箱上产生一定的光照度,使某些区域过亮,而某些区域又过暗,且使蓝箱的光照度不均匀,从而直接影响色键器抠像的效果。因此,在前景照度符合要求后,需要再对蓝箱进行适当补光,让整个蓝箱的光照度大致均匀,这样才能满足色键器抠像的要求。

另外,为了增强节目的真实性、主持人有一定的活动区域,对前景(主持人)布光不能采取点布光,而要采取区域布光。在大多数情况下,阴影应该避免落在真实墙壁上,除非虚拟墙与蓝箱墙的轮廓相似。因此,应注意主光灯位的高度,使阴影落在地面上而不是背景墙上。通常前景(主持人)的地面上会有阴影,地排灯光能有效消除这些阴影。但有时为了更好表现真实感,地面上的阴影会使观众得到真实的效果,因此并不需要消除这些阴影。需要注意的是,演员和真实道具在蓝箱中投下的影子进入虚拟空间,影子的方向要和虚拟空间中的光源方向一致,使前景与虚拟背景的照明亮度及方向相匹配;也可以在蓝箱地板上铺设蓝色透明塑料,表现虚拟背景中反光地板上的影子效果。但是虚拟场景中的阴影不能过多,远近物体使用的投影要有强弱的区别,否则会使场景看起来混乱。

总之,蓝箱的灯光布置要遵循以下几个原则:

(1)等光强原则:为了得到理想的合成效果,蓝幕的灯光强度应和前景物体上主灯光的强度相等。一种方法是用测光表分别测前景物体和蓝幕,可得到相同的值;另一种方法是将灰色反光板置于前景物体或蓝幕处,在摄像机上得到相同的输出电平。

(2)高纯度原则:为了使色键控制效果优良,应保证蓝幕的纯度(即蓝幕反射的红、绿光的成分很小)。

(3)均匀照射原则:保证蓝幕上灯光照射的均匀性。

(4)色温恒定原则:色温不均匀将造成合成图像上前景物体的边缘出现色调的偏差。蓝幕上灯光色温不均匀的一个主要原因是调光设备在减小灯光强度时降低了电压,造成灯光色温变低;另一个原因是演播室存在其他足够大的有色物体,其反射光造成蓝幕上局部色调的变化。

9.5.2　虚拟场景中的灯光

虚拟场景中灯光布置的基本方法是三点照明法。它是由一个主光、一个辅助光、一个逆光组成的三点光源系统。在设计场景时,根据场景的需要,可能会有几个逆光,或是将主光和辅助光分成几组。3D 软件中,各种照明效果并不是为了表现光源自身发光,而是为了照亮其他对象。这类光源一般是通过曲面较大的玻璃板和反射板来散射光线。

虚拟场景灯光设计中,灯光的颜色可以增添场景的气氛。灯光有助于表达一种情感,能够为场景提供更大的深度,展现丰富的层次,也可以引导观众的眼睛到达特定的位置。由于是虚拟环境,所以没有必要严格遵循现实中的规则。需要注意的是,将真实场景与虚拟场景的灯光调整一致,才能给人一种以假乱真的视觉效果。

第 10 章　数字电视转播车系统

■ **本章要点：**

1.了解转播车的作用、分类和系统基本构成。

2.结合转播车的功能区划分，理解电视节目制作中各工位的职责。

3.了解转播车视频系统、音频系统、同步系统、Tally 系统、时钟系统、监视系统和通话系统的构成。

10.1　电视转播车概述

数字电视转播车（Digital Television Broadcast Van，以下称转播车），是用于数字电视录制、实况转播、电子新闻采集等专用特种车的统称。

在行业内，转播车又称"移动的演播室"。作为广电行业重大技术设施之一，转播车涵盖了采集、制作、传输、播出及制造工艺等多方面的技术，在突发性新闻事件报道、实时现场信号采集、外场综艺演出、重大活动、大型体育赛事转播等方面发挥着无法替代的作用。

转播车与演播室在设备、系统上有很多相似之处，但在制作形式、支持条件、系统设计等方面也存在很多不同，主要表现在：

（1）演播室制作通常称为内场制作，一般是在电视台或电视机构内部固定的场所进行节目制作，设备、系统及连接相对固定。而用转播车进行的制作通常称为外场制作，一般是在电视台或电视机构外进行的，如体育场馆、剧院、会议中心等，活动的内容、规模、环境等也都不尽相同，因此系统相对灵活才能满足各种不同应用的需求。

（2）演播室相对固定，技术保障条件和信号传输也是相对固定和有保障的。演播室通常会有固定的电源、空调和照明系统，与主控之间的信号传输及场内的信号连接等也相对固定。而对于转播车系统来说，电源不固定就要求每次根据场地条件进行连接，或者采用专门的发电车进行供电；信号的传输也需要根据现场条件选择光纤或卫星等方式；与场地内的信号连接方式每次也都不固定。

（3）转播制作因为要面对不同的节目形态和不同的制作队伍，在视音频系统设计上与相对固定形态的演播室有所不同，在系统的扩展性、灵活性和多系统协作上有更高要求。但这并不意味着转播系统就一定比演播室系统更复杂。例如，有些转播车的音频系统就比演播室的要简单，周边设备也没这么多，因为在转播时通常在现场进行一级调音，再送到转播车上进行二级调音。

10.1.1 转播车的分类

表 10-1 是国家新闻出版广电总局发布的《GY/T 222—2006 数字电视转播车技术要求和测量方法》中关于转播车的分类。按照车体、讯道、录放通道等不同,转播车可分为超大型转播车、大型转播车、中型转播车和小型转播车。

表 10-1 转播车的分类

	项目		超大型转播车	大型转播车	中型转播车	小型转播车
车体	长度(L)m		≥14	14>L≥10	10>L≥6	6>L≥3.5
	高度ᵃm		≤4	≤4	≤3.8	≤2.5
	宽度 m		≤2.5	≤2.5	≤2.5	≤2.2
	总质量ᵇt		≥25	27~13	15~3.5	6.5~1.8
	车内工位数		≥17	≥12	≥10	≥4
车内设备配置	拍摄设备	摄像机台数	≥12	8~10	4~6	≥2
		高速摄像机台数(如有)	≥2	≥1	—	—
	视频制作设备	切换台输入通路数	≥36	≥24	≥16	≥8
		数字特技通道	≥4	≥2	≥1	—
		矩阵交叉点	≥64×32	≥32×16	≥16×2	—
	录制设备	录像设备通道数	≥6	≥4	≥3	≥2
		慢动作重放通道数(如有)	≥6	≥2	≥1	—
	监测设备	数字监视器	△	△	△	—
		数字示波器台数	≥1	≥1	≥1	—
	同步设备	同步倒机台数	2	2	2	1
		同步倒换器台数	1	1	1	—
		帧同步器台数	≥6	≥4	≥2	≥1
	音频制作设备	调音台输入通路数ᶜ	≥40	≥32	≥16	≥8
		双通道监听环境	△	△	△	△
	字幕机台数		≥2	≥1	≥1	—
	内部通话		△	△	△	△
	TALLY 提示系统		△	△	△	△
	电缆盘	电动	△	△	△	—
		手动	—	—	—	—
	照明	工作照明	△	△	△	△
		检修照明	△	△	△	—

续表

项目		超大型转播车	大型转播车	中型转播车	小型转播车
	应急照明	△	△	△	△
天线	TV 接收天线	△	△	△	—
	通话天线	△	△	△	—
时钟	GPS	△	△	△	—
车顶工作平台		△	△	△	—
支撑腿		△	△	—	—
电源	隔离变压器	△	△	△	—
	独立直流电瓶	△	△	△	—

△:应配
—:选配
    a. 车体的长度、高度、宽度是指车辆在行驶状态下车体的物理尺寸
    b. 超大型转播车总质量的上限应符合国家车厢行驶相关标准
    c. 调音台输入通道数是按照一级调音方式配置的

10.1.2　转播车的构成

1.车体

按所用的汽车底盘来看,转播车的车体可以分为半挂式和一体式两种。一体式车体又可以分为在整体式卡车底盘上重新制作车厢和利用量产厢式货车改装两种。

 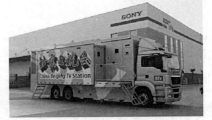

（a）半挂式车体转播车　　　　　　　（b）一体式车体转播车
图 10-1　转播车车体分类

按停靠后的展开结构来看,转播车的车体又可以分为无侧拉箱、单侧拉箱和双侧拉箱、三侧拉箱等。侧拉箱可以在原箱体的基础上扩展车内的使用面积,为转播制作提供更大的工作空间。车体是转播车设备安放的主要场所,也是转播制作人员工作的场所。

2.供配电及照明系统

供配电系统是转播车正常工作的基础。转播车在工作时通常采取从场馆就近取电或通过发电车供电的方式,保证设备的电力供应。其中,交流配电系统主要提供工艺用电(设备机柜)和杂项用电(空调、照明、充电等)。直流供电系统则主要用于液压支撑

腿、侧拉箱体、应急照明、电缆盘电机及遮阳棚等。

转播车的照明系统则包括环境照明、工作照明、检修照明、应急照明、车外照明等。

3.空调系统

空调系统也是转播车中不可缺失的一部分,主要用于保证设备的正常工作温度及工作人员拥有舒适的工作环境。常见的转播车空调系统有两种:集中式空调系统和分布式空调系统。集中式空调系统与家用中央空调类似。分布式空调系统(见图 10-2)则是根据车内不同区域的工作要求在转播车上布置多台分体式空调。

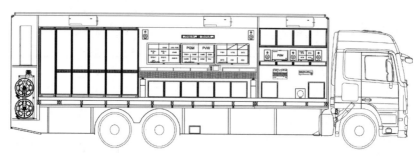

图 10-2　采用分布式空调系统的转播车

10.1.3　转播车内部工作区

转播车内部根据功能不同划分为相对独立的工作区域,通常包括技术区、导演区(主制作区)和音频区,见图 10-3,一些大型的转播车还会设置第二制作区。这些区域通常会通过物理分隔或推拉门等方式进行分隔,以减少在节目制作过程中不同区域间的相互影响。

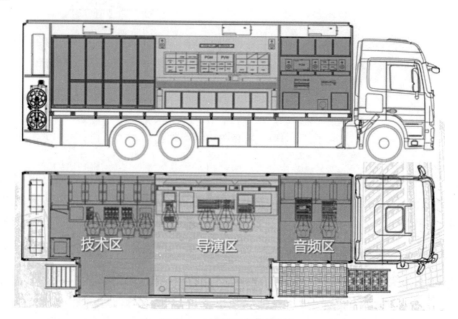

图 10-3　转播车工作区的划分

1.技术区

技术区一般位于车体后部；转播车的配电机柜、设备机柜都安装在这个区域。技术人员在这个区域对所有摄像机信号及外来信号进行技术调整。

2.导演区

导演区是整个转播车的核心区域，是导演等主要制作人员的工作区域，设置有电视墙和操作台。一些大型的转播车在导演区还设有辅助操作台（即共有两排操作台）。

3.音频区

调音师在音频区对节目现场传回的音频信号进行处理、混合，形成音频节目信号，并与视频节目信号一起形成最终的完整节目信号。音频区的监听环境很重要，直接关系到节目的音频质量。

10.1.4　转播车内的工位

工位是转播车内的基本工作单元，每一个工位对应一个工作人员，完成对应的职能，见图 10-4。不同的转播车其工位数也不同，有的转播车工位可达 30 多个。下面简要说明各工位的职能。

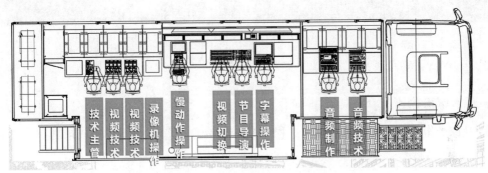

图 10-4　转播车内工位分布示意图

1.视频技术

视频技术员负责在节目制作过程中对画面质量进行控制，包括对摄像机光圈调整和底电平调整等操作。该工位位于技术区。

2.技术总监（主管）

技术总监根据转播方案，在节目制作前负责对所有摄像机进行参数调整，并负责对整个转播系统进行设置；在制作过程中监控画面质量，同时还要监看系统中所有信号的质量和状态。该工位位于技术区。

（a）技术总监及视频技术工位

（b）录像操作工位

（c）节目导演和视频切换工位

（d）慢动作操作工位

图 10-5 转播车内各工位的职能

3.录像操作

录像操作人员负责在节目制作过程中控制录像机,对节目进行播放或录制。

4.节目导演

节目导演是节目制作的指挥,负责调度整个制作团队,完成节目制作;负责调机和指挥视频切换或亲自完成视频的切换。该工位位于导演区,需要监看所有信号的画面。

5.视频切换

视频切换负责节目制作中在导演的指挥下操作切换台完成画面组接。该工位位于导演区,需要监看所有信号的画面,并且操作切换台面板。

6.字幕操作

字幕操作员负责进行字幕机的操作,根据节目进程,上相应的字幕。该工位位于导演区。

7.慢动作操作

慢动作操作员负责操作慢动作服务器及面板,在节目制作中进行慢动作回放或精彩集锦的编辑制作。该工位位于导演区。

8.音频技术

音频技术人员是对车上的音频及通话系统进行设置和提供技术保障的工种。该工位位于音频区。

9.音频制作

音频制作人员是负责在节目制作中对调音台进行操作和音频信号编辑制作的工位。该工位位于音频区。

10.2　转播车系统介绍

不论是大型转播车,还是小型转播车,作为一个制作系统来说,都有相通之处。一个完整的转播车系统中,有一部分是直接参与节目信号制作的。一部分系统模块将信号处理组合成最终的节目信号,被称为信号制作系统;还有一部分不直接参与信号的处理,而是为节目制作提供支持,被称为信号制作支持系统。

信号制作系统包括视频系统和音频系统两大部分,分别制作视频信号和音频信号。

信号制作支持系统包括同步系统、Tally 系统、时钟系统、监视系统和通话系统等。

这里,我们以中国传媒大学校电视台高清转播车为例,介绍电视转播车的系统构成。

10.2.1　视频系统

视频系统的主要设备有摄像机讯道及调整系统、录像机、慢动作服务器、切换台、视频矩阵、视频跳线及接口板、帧同步、上下变换、信号分配等。转播车视频系统以切换台和矩阵为核心,实现了视频信号的灵活调度及互为备份。

视频信号源包含 7 路有线摄像机信号、1 路无线摄像机信号、3 路可扩展讯道、3 路慢动作/硬盘录像机重放信号、3 路高清录像机信号、4 路外来信号、2 台字幕机 V 和 K 信号以及 1 路测试信号。

有线讯道摄像机采用的是 Sony HDC-2580 系统摄像机,由摄像机机头 HDC-2580、摄像机控制单元(CCU) HDCU-2080 和摄像机遥控面板(RCP)RCP-1500 组成,见图 10-6。

HDC-2580 机头装载了高性能的 2/3 英寸 220 万像素的全高清 CCD 成像器,具有 F11 的高灵敏度,以及无数字噪声抑制情况下-60dB 的高信噪比。配备的 16 比特模数转换器,能够对 CCD 的成像画面进行最高精度的处理,再现画面中由亮到暗部区域的层次,丰富画面信息。DSP LSI 视频图像处理器最大限度地提高了 CCD 成像的清晰度,并可通过各种处理和校正,提供优异的画面质量。

HDCU-2080 通过光纤与机头相连,装备了多种内置接口、HD-SDI/SD-SDI 输出、HD-SDI/SD-SDI/模拟复合返送输入以及下变换模拟复合监视输出等;负责接收机头传输回来的信号并进行解调后分配和下变换;同时向机头供电并提供返送信号,发出控制指令。

RCP-1500 遥控面板能够对各讯道摄像机参数进行控制。

MSU-1500 主设置单元是一款中央控制面板,用于调整多摄像机系统中的摄像机参数。它通过交换机与摄像机系统中的每台摄像机控制单元相连接,可实现对整个摄像机系统中的摄像机参数进行集中控制。

图 10-6　有线讯道的组成

无线讯道摄像机适用于移动机位,采用的是 Sony PDW-680 摄像机,其视频输出信号通过 HD-SDI 接口送至无线微波发射系统进行编码和发射,并由车上的无线微波接收系统进行接收和解码。

各信号源进入切换台,所有高清信号直接参与切换台制作,标清信号源通过上变换器后参与高清制作。节目输出及应急通道设计思想是采用主、备双通道镜像方式,主、备切换台各输出两路 PGM 信号,经过两个独立的 2x1 应急开关输出至双嵌入器、双 HD 视分、双下变换、双 SD 视分、送外接口板和记录设备等终端。两个独立的 2x1 应急开关实现一键同步切换,最大限度地提高系统的安全等级。

视频调度系统采用多码流高清视频矩阵,其输入信号包括全部高清信号源及部分标清信号源、PGM 和 CLEAN 信号,且在每个工作区域相应的工位上都安装有遥控面板,方便控制操作。

10.2.2　音频系统

转播车的音频系统以调音台为核心,主要设备有话筒、CD 等音频源、调音台、音频跳线及接口板、信号分配等。

音频源主要包括通过音频线缆从现场传送回来的音频信号、录像机等设备输出的音频信号。另外,直接从摄像机机头接上话筒并通过光纤传输到 CCU 的音频信号也可以作为音源。

调音台的主要作用是对声音进行处理和混合。车上配备了两台调音台,一个为主调音台,另一个为备调音台。当主调音台发生故障无法正常工作时,可以一键切换至备调音台,从而保证直播正常进行。

除了音频区需要监听节目信号之外,导演区、技术区也都需要进行监听。

音频系统混合得到的 PGM 节目音频还需要送到加嵌器,与视频 PGM 信号一起进行加嵌,从而得到最终的节目信号。

目前,越来越多的转播车音频系统具备 5.1 环绕立体声的制作能力。

10.2.3　同步系统

同步系统为转播车提供稳定、一致的时钟和定时基准,由主、备同步信号发生器和同步信号倒换器组成。主、备同步信号发生器可以接受外来系统同步信号的锁定。当外来同步信号丢失时,同步机保持当前同步状态;当主同步机信号丢失时,同步倒换器自动倒换到备路输入信号,保障系统同步时钟基准的稳定。同步机同时兼具标准测试信号发生器的功能。

各类同步信号经分配后除用于本系统外,均有一路被送往车外接口板,以方便多系统级联时使用。同步机具有多个 BB 及 Trilevel 输出,并可分别进行延时及相位调整。

10.2.4　Tally 系统

Tally 系统是指用于提醒摄像师和制作人员切换状态的提示系统。

从工作原理上,Tally 分为并行和串行两种。并行方式相对比较简单,一般由切换台的 GPI 直接控制,只能简单控制红绿提示灯。串行方式通过串行数据协议来读取和传送 Tally 数据到相关设备,可以完成很复杂的控制;除了灯光指示以外,它还可以控制 UMD 的字符显示内容、颜色及大小;同时它还能使灯光指示和 UMD 跟随绑定的监视源一起在监视墙上进行调度。串行 Tally 控制实现方式主要有两种:第一种是以 SONY 的 S-BUS 控制系统为代表的网络控制方式,另一种是以 TSL 公司的 TM 系列控制器为代表的集中控制方式。

10.2.5　时钟系统

时钟系统由卫星校时钟、时钟信号分配器、倒计时控制器和子钟组成,为制作人员提供准确的时间信息。其中,卫星校时钟通过天线接收 GPS 时码进行校时;倒计时控制器用于控制各种倒计时显示屏,可为导播、主持人、录制技术人员提供直观的剩余时间显示,保证直播节目的定时、定长和完整。在转播车的各个区域都有子钟提供时间显示。

时钟信号还可以送至录像机的 TC IN 接口,用于节目的时码录制。

10.2.6　监视系统

监视系统是指车内各区域在制作时的信号监看系统。目前,转播车监视系统大多采用多块大屏幕显示器组成监视墙,使用画面分割器对输入信号进行处理和运算,以画面分割的方式显示在大屏幕上。这样的好处在于监视墙占用的空间较小。但是,由于大屏幕的分辨率是固定的,在显示多个画面时,每一个画面的分辨率较低。

为了实现监视信号的灵活调度,一般会通过矩阵对画面分割器的输入源进行调度。

10.2.7　通话系统

通话系统是重要的制作支持系统,是转播车和现场各工种工作人员间沟通的主要借助手段,因此要求具备较好的可靠性和灵活性。通话系统按照组织结构不同可以分为主从站式和矩阵式,按传输方式可以分为有线通话和无线通话。

矩阵式通话系统由通话矩阵主机和通话面板组成,通过接口转换与摄像机进行通话,同时通过二线转四线转换器、电话耦合器以及全双工、单工无线传输等组成整个通话系统。每个通话面板与通话矩阵双线物理连接。通话面板上有 MIC 和耳机接口、LED 显示以及按键,可方便进行通话操作;每个通话点可以实现只说、只听或者又听又说三种通话形式。

第 11 章　新技术在演播室中的应用

■ **本章要点：**

1. 了解 3D 拍摄与 3D 显示之间的空间关系，以及 3D 节目摄制中引入各种失真的原因。

2. 了解 3D 电视节目制作信号流程及其相关设备的特点。

3. 掌握超高清的概念，理解超高清设备（包括摄像机、摄像讯道、切换台、监视器）的特点、超高清信号传输和处理的方法。

4. 了解超高清信号的应用和集群演播室的基本概念。

11.1　3D 技术

　　3D 技术以往一直应用在电影行业，直到近几年，随着 3D 摄像技术、3D 图像处理技术和 3D 显示技术的提高及设备成本的降低，3D 电视技术已在全世界推广开来。在我国，3D 电视试验频道已于 2012 年 1 月 1 日开始试播。

　　3D 电视节目的制作难度远高于传统电视节目制作，因此，如果对 3D 拍摄规律不了解，草率地进行拍摄，那么制作出来的 3D 节目不但不能满足观众的需要，反而会给 3D 电视的初期观众带来视觉疲劳的感觉，因此本文主要对 3D 技术进行一定的阐述。

11.1.1　立体感知

　　人类的立体感知的核心过程是深度信息提取。深度信息来源于人眼的单目深度信息和双目深度信息的联合。人脑会对各种信息进行复杂的运算，最终确定被注视物体的深度。

1.单目深度感知

　　单目深度感知即人用一只眼睛观看物理世界感知到的深度，也可以理解为观看普通二维平面图像时，人眼对平面图像内容深度的感知。即使只用一只眼睛观看周边环境，常人也能对景物与自己的距离进行一定的判断，同时也能通过观察二维平面视图，估计出图片所绘物体在原始物理空间中的深度。

　　单目图像可分为单目静止图像和单目运动图像。

　　人们对单目静止图像的深度判断是通过对图中的遮挡关系、纹理、位置、大小、形状、

色彩、清晰度、光线信息与自己的个人经验进行综合对比与判断完成的:

(1)遮挡关系:前方的物体会遮挡后方的物体,因此被遮挡的物体会更远些。

(2)纹理变化:常见的纹理应该是均匀分布的。大片纹理相似的物体在空间上有远近的渐变,会由于近大远小呈现出不同细密程度,即越宽松的纹理距离观看者越近,越细密的纹理距离观看者越远。

(3)位置差异:通常物体在二维画面上的位置越靠上,距离观察者越远。

(4)大小与形状:人们对物体的大小有经验性的记忆,可通过近大远小的原则判断物体的远近。如果物体发生形变,则说明物体在空间上有倾斜的放置关系。

(5)色彩与清晰度:空气及漂浮的灰尘和水蒸气会引起光线散射,造成远处物体的饱和度下降、色彩失真以及清晰度下降。

(6)光线信息:由于自然光和灯光通常在上方,所以凸出的表面上方会有明亮反光,下侧会有阴影,而凹陷的表面上方会有阴影,下侧会有明亮反光。

人们可通过对图中物体相对运动速度进行单目运动图像的深度判断。物体的相对速度越快,人们认为物体距离自己越近。这可以分为两种情况:

(1)人在固定观察点单眼看到的信息,也可以理解为静止摄像机拍摄的二维图像。如果场景中的物体,比如飞机、汽车的运动速度是观察者经验已知的;物体在画面中的速度越快,会让观察者感觉物体离自己越近。

(2)人处在运动中,比如在运动的车上,这时即使所观看的景物原本是静止的,但是相对运动中的人是做相反的移动的;远处的山与云运动速度很慢,近处的物体会移动得很快。

2.双目深度感知

单目深度感知并不精准,根据经验判断物体远近会有误差。二维图像相对三维图像已然损失了 Z 路信息,且是无法准确恢复的。人对物体深度的精确判断是需要双目深度感知的。

由于人的双眼之间有 65mm 左右(瞳距)的距离,左右眼所看到的世界虽非常相似,但也有稍许不同,有不同的遮挡关系和形变,分别如图 11-1 和11-2 所示。

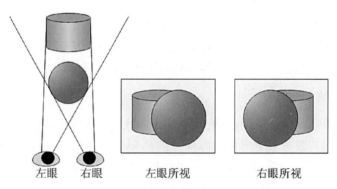

左眼　　右眼　　　　左眼所视　　　　　右眼所视

图 11-1　左眼与右眼所视遮挡关系不同

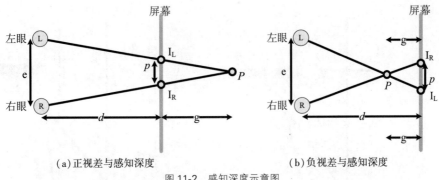

(a)正视差与感知深度　　　　　　　(b)负视差与感知深度

图 11-2　感知深度示意图

立体摄像机系统拍摄景物时,两个镜头的光轴处在水平方向的两个位置上,可摄取到两路视频,一路是左眼视频,一路是右眼视频,两幅图像信息相似,但由于成像光路空间位置不同,左右画面略有差异。通过专门的配有立体眼镜的立体电视监视器或裸眼立体监视器,观众的左右眼可分别接收到左视频和右视频。被摄景物上的某一像点(同源像点)在左右视频画面中的水平方向上的距离差为水平视差,垂直方向上的距离差为垂直视差。水平视差的大小不同可直接引起观看者感受到像点的深度不同,而垂直视差则是拍摄中要极力避免的,即使是很小的垂直视差都会引起观看者的不适。

如图 11-2 所示,I_L 和 I_R 分别是左眼和右眼看到同源像点在屏幕上的水平位置,P 是这两点经人脑融合后的成像位置,它到屏幕的距离就是感知深度(Perceived Depth)。当水平视差为零,即左右像点重合时,人眼视线会聚于屏幕上,该像点给人的感觉是紧贴在屏幕上的。当水平视差为正值,人眼视线会聚于屏幕后方,即观看者感觉 P 点位于屏幕后方。当水平视差为负值,人眼视线会聚于屏幕前方,则观看者感觉 P 点位于屏幕前方。正视差和负视差的感知深度可分别由公式(11-1)和公式(11-2)得出。式中 e 为人双眼瞳距,p 为水平视差的绝对值,d 为观看者到屏幕的距离,g 为感知深度。

$$g = \frac{dp}{e-p} \qquad\qquad 公式(11-1)$$

$$g = \frac{dp}{e+p} \qquad\qquad 公式(11-2)$$

3.双目立体图像中的几何失真

在调整某拍摄对象的水平视差时,通常采用以下方式:

(1)平行式摄像机成像器件向左右各移动了长度为 h 的一段距离。如图 11-3(a)所示,实际应用中,成像器件是固定不可动的,因此这段 h 的移动需要通过实时图像处理设备或后期水平图像调整实现。

(2)通过调整两摄像机之间旋转的角度 β,也可控制被摄物体的水平视差,如图 11-3(b)所示。

图 11-3(a)和(b)中的 P_{zpp} 为零视差点,人眼感知到的该点将被贴在显示器平面上。当被摄对象 P_o 所在物体空间坐标系(X_o, Y_o, Z_o)映射到摄像机成像器件的像空间坐标系(X_i, Y_i, Z_i)时,Y_i 为被摄对象在成像面垂直方向上的坐标。

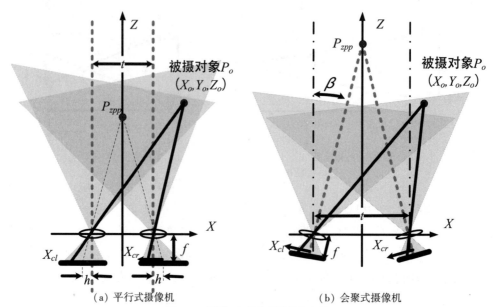

图 11-3 两种 3D 摄像机系统示意图

双目立体图像从拍摄到显示,再到人的感知,需要三次空间转换:

(1)被拍摄的物理空间(X_o,Y_o,Z_o)转换到成像器件空间(X_{cl},Y_{cl})和(X_{cr},Y_{cr})。如图 11-3 所示,物理空间采用左手坐标系、摄像机间距 t、摄像机会聚角 β、摄像器件宽度 W_c、摄像器件水平偏移 h。左右两摄像器件中物体横坐标 X_{cl}、X_{cr},采用左手坐标系。

(2)成像器件空间(X_{cl},Y_{cl})和(X_{cr},Y_{cr})转换到 3D 显示器的显示空间(X_{sl},Y_{sl})和(X_{sr},Y_{sr})。该转换仅仅是图像的线性放大 M 倍,显示器空间也采用左手坐标系,以显示器正中央为$(0,0)$坐标。

(3)显示空间(X_{sl},Y_{sl})和(X_{sr},Y_{sr})转换到人感知到的三维空间(X_i,Y_i,Z_i)。如图 11-2 所示,P 点即人感知到的虚像,其坐标为(X_i,Y_i,Z_i)。人到屏幕的距离为 d,屏幕宽度为 W_s,人眼间距为 e。

最终感知空间与拍摄的物理空间的转换公式为:

$$X_i = \cfrac{Mfe\left\{\tan\left[\arctan\left(\dfrac{t+2X_0}{2Z_0}\right)-\beta\right]-\tan\left[\arctan\left(\dfrac{t-2X_0}{2Z_0}\right)-\beta\right]\right\}}{2e-4Mh+2Mf\left\{\tan\left[\arctan\left(\dfrac{t-2X_0}{2Z_0}\right)-\beta\right]+\tan\left[\arctan\left(\dfrac{t+2X_0}{2Z_0}\right)-\beta\right]\right\}}$$

公式(11-3)

$$Y_s = \cfrac{M\left(\dfrac{Y_of}{Z_o\cos\beta+(X_o+\dfrac{t}{2})\sin\beta}+\dfrac{Y_of}{Z_o\cos\beta-(X_o-\dfrac{t}{2})\sin\beta}\right)}{2}$$

公式(11-4)

$$Y_i = \frac{Y_s e}{e - 2Mh + Mf\left\{\tan\left[\arctan\left(\dfrac{t - 2X_0}{2Z_0}\right) - \beta\right] + \tan\left[\arctan\left(\dfrac{t + 2X_0}{2Z_0}\right) - \beta\right]\right\}}$$

公式(11-5)

$$Z_i = \frac{de}{e - 2Mh + Mf\left\{\tan\left[\arctan\left(\dfrac{t - 2X_0}{2Z_0}\right) - \beta\right] + \tan\left[\arctan\left(\dfrac{t + 2X_0}{2Z_0}\right) - \beta\right]\right\}}$$

公式(11-6)

假设 3D 摄像机拍摄的对象是在水平和深度方向上距离均等的一系列矩形格子,如图 11-4(a),则拍摄后,通过 3D 屏幕,观众感知到的 3D 图像为图 11-4(b)和图 11-4(c)。空间转换后,观众会感知到以下几种几何失真:

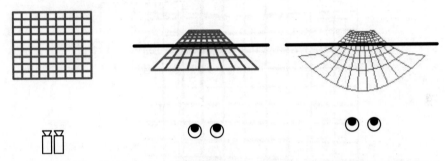

(a)3D 摄像机拍摄的物理空间　　　(b)3D 摄像机平行时的效果　　(c)3D 摄像机会聚时的效果

图 11-4　从物理空间到显示空间图像转换示意图

(1)深度平面弯曲(Depth Plane Curvature)

如果拍摄时 3D 摄像机采用平行的方式,即会聚角 $\beta = 0$,且摄像机拍摄的对象有垂直于 Z 方向的平面,那么经过 3D 显示后,这个平面在人的感知空间依然是平的,观众能够看到如图 11-4(b)所示的画面。但如果会聚角 $\beta > 0$ 时,则该平面会变为凸向观众的曲面,在 X-Z 坐标系上显示为弧线,如图 11-4(c)所示。会聚角越大,弧线弯曲得越厉害。

(2)深度非线性(Depth Non-linearity)

深度非线性指的是物体与摄像机之间的距离,是和图像距观看者眼睛的距离之间的非线性关系。观众从 3D 屏幕上看到远处的物体会被压缩到较近的深度上。如图 11-4 所示,拍摄空间中,实际物体为深度间隔相同的水平线,但经过 3D 显示后,人眼感知的图像深度关系则与拍摄的物理空间不同。图 11-4(b)、(c)中距离眼睛较远的平面压缩在一起,而距离眼睛较近的物体则显示为被扩张和拉伸。所以,3D 摄像机拍摄到的所谓无穷远的物体,在观众看来会集中呈现在屏幕后方的某个位置。

(3)物体深度与尺寸关系的失真(Depth and Size Magnification)

原本拍摄的物体在摄像机成像器件上成像存在近大远小的关系。由于上面提到的拍摄对象的实际深度与观众感知的物体深度呈非线性关系,因此,通过 3D 屏幕的立体显示,人们看到的立体图像在深度和尺寸上呈现了非正常的关系:近处的物体过大,远处的物体过小。

（4）梯形失真（Keystone Distortion）

当 3D 摄像机会聚角 $\beta>0$ 时，如果拍摄对象处于深度值相等的平面中，且对象为垂直于 Z 方向的矩形平面，比如用 3D 摄像机从正面拍摄一个矩形网格，那么这一矩形会在摄像机器件中产生方向相反的梯形失真，如图 11-5 所示，左右摄像机拍到的矩形网格分别是灰色和黑色。摄像机的会聚角令矩形在成像中产生梯形形变，进而在网格两端出现明显的垂直视差，并且该垂直视差会随摄像机间距的增大、会聚角的增大以及焦距的减小而增加。梯形失真对立体显示图像的影响如下：在水平方向使立体图像产生深度曲面失真，在垂直方向引起视觉干扰；而平行式立体摄像系统因其感光元件处于同一平面，所以不存在梯形失真。

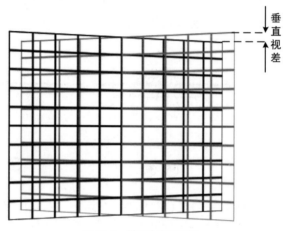

图 11-5　梯形失真示意图

11.1.2　3D 节目的质量控制

3D 视频的获取一般须通过立体摄像机进行，实际拍摄出的左右图像可能会存在令观众感觉不适的图像误差。

1.拍摄过程中影响舒适度的误差及其控制方法

根据 3D 拍摄时误差产生的原因，可以把误差分为几何、电气和光学三类。

（1）几何误差

几何误差包括高度误差、旋转误差以及尺寸误差等。正常的双眼在头部的位置是固定的，所以左右眼看到的图像不会出现垂直方向的差异以及围绕 Z 轴偏转的误差，但是两台摄像机在 3D 支架上的安装位置（图 11-3 中沿 Y_0 和 Z_0 轴方向的位置）和角度（绕图 11-3 中沿 X_0 和 Z_0 轴旋转的角度）不一致时就会出现人眼和大脑没有观看经验的错误图像。产生尺寸误差的原因是两个镜头的实际焦距不一致，从而出现左右眼图像大小不一致的现象。此外，会聚法拍摄时特有的梯形误差也属于几何误差。

控制几何误差的方法是：拍摄前，可利用专用 3D 支架对摄像机安装高度、旋转角度进行校准；尺寸误差则须利用摄像机镜头的变焦同步控制；如果拍摄的画面已经存在一定程度的几何误差，也可在实时或后期的数字图像处理系统中进行数字矫正。

（2）电气误差

电气误差包括左右摄像机的亮度电平、彩色差异以及延时差异等。亮度电平和彩色差异产生的原因主要是两台摄像机的电气性能或参数调整不一致，也包括两个镜头光圈标称值相同但实际光孔不一致导致的亮度电平差异，以及采用反射镜式 3D 支架时反射与透射图像亮度、彩色不一致造成的亮度电平和彩色差异。延时差异主要是由编解码器性能局限以及记录、传输系统的同步管理不完善造成的。

控制电气误差的方法是：拍摄前，通过调整摄像单元参数或对两台摄像机的各项参数进行同步控制，尽可能保证摄像单元电气性能的一致性；拍摄时，可以用实时的数字处理设备校正电气误差，也可以在拍摄后利用图像处理软件进行数字矫正。

（3）光学误差

光学误差包括聚焦匹配失调、焦点误差以及杂散光和眩光的差异。聚焦匹配失调的表现是：尽管镜头同步设备可以保证调整聚焦时两个镜头的焦点标称值一致，但左右摄像机镜头的实际焦点不一致，致使一台摄像机图像实焦时另一台摄像机图像虚焦。焦点误差是由左右摄像机焦平面位置不一致造成的，其现象与聚焦匹配失调相同，产生的原因是两台摄像机在 3D 支架上前后位置（图 11-3 中 Z_0 轴方向的位置）不一致或聚焦环控制不同步。聚焦的误差无法通过数字矫正消除。杂散光和眩光主要是镜头产生的，且无法彻底消除，只能在拍摄时尽量避免；反射镜造成的眩光只能靠更换高质量的反射镜才能减轻或消除。

在实际 3D 电视节目拍摄中，各种误差是客观存在的，要完全消除非常困难，但是应将各种误差控制在一定范围内，以降低对 3D 电视节目成像的影响。原广电总局科技司提供的《3D 电视技术指导意见》中，3D 电视节目制作误差控制容限范围如下：

表 11-1　误差容限范围

误差类型	误差容限范围	备注
高度	20 像素以下	两眼图像中相同物体的高度之差不超过 20 像素
旋转	1°以下	两眼图像中相同物体的角度之差不超过 1°
尺寸	1%以下	两眼图像中相同物体的尺寸之差不超过 1%
亮度	20%以下	两眼图像亮度信号幅度之差不超过 20%
色调	20°以下	两眼图像色彩矢量之差不超过 20°
黑电平	10%以下	两眼图像黑电平幅度之差不超过 10%

以上容差为单项最大值。由于实际系统中多项误差同时存在，会造成单项误差容限范围的减小，因此在实际拍摄中应尽量减少各项误差。

2.视差对立体视觉舒适度的影响

人感知到的图像深度与人眼舒适度关系如图 11-6 所示，该深度关系与 3D 图像的水平视差有关，见公式（11-1）、公式（11-2）。对于屏幕附近的立体图像，观众观看时感觉舒适，而随着立体图像距离屏幕越来越远，舒适度逐渐降低。水平视差的大小可以直接影响感知深度的大小。《3D 电视技术指导意见》提出了视差安全指标，要求正负视差在一定的安全范围内,其中正视差小于50mm,负视差小于150mm。为了保证长时间观看的舒适度,大部分时间内的画面主体内容视差角小于1°。也有行业规定,正负视差的绝对值要小于高清电视机屏幕宽度的3%,约58个像素。垂直视差则会直接引起观众的不适感,应尽量避免。

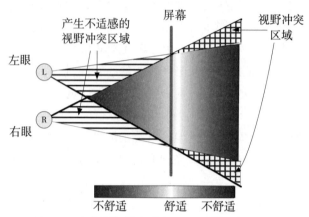

图11-6 立体图像感知深度与人眼观看舒适度关系图

以下几个方面也会引起观众的观看不适,且与视差或感知深度有关:

(1)边框效应:拍摄对象只能被其中一台摄像机捕捉到,如图11-6中的横线区域,且物体深度处于屏幕之前,违背了正常的空间关系。

(2)遮挡关系矛盾:在摄像机拍摄的3D图像上叠加字幕、动画时必须注意遮挡关系的问题,而人类的基本视觉经验是前面的物体遮挡后面的,因此叠加字幕和动画的空间位置必须在3D图像中物体的前面,否则就会出现"后面"的字幕遮挡了"前面"物体的视野冲突现象,这就是遮挡关系矛盾。

(3)画面切换的深度跳跃:两个场景切换时,同一个物体不能存在较大的感知深度上的差别,否则会使观看者感觉不舒适。

11.1.3 3D制作系统的关键技术

3D节目制作系统与传统节目制作系统相似,但增加的维度和更复杂的质量需求令其视频系统有着比较特殊的技术需求,主要包括3D讯道、监看、处理与调整、切换、记录、传输等方面。

1.3D摄像机

3D摄像机主要包括一体式3D摄像机和双机双镜头3D摄像机。

(1)一体式3D摄像机

一体式3D摄像机包括单机单镜头和单机双镜头两种。单机单镜头摄像机由一个机身和一个镜头组成,镜头的特殊光学处理可以令左右图像分别成像在两片成像器件上。有的单机单镜头摄像机只有一片成像器件,左右图像是以左右并排(Side by Side)的方式投在成像器件上的。单机双镜头摄像机是在一个机身上并列安装两个镜头,如图11-7

（a）所示，成像器件的安装与单机单镜头摄像机类似。当前市场上多采用单机双镜头摄像机这种一体机形式，例如 Sony PMW-TD300、Panasonic AG-3DA1 等机型。

一体式 3D 摄像机的特点是：镜头光路距离（基线——Base Line，或被称为 IA、IO）近且固定，较适合拍摄中近场景，但用于极远拍摄时，拍摄对象的显示深度会比较一致，没有立体感；双镜头联动控制，使光圈、变焦、跟焦、会聚等操作变得非常简便快速且同步，不会出现倒像问题，监看功能强；摄像机内部的信号处理，如白平衡、黑平衡、伽玛和色彩校正等，可以同步完成；机身轻便小巧、机动性强、成本低、性价比高；成像芯片普遍较小。

（2）双机双镜头 3D 摄像系统

双机双镜头 3D 摄像系统由两台独立的摄像机组成，镜头和成像单元都是独立的，可以说是由两台传统 2D 摄像机构成的，比如 Sony 的 HDC-1500R、HDC-P1 和 RED ONE 等常规摄像机都可通过 3D 支架安装构成 3D 摄像系统。根据两台摄像机安放方式的不同，双机双镜头 3D 摄像系统的安装方式又可分为双机平行方式和垂直分光方式。

双机平行方式由于摄像机机身并排放置，如图 11-7（b），双机间距较大（15～80cm 左右），适于拍摄远景。镜头前不必加任何分光透镜，可保证双镜头光通量和成像质量，且不存在倒像问题，便于监看。双机平行方式安装支架时机械结构相对简单，重量轻便，容易操作、调整，适于运动、摇臂等需要。

垂直分光方式安装的 3D 摄像系统如图 11-7（c）所示，一台摄像机正常安装，另一台摄像机须垂直向下安装，支架上带有一个分光透镜。水平的摄像机拾取分光透镜的透射光，垂直的摄像机拾取反射光。这样的 3D 摄像系统间距最小可调至 0cm，适用于较小至中等环境下拍摄，也可用于拍摄近景及特写。不过，它也存在以下缺点：由于分光镜造成光线至少 50% 损失，即需要一挡光圈的照明补偿或提高感光度，增加环境照度；分光镜会降低画质，长焦端易见"重影"（又称鬼影）；机械结构复杂，重量大，摄影支撑及附件要求高，不易操作；存在左右或上下倒像问题，需要摄像机或监视器具有倒像功能；系统整体造价高。

(a)一体式 3D 摄像机　　　(b)双机平行方式安装　　　(c)垂直分光方式安装

图 11-7　3D 摄像机系统（图片由 Sony 提供）

2.3D 支架

3D 支架是放置摄像机的一个复杂的机械装备，可用于调整在其上安装的摄像机间距、会聚角、倾斜角等参数。根据摄像机的安装方式，3D 支架可分为水平支架和垂直支

架。根据调整方式,3D 支架可分为以下几种:

(1)基本型支架:主要利用机械方式调整两台摄像机的间距、夹角、倾斜角等,调整时需要人工手动操作,操作比较复杂、烦琐,但价格相对便宜。

(2)电动伺服型支架:采用马达驱动的方式调整各种参数,可遥控操作,操作简单,但是摄像机变焦时由于镜头光学镜片的精度有限,改变焦距后需要重新调整摄像机的间距以达到最佳的 3D 效果。

(3)自动跟踪型支架:增加了跟踪伺服系统,进行变焦操作时能自动跟踪、调整摄像机间距,校正各种误差,支持遥控操作,但价格昂贵。

3D 支架质量和操作难易程度直接影响着 3D 画面的拍摄效果。3D 支架生产厂家主要有美国的 3Ality Technica、Peace Group、3D Film Factory、德国的 P+S 公司、韩国的 Redrover 和我国的宇田冠泰等公司,其部分产品如图 11-8 所示。如果支架的调整还不能满足人眼舒适度的要求,可在摄像机后方安装实时 3D 处理器,比如 Sony MPE-200,可对左右画面进行实时处理。

(a)3Ality Technica 垂直 3D 支架　(b)Pace Group 水平 3D 支架　(c)3D Film Factory 垂直 3D 支架

图 11-8　3D 支架

3.镜头的同步控制

在演播室节目制作中,双机双镜头 3D 摄像机的两个镜头需要进行同步控制,尤其是对左右镜头的聚焦、变焦控制。目前常用的同步控制方法有三种:

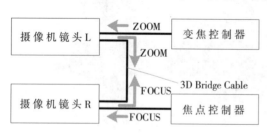

图 11-9　Canon 3D Bridge 解决方案

(1)采用带有专用控制接口的摄像机镜头,两个摄像机镜头通过该专用控制接口利用遥控线缆相连接后,再由两个镜头中的一个镜头连接焦点控制器,另一个镜头连接变焦控制器。代表产品为 Canon 3D Bridge Cable,一种两端为 20 芯接口的遥控线缆。连接方法如图 11-9 所示。3D Bridge Cable 将两个镜头进行同步,连接在左镜头上的变焦控制器将变焦控制信号传至左镜头,再通过 3D Bridge Cable 传输给右镜头;连接在右镜头上的焦点控制器将调焦控制信号传至右镜头,再通过 3D Bridge Cable 传输给左镜头。数字伺服镜头安装相应的 3D 镜头调整软件后,即可兼容这种同步镜头控制系统。

（2）利用专用的一分二控制线缆,将变焦控制信号和调焦控制信号分成两路一模一样的控制信号,从而同步控制左右两个镜头,如图 11-10 所示。

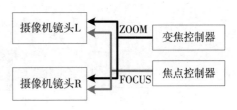

图 11-10　Canon 一分二线缆解决方案

（3）利用专用控制器,将变焦控制信号和调焦控制信号传输到左右两个镜头。以 Fujinon 的 HJ-303A-06A 控制器为例,该控制器可接收变焦控制信号。控制器本身属于焦点控制器,并可产生调焦控制信号。HJ-303A-06A 有两个控制输出接口,每个接口可传输变焦控制信号和调焦控制信号,两个接口分别连接左右摄像机的镜头,如图 11-11 所示。

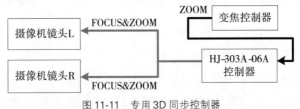

图 11-11　专用 3D 同步控制器

4.3D 讯道

（1）双机双镜头的 3D 讯道

传统 2D 摄像讯道由一台摄像机、摄像机控制单元、摄像机遥控面板及监控设备组成,对于实际应用的 3D 讯道,以 Sony 的两套系统构成方法为例:

① 由两路传统 2D 讯道构成,一路作为左视频的拍摄通道,另一路作为右视频的拍摄通道。左右摄像机的镜头同步,可用上述"镜头的同步控制"的方法解决。而摄像机的光圈、黑电平、黑白平衡及各项参数控制,则依靠摄像机控制面板控制完成。为了达到左右摄像机的控制一致,可将左右两台摄像机控制单元(如 HDCU-1000)通过 LAN 网络进行绑定,即通过一台摄像机控制面板(RCP-1500/1501/1530+HZC-3DRCP)操作两台摄像机,以保证两台摄像机的完全同步,如图 11-12 所示。这样的 3D 系统可在 2D 模式和 3D 模式下转换。

② 专用 3D 讯道,由一台摄像机控制单元连接两台摄像机,保证了左右摄像机的同步控制。以 Sony 3D 讯道解决方案为例,如图 11-13,两台高清摄像机通过 HD-SDI 线缆连接于光纤适配器 HDFA-200。该适配器可将信号合并到一起,通过 3.7Gbps 的光缆与摄像机控制单元互通信号。这样,只需要一台摄像机控制单元(HDCU-LD+HKCU-1005/2005) 及一台摄像机控制面板(RCP-1500/1501/1530) 即可完成两台摄像机的各项参数设置。HDFA-200 可提供左右视频图像的 Wipe、Mix、Difference 等处理效果,用于寻像器或监视器监看。Wipe 的作用是将屏幕分为左右两个部分,分别呈现左视频和右视频。Mix 是将左右视频混合在一起,以重叠的效果呈现左右视频。Difference 是将左右视频在对应像素上的差值进行显示,突出视差信息。这些处理帮助摄像师直观地检查到左右画面中的亮度、色彩等差异,便于调整水平视差和避免垂直视差。

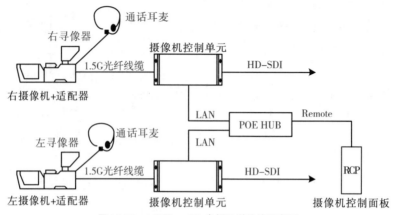

图 11-12　1.5Gbps 3D 光纤讯道连接示意图

（2）一体式 3D 摄像机连入视频系统

一体式 3D 摄像机通常用于游机拍摄，可输出左右两路视频。这两路信号可连入帧同步机，通过两条 HD-SDI 线路直接接入切换台或矩阵，也可连入类似 HDFA-200 这样的光纤适配器。光纤适配器与摄像机控制单元的连接亦如图 11-13 所示，增加了摄像机的远程控制。

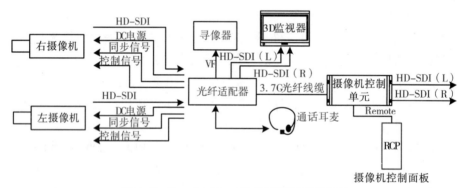

图 11-13　Sony 3.7Gbps 3D 光纤讯道连接示意图

5.3D 视频信号的传输

对于 3D 高清视频信号，通常采用两路 HD-SDI（双链路模式）或一路 3G-SDI 线路传输。采用 HD-SDI 信号传输时，一路传输左视频，一路传输右视频；利用 3G-SDI 信号传输时，左右两路视频信号经时分复用后，通过一条线缆传输。

如果传输的信号属于帧兼容 3D 信号，则使用一路传统的高清接口即可。高清帧兼容 3D 电视信号就是将 3D 电视节目视频的左右两路高清晰度图像帧以左右拼接（Side by Side）或上下拼接（Top and Bottom）等方式，拼接成高清晰度电视图像帧。所形成的高清晰度的 3D 信号，其信号格式与高清信号一样，记录、传输、切换等处理方法亦一样。帧兼容 3D 电视信号的形成过程中，有一半 3D 高清视频信号的数据量会有损失，所以讨论演播室中的 3D 节目制作系统时，我们主要讨论针对 3D 高清视频信号的处理，而不讨论帧兼容 3D 电视信号。

6.3D 数字处理与矫正

3D 摄像机系统受 3D 支架及摄像机精度影响,拍摄的左右视频并不一定符合观众观看舒适度的要求,而演播室节目制作对信号的实时处理要求极高,因此高质量的 3D 节目演播室制作系统是不能缺乏实时的 3D 图像处理设备的。

3D 图像处理设备引入的目的是调整和控制影响观众舒适度的左右视频的误差,为达到这样的目的,处理器须安装相应的 3D 调整软件,并提供人性化的界面,供节目制作人员检查 3D 图像质量和进行实时的调整。3D 图像处理设备可具备以下功能:

(1)多种左右图像对比模式:比如左右拼接、上下拼接的监看模式,左右图像混合模式或浮雕模式。其中前两种拼接模式容易帮助制作人员察觉出左右图像中的亮度和色彩的偏差。左右图像混合模式中,左右图像以半透明状叠加在一起,帮助人们查看水平视差和垂直视差的情况。浮雕模式一般是左右图像亮度数据的差值,不但能帮助制作人员了解到视差的情况,还能发现左右画面中不一致的内容(比如左图有反光光斑,但右图没有)。

(2)实时的数据分析:能够实时地对左右视频进行色彩匹配、立体匹配、摄像机标定等数据处理;根据 3D 图像质量安全标准,对令观众产生不适感的水平视差和垂直视差进行提示和报警,并为用户提供必要的摄像机参数参考。

(3)多种波形、矢量示波器:提供更加精确的 3D 视频检测。

(4)实时的图像调整:提供数值参数修改或控制条控制。制作人员可任意调整左路或右路视频的尺寸放大、缩小、位移、旋转、梯形变化、色度、亮度、饱和度、电子柔焦等,从而修正 3D 画面效果。

(5)调整参数或工作状态可存储与复制。

(6)支持摄像机参数的获取。

(7)支持网络控制及计算机控制等。

以 Sony MPE-200 多图像处理器为例,该设备安装了 MPES-3D01 立体画面处理软件,可以完成复杂的 3D 图像的检测与调整,其系统连接方式如图11-14所示。

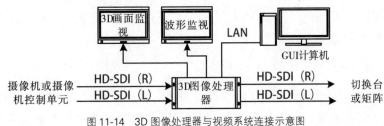

图 11-14　3D 图像处理器与视频系统连接示意图

3D 视频系统中有多少对 3D 讯道,就需要安装多少个 3D 图像处理器。如果是连接摄像机讯道,则需要将摄像机控制单元输出的左右两路视频输入 3D 图像处理器中。一台 GUI 计算机通过网络连接,可同时控制多台 3D 图像处理器。处理后的 3D 信号,再输入切换台或矩阵,以便信号切换。

7.3D 信号的切换

与普通高清信号的切换不同的是,3D 视频信号的切换需要成对地完成。比如第一讯道的 3D 摄像机输出的左、右两路视频需要被切换台或矩阵同时切出,输出信号也为一左一右两路不同的信号,且该操作须一键完成。因此,无论是切换台,还是矩阵,切换设备只需要能对输入信号和输出信号进行绑定即可,比如 SonyMVS-8000G、MVS-7000X、MVS-6520。在实际应用中,3D 切换台一般设置有 2D 模式和 3D 模式。在 2D 模式下,该切换台就是普通的高清切换台。在 3D 模式下,可对输入信号进行成对的绑定。具体来说,常用的方法是将左右输入信号分别配置在两级 M/E 级上,并将两级 M/E 绑定,当其中一级 M/E 切出某路信号时,另一级 M/E 相应的信号被联动切出,从而保证左右信号同时被切出;还可以将左右路视频输出分别配置在切换台的 PGM1 和 PGM2 输出上,从而保证左右信号的同时记录、监看和传输。比如将 CAM1、CAM2、CAM3、CAM4 绑定为 3D讯道 1 的 3D1-L 和 3D1-R 以及 3D 讯道 2 的 3D2-L 和 3D2-R,再将输出进行绑定,PGM1、PGM 2、PGM 3、PGM 4 可被定义为 PGM1L、PGM1R、PGM2L、PGM2R。

不过,3D 切换台有一个特性是普通 2D 切换台没有的,就是针对 3D 画面的内置 DVE特效。该特效需要生成左路和右路的视频信号和键信号,再对左右两路背景进行键控处理,最终合成带有深度效果的 3D 视频特效。

8.3D 视频的记录、重放与编辑

如果待录信号为帧兼容 3D 视频信号,则记录方法与传统高清记录的方法和格式一样。双路 HD-SDI 传输的 3D 视频信号可通过专门的格式转换器转换为帧兼容信号,因此可以在传统高清录像机前方加入该转换设备。

对于记录双路 HD-SDI 传输的 3D 视频信号可使用专门的多通道记录设备。比如Sony SRW-1/SRPC-1 便携式录像机可记录来自两台摄像机的视频信号;SRW-5800 录像机可使用 HDCAM-SR 磁带记录双链路 3D 视频,配合 SRW-5100 放像机组成 3D 线性编辑系统。另外,只要是支持多通道记录和重放的硬盘、固态硬盘录像机,都可以同时记录和重放双链路 3D 视频,比如 EVS 录像机。

宽泰、AVID 以及国内的新奥特、索贝、大洋等公司都推出了针对 3D 电视后期节目制作的立体非编工作站。

9.3D 监看系统

3D 电视节目制作中常用的 3D 监视器分为裸眼 3D 监视器与佩戴 3D 眼镜观看的 3D监视器。由于当前的显示技术水平有限,裸眼 3D 监视器虽然不需要观看者佩戴 3D 眼镜,但其最佳观看角度非常窄小,一般只能用于观看者位置固定、观看人数少的情况。所以裸眼 3D 监视器多用于摄像机的寻像器或取景器。多数的 3D 监视器还是需要配合 3D眼镜使用的。

配合 3D 眼镜的 3D 显示技术分为主动式(电子快门式)和被动式(偏振光式)两种。

电子快门式 3D 技术,又叫时分法遮光技术或液晶分时技术,是将左右两路视频交替显示、需要有电子快门效果的眼镜配合的。也就是屏幕显示左路视频时,眼镜将右眼遮

挡住,反之亦然,这样做的效果就是让左右眼分别只观看到相应的画面。使用主动式 3D 眼镜的 3D 显示器刷新频率一般可达到 100Hz 以上,以满足每只眼睛 50Hz 以上的刷新频率。主动式 3D 眼镜需要电源供电或在眼镜上安装电池。另外,它需要与 3D 显示器的刷新同步进行,所以为接收 3D 显示器传来的(红外线)同步信号,3D 眼镜还需要安装同步信号接收器。因此,主动式 3D 眼镜成本较高,而且很难做得纤薄。另外,如果观众佩戴这种眼镜时侧头,同步信号可能被肢体挡住,还会造成同步不良的问题。

偏振光技术是使 3D 眼镜的左右镜片采用不同方向的偏振镜片。3D 监视器分别以不同方向的偏振光线播放左右视频,使得左镜片只能透过左眼视频,右镜片只能透过右眼视频。目前被动式 3D 显示技术多用圆偏振技术,较少采用线偏振技术,因为线偏振技术更容易造成 3D 眼镜左右串扰的问题。

3D 演播室的监视区一般划分为技术区和导演区等。2D 与 3D 工作模式下,技术区的监视器没有太大变化,而导演区的监视器变化较大。3D 工作模式下,导演区监视器须进行 3D 显示;分屏器可能需要重新进行分屏布局;制作人员还需要佩戴 3D 眼镜。

10.其他系统

3D 节目制作中的音频系统、通话系统、灯光系统与普通高清系统基本相同。另外,根据具体功能需求,还可在 3D 演播室系统中加入 3D 字幕机、3D 在线包装等设备。与传统设备相比,这类设备可同时生成两路视频信号及其相应的两路键信号。除了能够提供传统的特效外,3D 字幕机和 3D 在线包装都可以针对所生成的画面进行深度调整,从而令本身就具有立体感的图像增加丰富多彩且不同深度的字幕、Logo、图形信息,让 3D 场景更加真实、自然。

11.2　超高清技术

超高清技术如今已活跃在各大国际广播电视展会和国际赛事的转播中。随着国际 4K 标准的推出与确立、4K 设备选型的日益增多及设备成本的降低,4K 节目制作流程逐步完善,且 4K 超高清已成为电视技术继高清之后的下一个明确发展趋势之一。因此,下文从现阶段的技术水平出发,讨论在演播室中可应用的 4K 超高清技术。

11.2.1　超高清的概念

超高清是由日本放送协会(NHK)、英国广播公司(BBC)及意大利广播电视公司(RAI)等机构倡议推动的数字视频标准,被称为 UHD(Ultra Definition Television)或 Ultra HD、UHDTV。NHK 提议称其为 SHV(Super Hi-Vision),包括 4K UHD(3840×2160)和 8K UHD(7680×4320)两种格式。相关标准包括 ITU-R BT.2020 和 SMPTE 2036-1-2009。标清、高清和超高清相关标准对比如表 11-2 所示。

表 11-2 标清、高清、超高清参数对照表

	标清电视 SDTV	高清电视 HDTV	超高清电视 UHDTV
技术标准	ITU-R BT.601	ITU-R BT.709	ITU-R BT.2020
像素宽高比	非方形像素	方形像素	
画幅宽高比	4：3/16：9	16：9	
取样结构	4：4：4,4：2：2,4：2：0		
量化	8/10 比特		10/12 比特
色域	EBU/SMPTE-C	ITU-R BT.709	ITU-R BT.2020
基准白	D65		
伽玛	0.45		
扫描	隔行扫描	隔行/逐行扫描	逐行扫描
刷新频率	50/60Hz	24/25/30/50/60Hz	24/25/30/50/60/120Hz

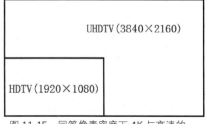

图 11-15 同等像素密度下 4K 与高清的屏幕尺寸对比

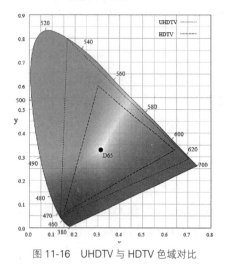

图 11-16 UHDTV 与 HDTV 色域对比

在同等像素密度下,4K 超高清电视的可视面积是高清电视的 4 倍(水平、垂直方向各 2 倍)。4K 超高清的最佳观看距离为 1.5 倍屏幕高度(高清电视的最佳观看距离为 3 倍屏幕高度)。在最佳观看距离上观看 4K 屏幕,最佳水平观看视角可达 58°,令观众感受到很强的沉浸感。在时间域上,4K 标准规定了更高的帧率,从而令运动画面更加流畅。

8K 超高清画面水平和垂直分解力分别是 4K 信号的 2 倍,数据量至少是其 4 倍,最佳观看距离为 0.75 倍屏幕高度,最佳水平观看视角为 96°,其声道数可达 22.2 声道。由于 8K 超高清标准的各项技术指标要求过高,目前相关设备也极度缺乏,因此,这里主要探讨 4K 超高清技术。

超高清技术抛却了高标清标准中的隔行扫描技术,从而保证了电视节目后期制作时可直接运用计算机图像处理技术。12 比特量化,保证了灰度级的分解力。ITU-R BT.2020 色域(简称 R2020)更可为观众带来丰富的色彩表现。

11.2.2 4K 制作系统的关键技术

由于超高清的技术标准已经发布多年,4K 电视也已在市场上大量销售,国内外亦有 4K 电视频道或网络频道推出。Sony、JVC、Canon、Hitachi、Grass Valley、Blackmagic Design、Ikegami 等影视制作设备生产厂家不断推出新的 4K 产品和解决方案。对于演播室节目制作的需要来说,4K 电视节目制作系统与高清流程相似。以下按演播室视频系统的重要组成部分来介绍 4K 设备的特点。

1.4K 摄像机

（1）成像器件及滤色片

目前市场上的大部分 4K 摄像机都采用单片大型成像器件，主要面向数字电影拍摄。

对于大型单片成像器件的 4K 摄像机，其成像器件分解力至少要达到 4K。如果成像器件在原有高清器件基础上尺寸不变，但像素数提高到以前的 4 倍，则必然使每一个像素的感光面积减小到以前的四分之一，从而影响该器件的灵敏度和宽容度。所以当前生产商的常用做法是，采用较大型的成像器件，保证摄像机的宽容度。

采用大型成像器件制造摄像机时，如果使用三片式成像器件的架构，则需要将三片器件安放在相应尺寸的分光棱镜上，进而对摄像机镜头的法兰距大小有所要求。当前市场上 B4 接口镜头法兰距为 48mm，PL 接口镜头法兰距为 52mm，这些法兰距都不支持大型 4K 成像器件对应的分光棱镜尺寸。大型单片 4K 摄像机的分光器件主要采用拜尔滤色片或 Q67 滤色片，如图 11-17 所示，其红、绿、蓝采样点数量的比例为 1∶2∶1。

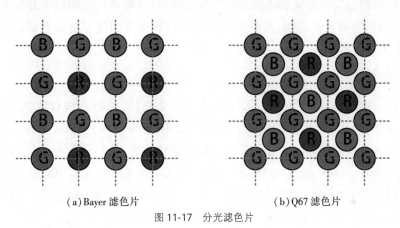

(a) Bayer 滤色片　　　　　(b) Q67 滤色片

图 11-17　分光滤色片

为了最终得到 4K 分解力的彩色视频，尽量降低混叠失真（见第 2 章空间偏置技术知识点），4K 成像器件的水平分解力需要至少达到 6K（RED ONE）至 8K（如 SonyF65）像素。2014 年 NHK 技研展会上，NHK 发布了 35mm 全画幅 8K CMOS 传感器。

2015 年，Sony 针对 4K 电视节目制作推出了 HDC-4300 三片 2/3 英寸 CMOS 摄像机，采用分光棱镜分光，支持传统电视领域中流行的 B4 接口变焦镜头。与上述大型单片 4K 摄像机比，它更适合于组建 4K 演播室视频系统。

（2）使用专业电影摄影机镜头或镜头适配器

4K 摄像机常使用 35mm PL 接口电影摄影机镜头或 2/3 英寸 B4 接口镜头。如果摄像机是 FZ 接口，但需要连接 PL 镜头，则可使用 PL 接口适配器。对于大型赛事的节目制作，现有的 35mm 镜头产品无法满足大倍率变焦的要求，此时还需要令 4K 摄像机连接传统箱式高清摄像机镜头。这类箱式镜头多为 B4 接口。我们可采用从 B4 接口转换为 PL 接口的适配器（比如 SonyLA-FZB2）。这种转换并不是简单的接口环转换，因为这两种接口面向的成像尺寸相差较大，从 B4 镜头传来的光线在大尺寸 4K 成像器件上所呈现的画面四角会出现黑边。因此,适配器需要带有光学放大功能。

（3）支持 ITU-R BT.2020 色域

当前上市的 4K 摄像机可满足 R2020 色域范围,甚至有些品牌的摄像机可提供更大范围的色域。当前亟待解决的问题是,市场上少有完全支持 ITU-R BT.2020 色域的 4K 监视器。另外,由于显示器尺寸限制,4K 现场节目制作环境中的监视器除了主监和预监以外,大部分监视器都是高清监视器。摄像机寻像器尺寸更小,很难做到 4K 水平。利用 R709 标准色域的监视器监看 R2020 信号,这令调光师和摄像师无法观看到正常的色域呈现效果。为解决这一问题,摄像机应支持 LUT(Look Up Table)处理或配备 LUT 处理单元,即将 R2020 色域的信号转换成传统监视器支持的 R709 色域,并且进行合理的伽玛矫正。该 LUT 处理应属于可选项,有经验的导演可以监看未经处理的信号;摄像师和灯光师则为了保证色彩还原,需要监看经过 LUT 处理的信号。除此之外,还需要专业的示波器,提供更加精细的亮度、色调、饱和度等检测信息。

（4）辅助聚焦

4K 摄像机拍摄的画面比高清摄像机景深更浅,且寻像器尺寸和分辨力有限,因此 4K 摄像机更不容易精确聚焦,这时需要摄像机寻像器为摄像师提供更加明确的 Peaking 峰值信息或更大倍数的放大功能,确保画面清晰。

2.基带输出与分配

目前应用中的 4K 制作系统一般使用 4∶2∶2 采样,帧频为每秒 25P、30P、50P 或 60P 的 4K 基带信号。对于一路 4∶2∶2@25P 的 4K 基带信号,目前常用的方法是使用 4 个 1.5G HD-SDI 接口传输。对于一路 4∶2∶2@50P 的 4K 基带信号,目前常采用 4 个 3G-SDI 接口传输。2009 年,SMPTE 发布的 SMPTE 435 文件定义了 10G-SDI 接口,一路 10G-SDI 接口(同轴电缆或光纤)可传输一路 4∶2∶2@60P 的 4K 信号。2013 年,NAB 展会 Blackmagic Design 发布的 4K 产品线采用了 6G-SDI 接口和 12G-SDI 接口,即一路 6G-SDI接口传输一路 4∶2∶2@30P 的 4K 基带信号,一路 12G-SDI 接口传输一路 4∶2∶2@60P 的 4K 基带信号。Blackmagic Design 在 2014 年 NAB 展会发布的 Blackmagic URSA 4K 摄像机和 Blackmagic 演播室 4K 摄像机就配备了 12G-SDI 接口。

除了上述使用传统的 BNC 接口传输 4K 信号,当前系统也有通过宽带网线传输高码率的 4K 信号。

将一路 4K 基带信号通过 4 路串行数字接口传输,其常用的信号分配方式有两种:Square Division 和 2 Sample Interleave,如图 11-18 所示。

Square Division 的分配方式是将 4K 画面水平、垂直方向等分,成为 4 幅高清分解力的画幅;每一个部分用一根线缆传输。使用这种方式分配数据,当一个线缆传输出现问题时,通过监视器就可以很容易查出到底是哪条线路出问题了。不过,这种传输方式对信号同步要求更高。如果切换台的处理器没有特殊处理算法,将无法对这样的画面进行划像处理。

2 Sample Interleave 的分配方法是将 4K 信号的奇行每隔 2 个像素抽出分别用于第一路和第二路信号的传输,偶行亦每隔 2 个像素分配到第三路和第四路。这样的分配方式

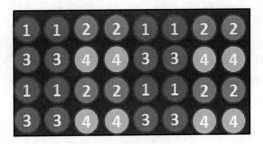

（a）Square Division　　　　　　　　　（b）2 Sample Interleave

图 11-18　四链路基带传输信号分配

令每一路都可传输带有完整画面内容的高清视频。4K 监视器监看这样的 4K 信号时，即使一路信号出现问题，监视器上也可呈现基本完整的画面，使切换台进行划像处理时不需要特殊算法。不过，一路信号缺失时，很难从监视器上看出是哪路有问题。

3. 4K 讯道结构

在 2014 年巴西世界杯足球赛的 4K 节目转播中，巴西 GLOBOSAT 4K 转播车采用了 5 路 4K 讯道和 5 路高清讯道，其中 4K 摄像机讯道示意图如图 11-19 所示，设备主要来自 Sony。其中摄像机采用 SonyF55 摄像机，4K 适配器采用 CA-4000，摄像机传输的基带 4K 信号从 CA-4000 通过光缆传到 4K 基带处理单元 BPU-4000 上，BPU-4000 配备的 4K 基带输出接口为每组 4 路的 3G-SDI 接口。4 路接口可将一路 4K60P 信号传输到切换台、矩阵、服务器或慢动作服务器等设备。为了实现摄像机远程控制，该讯道还配备了高清摄像机控制单元 HDCU-2500（2013 年 FIFA 转播时采用 HDCU-2000）。HDCU-2500 与 BPU-4000 使用一条 3G 光缆连接，可连接摄像机控制面板，令技术人员远程调整摄像机的光圈、黑白平衡等，为摄像机提供 Tally 信号和返送视频信号，同时可与摄像机的通话系统连接。

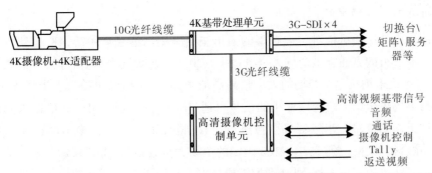

图 11-19　4K 摄像机讯道链连接实例

Blackmagic Design 等公司专门开发了 6G-SDI、12G-SDI 接口用于 4K 基带信号传输。由于只需要一根线缆就可以传输 4K 基带视频信号，如果后续的切换与路由设备也均采用 6G-SDI、12G-SDI 接口的话，则 4K 讯道结构与高清系统相似。

4.4K 切换

对于四链路传输的 4K 基带信号来说,切换台可采用多级 M/E 的高清切换台。比如 2013 年 FIFA 转播采用了 SonyMVS-8000X 切换台,其上安装了 4K 更新软件。2014 年巴西世界杯 GLOBOSAT 4K 转播车采用了 MVS-7000X,亦须安装更新软件。4K 信号对应的 4 路信号分别绑定在切换台的 4 个 M/E 级上;制作人员须在其中一级 M/E 上选择 1 个信号输出,其他 3 个 M/E 的相应信号也被同步输出。因此这里使用的切换台须为 4 级切换台。

Blackmagic Design 推出的 4K 切换台提供了 6G-SDI 接口连接,比如 ATEM 系列 1 级 M/E 和 2 级 M/E 的 Production Studio 4K 切换台。该切换台可满足标清、高清和 4K 超高清的信号处理,输出接口则为 6G-SDI 和 HDMI 接口。Blackmagic Design 还在 2015 年的 NAB 展会上发布了 12G-SDI 接口(3840×2160/60p)的 Smart Videohub 40×40 矩阵。这些 4K 切换设备连入系统的方法和使用方法与传统数字高清设备相似。

5.4K 信号的处理

为了实现高效的 4K 电视节目制作、交换、存储和播出,人们还须对 4K 信号进行压缩处理。当前常用的制作或交换用压缩编码格式包括 ProRes 422HQ、ProRes 422LT、XAVC 等,其中 XAVC 的压缩效率最高,对 4∶2∶2@50P、10 比特量化的 4K 信号进行帧内压缩,码率达 500Mbps。4K 对记录媒介有更高的读写速度和容量要求。4K 信号播出时采用的压缩标准多为 H.264(AVC)、H.265(HEVC)处理,其中 H.265 的编码效率比 H.264 高一倍。

在字幕机、非线性编辑、调色系统、在线包装系统等方面,由于其核心平台都是计算机,4K 信号与高清信号的区别主要在于数据量不同,因此其处理方法和原理基本与传统系统相同,只不过 4K 信号处理需要更高速、稳定的软硬件平台,因此在节目处理效率、存储容量和设备成本上的要求都有明显的提高。

6.高清节目直播中的 4K 应用

目前国内外广播机构对重大赛事的播出主要采用高清直播系统,4K 超高清则可以为这类高清节目的直播提供全场大全景镜头。2014 年世界杯赛事直播时,人们利用两台 Sony4K 摄像机来拍摄整个赛场的大全景超高清图像,一台摄像机拍摄左半场大全景,一台拍摄右半场大全景。两台摄像机的信号可通过 8 路 3G-SDI(HD-SDI)送入图形工作站。图形工作站将左右半场赛场图像进行拼接,再校正掉由于拍摄角度造成的透视形变,并去除拼接痕迹,得到 7680×2160 画幅的全场大全景镜头,将其存储下来。节目直播中负责画面回放的工作人员,可从图形工作站中以高清 1920×1080 的尺寸框选出重要事件(比如比赛现场所有的高清摄像机都没拍到的意外事件)的画面。图形工作站将该高清信号送入切换台,以供切出。在此基础上,还可以配合在线包装系统,实时加入具有跟踪功能的用于标注赛事细节的越位线、球员信息等图形和字符,全方位地为观众提供各种所需的信息,制作出精良的体育直播节目。

7.超高清网络的 IP 发展方向

一路码率为 1.5Gbps 的非压缩 HD-SDI 信号无法在仅有 1Gbps 的以太网电缆中传输,但 10Gbps 的带宽就可以传输 4~6 路 HD-SDI 信号。从带宽上来说,利用 IP 技术传输超高清非压缩数据是可行的。另外,基于 IP 的以太网传输是双向的,这就意味着信号能在两个方向上同时传输,这有利于其在广播电视领域中的应用,因此很多系统开发商认为基于 IP 的分发系统最终将替代基带 SDI 传输。当前,除了现场制作的基带层外,广播领域的设备基本上已经都跟 IP 挂钩了,从基于硬件的工作流过渡到基于软件的工作流能带来极大的操作灵活性,因此实现 10Gbps 的 IP 网络硬件是其中的关键。

很多制造商采用了 SMPTE 2022-6 标准。该标准明确规定了 SDI 有效数据载荷如何通过以太网进行传输。一路 4K 信号需要 4 条 HD-SDI 电缆来传输,但如果采用 10Gbps 的网线,1 条就足够了,而且它对数据压缩的要求更低。业界已经生产出了 40G 和 100G 的交换机,允许更多的信号或分辨率更高的信号通过交换机交换。另外,利用编解码器将 4K 超高清摄像机和切换环境变成完全可互操作的产品也在开发中。不过,目前还未解决一些功能性问题,比如如何处理音频分离和在 SDI 系统中可用的其他典型任务。设备制造商采用的方法和原理都有所差异,厂商之间的系统兼容性问题以及共同标准问题都有待解决。另外,将设备转移到 IP 工作站不仅会改变工作流程,而且测试和测量组件也将从示波器过渡到 IP 包分析器,质量控制和监控方面需要更为复杂的新工具。

11.3 集群技术

随着当今电视台视音频、通话、Tally、编辑控制等系统实现了数字化和网络化,计算机和相关设备已成为新型数字系统的核心,这些技术的应用为演播室提供了人性化风格的人机交互,提高了自动化操作水平,也为电视台建立集群演播室创造了条件。

11.3.1 集群演播室的概念

集群原本是计算机术语,是指一组相互独立的、通过高速网络互联的计算机,它们构成了一个组,并以单一系统的模式加以管理。一个客户在与集群相互作用时,集群像是一个独立的服务器。通常意义上的集群技术主体是相互连接的 PC、工作站或者服务器,它们利用网络系统连接起来,可以支持程序并行处理和人机交互。集群技术可以提高系统的稳定性和网络中心的数据处理能力及服务能力,以较低的代价获得较高的性能。

演播室集群,顾名思义就是将两个或两个以上的独立演播室组成一个演播室群,形成一个整体。演播室系统设计过程中,系统的稳定与安全是重中之重。为了满足安全的要求,人们会在演播室系统中添加线路或是设备备份。不过,系统中每增加一个器件,都会令系统增添新的不稳定性。因此,当前很多电视台在设计演播室时,会考虑对整个系统进行备份。但是这样做必然会使成本大幅提高,而且会造成极大的浪费,毕竟一个额外的冗余系统在绝大部分时间是用不到的。因此,当前电视台会在设计多个演播室时,将这些演播室联合起来,利用计算机系统集群技术,对系统之间进行冗余备份,从而在高效利用演播室资源的同时,实现真正意义上的系统级演播室备份。群内各演播室系统共同使用群控制机房,共享群内的设备、信号和通道资源,既提高了各演播室设备的使用效率,扩展了系统功能,同时,群内设备之间也起到了相互应急备份的作用,为电视节目的制作和播出提供了强大的技术支持,充分保障了整个系统的安全性和稳定性。

除此之外,随着节目形式的逐渐丰富,节目制作对优质资源的需求也日趋显著,特别是大型或突发新闻直播节目对摄像机讯道、外来信号、信号收录、制作景区等各个方面都要求很高,既要满足日常节目制作,又能应对大型和突发节目播出需求;既要合理配置技术资源,又要合理部署避免设备冗余,采用单一的演播室系统是无法办到的。因此,当前大型电视台会以技术资源共享为理念,将地理位置上临近的多个演播室组成演播室群,通过制作功能互补来适配不同节目的要求。采用集群化的设计理念,可以有效地节省技术资源,操作简单,管理便捷。

11.3.2 集群演播室的关键技术

1.集群演播室的特点

(1)资源共享与集中管控

对演播室群的多个演播室设置统一的立柜机房和灯光设备间,以及群内公共设备集中放置于立柜机房,便于统一管控,也有利于空调、电力、消防等基础设施的配备。同功能设备配置相同型号,便于整个集群系统的维护,在保证设备运行安全的同时,还能节约备用设备与器件的数量。多个演播室在系统应用中可以共享主控外来信号、群内摄像机讯道信号、矩阵调度信号、延时器信号等,还可以共享系统内同步、时钟、通话、Tally、网络、电源等系统。

(2)群中各演播室实现级联

根据应用需求不同,集群演播室中各演播室的组合一般有一定的规律,比如开放式演播室搭配封闭式演播室,实景演播室搭配虚拟演播室,大型演播室搭配小型演播室。这样可以取长补短、节约资源、提高功效。也因为如此,多个演播室之间必然有主次之分。比如大型演播室为"主演播室",小型演播室为大型演播室提供备份制作播出,在此称之为"分演播室"或"次演播室"。

主演播室满足日常高频度制作播出,在突发性大型节目制作时,则结合次演播室使用。次演播室的 PGM 信号可接入主演播室系统中,作为信号源实现级联播出。这种级联播出方式,既扩展了景区、丰富了节目制作形式,同时也降低了播出风险,避免多演播室信号源在频道播出系统频繁切换。

(3)应急备份和交叉控制

演播室内部系统应急备份一般以切换台为主系统,矩阵为应急备份系统。播出过程中主系统发生故障时,该演播室应急备份系统提供应急播出。另外,次演播室是主演播室的系统备份。当主演播室系统发生故障,且主演播室应急备份系统也无法正常工作,下一档节目前无法恢复或在系统维修期间,次演播室便为主演播室提供降级备份。

2.系统设计中的技术要点

（1）讯道共享

群内的所有摄像机控制单元集中放置在一个立柜机房内，配有统一的跳线板。主演播室与次演播室在跳线板上预留通道，且共用跳线板，可实现演播室之间的信号调配。假设 1 号演播室为主演播室，内设 3 路摄像机讯道，2 号演播室为次演播室，内设 2 路摄像机讯道。摄像机在群内调配时，可通过跳线增加讯道信号，如图 11-20 所示。比如 1 号演播室预留了 2 个跳线接口，用于将 2 号演播室内的视频信号调入；反之亦然，2 号演播室也可调用 1 号演播室的两条讯道。

同理，摄像机到 CCU 之间的光缆接口板、CCU 到分屏器之间的视频跳线板，都要相应预留通道，这样便可实现群内一个演播室的摄像机移动到另一个演播室中，并添加到预留讯道中。相关的连接方法与图 11-20 同理，在此不做详述。摄像机返送视频信号一般都来自本演播室切换台；集群环境下，还须增加一路从应急切换通道（如备用矩阵）调出的 PGM 信号。

主、次演播室设立统一的摄像机控制面板调整区域，并配备统一的主备调光台。立柜机房配置示波器、技术监视器、音频监听单元等，共享矩阵的输出信号接入这些监测设备时，各演播室、导播室内也要配置一定的监测设备。群内的所有摄像机在网络控制单元中统一编号，配备统一的智能 Tally 控制器。需要集群共享摄像机时，Tally 系统能自动修改系统设备的 Tally 逻辑。

摄像机通话路由接入统一的通话矩阵完成通话调配，在控制软件上进行修改，便可对导播通话面板进行摄像机通话设置，也能将对应演播室的 PGM 信号调入新增摄像机通话路由内。

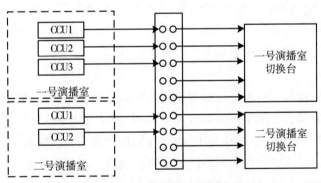

图 11-20　CCU 到切换台的跳线预留

（2）外来信号的共享

有限的外来信号可通过视频分配放大器，分配到每一个群内演播室中，也可以将外来信号连入矩阵，实现群内共享。

（3）切换台与矩阵设置

独立的演播室一般会采用一个主切换台，再另配一个备用切换设备——比如矩阵——作为应急设备。如果建立 3 个演播室，原则上就应该配备 3 个切换台、3 个应急矩阵。与此相比,集群演播室将更加节省资源。比如 3 个演播室组成集群演播室,并各自承担着频道播出和节目录制的任务,因此每个演播室都配备了自己的主切换台。其中 1号演播室为该群的主演播室,配备了一个大型共享矩阵作为 3 个演播室共用的备用应急切换设备,2 号、3 号演播室则不需要安装独立的备用矩阵。如图 11-21,正常独立使用 3个演播室时,黑色的线路被使用。当需要调用共享矩阵时,灰色的线路被调用。当然,每个演播室除安装主切换台外,还需要根据要求配置一定数量的 AUX 面板(用于在线包装视频输入、虚拟视频输入、技术切换、灯光控制、音频控制等)。

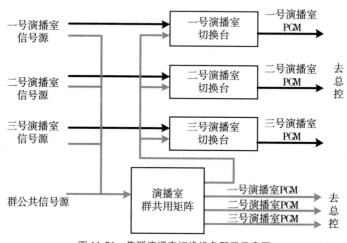

图 11-21　集群演播室切换设备配置示意图

(4)同步系统共享

演播室群可配备统一的主备同步信号发生器和一台倒换器,并为每个演播室提供主备两组同步信号,包括 BB、三电平、测试信号、音频同步信号等。同步信号经视频分配放大器分配到各个视频设备和音频设备上。注意,重要的设备(如视频服务器),主备设备须分别连接来自不同视频分配器的同步信号,以确保主备安全。

(5)音频系统

音频系统在结构和设备上都是对应视频系统的。当视频系统确定之后,音频系统也以类似的结构进行部署。如果视频系统是切换台+共享矩阵的结构,则音频系统可采用调音台+音频矩阵的结构。实际应用中,也可以采用主备两台调音台,不过音频矩阵价格较低,配合混音设备,可实现自动音频增益调节的功能。在对声音要求不高的情况下,配有混音设备的音频矩阵就可满足共享备份的需求。与视频系统相似,主演播室与次演播室互为备份,音频矩阵则成为演播室群的第三级备份。重要的音频信号要通过音频分配器分别传输到主演播室调音台、次演播室调音台和共享音频矩阵,再由切换开关选择一路输出;嵌入视频信号之后,被送入总控,其具体系统结构与视频结构相似。为了让视音频切换更加简单而且安全,可将共享视频矩阵与音频矩阵的输出口绑定,也就是说,音频输出口的输入源随着视频矩阵相应输出口的输入源改变而改变。

参考文献

3D 电视 100 问编写组：《3D 电视 100 问》，国家广播电影电视总局，2012 年。

A.WOODS, T. DOCHERTY, R. KOCH, "Image Distortions in Stereoscopic Video Systems", Proceedings of SPIE 1915, 1993, 36-48.

About AES Standards, Audio Engineering Society. Retrieved 2014-01-07. In 1977, stimulated by the growing need for standards in digital audio, the AES Digital Audio Standards Committee was formed.

AES/EBU Digital Audio Cable Overview, Brilliance Broadcast Cables, 2011.

B. Gold, C. M. Rader, *Digital Processing of Signals*, New York: McGraw-Hill, 1969.

Bob Edge, "GXF— the General eXchange Format", *EBU Technical Review*, July 2002.

Brad Gilmer, AAF— the Advanced Authoring Format, *EBU Technical Review*, July 2002.

Bruce Devlin, MXF—the Material eXchange Format, *EBU Technical Review*, No.291, July 2002.

Canon New 35mm CMOS Image Sensor for Digital Cine Motion Imaging White Paper.pdf.

EBU, High Definition (HD) Image Formats for Television Production, 2010.

G. JONES, D. LEE, N. HOLLIMAN, D. EZRA, "Controlling Perceived Depth in Stereoscopic Images", Stereoscopic Displays and Virtual Reality System s VIII, Proceedings of SPIE 4297A, 2001, 42-53.

H.VERON, D.A.SOUTHARD, J.R. LEGER, J.L.CONWAY, "3D Displays for Battle Management", RADC-TR-90-46 Final Technical Report, MITRE CORP BEDFORD MA, 1990, 13-16.

Hans Hoffmann, "Networked File Exchange Formats for Television Production", *EBU Technical Review*, July 2002.

http://en.wikipedia.org/wiki/Tally_light.

http://en.wikipedia.org/wiki/Ultra_high_definition_television#mediaviewer/File：CIExy1931_Rec_2020_and _Rec_709.svg.

http://en.wikipedia.org/wiki/Ultra_high_definition_television.

http://en.wikipedia.orgwikiNyquist%E2%80%93Shannon_sampling_theorem.

http://pro.sony.com/bbsc/assetDownloadController/mvs6500_icp6520_6530_UserGuide_e.pdf? path = AssetHierarchy $ Professional $ SEL-yf-generic-153714 $ SEL-yf-generic-153771SEL-asset-365697. pdf&id=StepID $ SEL-asset-365697 $ original&dimension=original.

http://pro.sony.com/bbsccms/assets/files/mkt/sports/brochures/productionswitcherbroch.pdf.

http://pro.sony.combbscssr/cat-switchersandrouters/cat-switchers/product-MVS8000X/.

http://www.broadcaststore.com/pdf/model/21313/GVSwitcherBroshure.pdf.

http://www.grassvalley.comdocsManuals/switchers/kayakdd/KayakDDV618User_Chinese.pdf.

http://www.lcdracks.com/racks/IMD/.

http://www.usa.canon.com/cusa/professional/standard_display/bctv_resources/bctv_3Dsolutions/.

http://www.vitelsanorte.com/vitelsa/fotos/productos/pdf/cas/BVE-700A.pdf.

https://grassvalley.comdocsManuals/switchers/kayakdd/071-8262-06.pdf.

John Emmett, Engineering Guidelines The EBU/AES Digital Audio Interface, 1995.

Marshall Electronics, NCB-2010 Network control Box for IMD Monitor Operating Instructions. http://www.lcdracks.com/racks/pdf-pages/instruction_sheets/NCB2010.pdf.

Michael Robin, Michel Poulin, *Digital Television Fundamentals*, New York: Mc Graw-Hill, 1997.

Michael Robin, The AES/EBU Digital Audio Signal Distribution Standard, Miranda, 2004.

NTI Audio, AES3, AES/EBU, application note, 2012.

Peter Hoffmann, Protection and Redundancy for Routing Switcher, Grass Valley Application nots, January 2013.

Peter Timmons, UMD/Tally—A Simplified View, Harris Broadcast Communications Division.

Rec. ITU-R BT.601-7 标清数字电视 4：3 与 16：9 画幅的编码标准。

Rec. ITU-R BT.709-5 高清数字电视节目制作与交换国际标准。

Robbins J. D., Moire Pattern in Color Television, *Broadcast and Television Receivers*, IEEE Transactions, Vo. 12, pp: 105-121.

ROUTING SWITCHERS CONCERTO, APEX PLUS, TRINIX NXT. Grass Valley, 2013. http://www.grassvalley.comdocsDataSheets/routers/trinix_nxt/RMC-5033D-1_RoutingSwitchers_SolutionDS.pdf.

SMPTE 125M-1995, Television-Component Video Signal 4：2：2-Bit-Parallel Digital Interface.

SMPTE 292M-1998.

SMPTE 360M-2001, General Exchange Format(GXF), http://www.smpte.org/.

Sony Advantage of the CMOS Sensor: Latest Image Sensor Technology for HD Security.pdf.

Sony CCD and CMOS Image Sensors: A Comprehensive Guide for Professional Videographers.pdf.

Sony ClearVid Pixel Array technology Guide.pdf.

Sony Digital Cinema, Sony's 3D Production System, 2011.

Sony NEX-FS100 Super 35mm NXCAM Camcorder.pdf.

Sony NEX-FS700 Super Slow Motion NXCAM Camcorder.pdf.

Sony PDW-F1600 说明书。

Sony Professional Focus 系列资料。

Sony "Exmor R" CMOS Image Sensors Achieve a Dramatic Increase in Performance.pdf.

Sony SxS PRO Memory cards.pdf.

Sony Xavc White Paper(v2.1).pdf, 2014.4.7.

Sony Xavc Workflow Guild.pdf, 2014.5.

Sony Xavc Specification Overview(v2).pdf, 2013.9.13.

Specification of the AES/EBU digital audio interface (The AES/EBU interface), European Broadcast Union. 2004. Retrieved 2014-01-07.

Specification of The Digital Audio Interface, EBU, Third edition, 2004.

Tektronix, Dgital Video Standards and Testing Session, 1997.

The AAF Association, http://www.aafassociation.org.

TSL, TallyMan UMD and Tally Systems, http://www.tsl.co.uk/download/TSL_TallyMan_05. 10_LR.pdf.

TSL, IMD System Genneral Description, http://www.tsl.co.uk/download%5CTSL%20IMD%20System.pdf.

TSL, Tally & UMD System Displays Handbook, http://www. tsl. co. uk/download/RJ45% 20Displays _ Manual.pdf.

VIDEO SWITCHER VIDEO PRODUCTION CENTER Concepts Manual, grass valley, 2012. 06.

White Paper Blu-ray Disc Format 2nd Edition, 2010. 10.

Yamaha DM1000 Digital Production Console User Manual.

〔日〕中岛龙兴:《照明灯光设计》,马卫星编译,北京理工大学出版社 2003 年版。

《GY/T 222-2006 数字电视转播车技术要求和测量方法》。

《广播电视术语及溯源——国家标准 GB/T 7400-2011 详解》,《广播与电视技术 2012 增刊》2012 年第 39 卷。

卞德森:《帧同步机工作原理及其新技术应用》, 依马狮网, 2005. 5, http://www.imaschina.com/html/features_columns/2009-5/26/23_02_05_625.html。

曹振华:《LED 显示屏组装与调试全攻略》,电子工业出版社 2013 年版。

陈次白等编:《信息存储与检索技术(第二版)》,国防工业出版社 2008 年版。

陈健森:《浅谈虚拟演播室技术及构建实例》,《广播与电视技术》2011 年第 7 期。

程宏、张京春:《高清、标清数字视频系统的同步》,《传播与制作》2011 年第 4 期。

程佩青:《数字信号处理教程(第三版)》,清华大学出版社 2007 年版,第 3 页。

崔冬明:《电视台播控系统中数字切换矩阵技术浅析》,《视听界(广播电视技术)》2012 年第 5 期。

崔冬明:《浅谈帧同步机原理及电视播出的应用》,《现代电视技术》2007 年第 1 期。

崔晓东:《高清转播车画面分割显示系统》,《现代电视技术》2007 年第 12 期。

崔志强:《电视台时钟系统设计及应用》,《西部广播电视》2007 年第 4 期。

戴京笛、毕陟:《虚拟演播室的灯光场景及选用摄像机分析》,《中国有线电视》2009 年第 2 期。

董武绍等:《虚拟演播室技术与创作》,暨南大学出版社 2014 年版。

杜薇、廖忠政:《广东电视台播出时钟系统》,《中国传媒科技》2012 年第 8 期。

方德葵、杨盈昀等:《电视节目编辑与制作技术》,中国广播电视出版社 2005 年版。

方德葵主编:《舞台灯光与音响技术》,中国广播电视出版社 2005 年版。

方莉萍:《电视节目制作中的虚拟演播室技术》,《中国有线电视》2007 年第 9 期。

冯德仲:《舞台灯光设计概要》,中国戏剧出版社 2007 年版。

古林海、罗一宇、刘辉:《基于集群理念的高清新闻演播室系统设计》,中国新闻技术工作者联合会 2013 年学术年会、五届五次理事会暨第六届"王选新闻科学技术奖"和优秀论文奖颁奖大会论文集(广电篇),2013 年 7 月。

顾瑛琦、柯志诚:《字幕机选型及字幕机网络应用实例》,《视听》2010 年第 10 期。

广电总局科技司:《3D 电视技术指导意见第一部分:节目制作播出》,2011 年。

吕成虎:《基于网络的演播室三大系统分析——网关系统、TALLY 系统和监控系统介绍》,《现代电视技术》2012 年第 11 期。

郭红华:《高清演播室视频系统设计探讨》,《广播与电视技术》2013 年第 7 期。

韩旭娜:《字幕机在体育直播节目(演播室)中的应用》,《硅谷》2013 年第 6 期。

侯书婷、杨宇、徐品:《AES/EBU 数字音频传输标准》,《中国传媒大学学报》(自然科学版)2014 年第 4 期。

胡勤龙:《高清摄像机镜头》,《广播电视技术》2010 年第 1 期。

黄瀚、王宏民:《录音与调音》,中国广播电视出版社 2002 年版。

黄军忠等:《广西电视台总控数字矩阵系统的设计》,《现代电视技术》2007 年第 12 期。

简钊:《阻抗匹配对信号传输质量影响的分析》,《中国有线电视》2012 年第 11 期。

姜秀华:《现代电视原理》,高等教育出版社 2008 年版,第 1—4 页、290—296 页。

金长烈等:《舞台灯光》,机械工业出版社 2004 年版。

柯才军、易新建、赖建军:《CCD 图像传感器的微透镜阵列设计与实验研究》,《激光科技》2004 年第 2 期。

昆明广播电视台:《3D 立体拍摄支架的使用及注意事项》,2013,http://www.souvr.com/event/201302/59812.html。

李海平:《基于 NV-5128 矩阵构建电视播控系统》,《数字通信世界》2013 年第 7 期。

李宏虹主编:《现代电视照明》,中国广播电视出版社 2005 年版。

李涛:《Adobe After Effects 6.5 标准培训教材》,人民邮电出版社 2005 年版。

李晓岩:《浅析高清演播室视频系统的设计要点》,《传播与制作》2013 年第 9 期。

李兴国、田敬改:《电视照明》,中国广播电视出版社 1997 年版。

梁骥:《数字虚拟演播室的研究与应用探索》,《中国有线电视》2013 年第 4 期。

凌斌、张智:《电视字幕机技术及应用》,《安徽科技》2013 年第 4 期。

刘晨鸣、李小兰:《超高清电视技术发展与应用现状研究》,《广播电视信息》2013 年第 8 期。

刘怀林、郭国胜:《数字非线性编辑技术》,中国广播电视出版社 1998 年版。

刘凯、刘博:《存储技术基础》,西安电子科技大学出版社 2011 年版。

卢英锁:《虚拟演播室》,《中国有线电视》2002 年第 16 期。

鲁敏等:《基于机电跟踪的三维虚拟演播室系统》,《电子学报》2003 年 31 期。

鲁敏等:《基于机械跟踪的虚拟演播室系统中摄像机校准和定位算法》,《国防科技大学学报》2004 年第 3 期。

罗钧、付丽:《光存储与显示技术》,清华大学出版社 2012 年版。

孟庆骐:《阻抗失配对视频信号的影响及应用》,《有线电视技术》2001 年第 20 期。

彭妙颜编:《现代灯光设备与系统工程》,人民邮电出版社 2006 年版。

荣旻、沈佳茹:《虚拟的力量——电视节目制作中的真三维虚拟演播室技术应用及效果分析》,《电视工程》2009 年第 1 期。

沙菘:《中央电视台新址集群演播室视频系统设计及应用》,《现代电视技术》2013 年第 3 期。

沙崧:《演播室辅助系统的角色转变》,《现代电视技术》2013 年第 5 期。

孙季川:《在线包装技术概念探讨》,《现代电视技术》2009 年第 11 期。

田霖、杨玉洁:《"极清"的诱惑——4K 时代下的影视内容制作》,《影视制作》2013 年第 10 期。

王京池:《电视灯光技术与应用》,中国广播电视出版社 2010 年版。

王亮、胡晓丹:《浅谈在线包装与字幕机》,《现代电视技术》2011 年第 12 期。

王宁:《大型节目多通道系统解决方案》,新奥特公司 CS 大型节目多通道系统解决方案宣传资料,www.chinadigitalvideo.com/？Sol/lists/id/8.html。

王宁:《融合节目制作、领航多通道时代》,新奥特公司贵州电视台 CreaStudio 多通道高清非线性采编系统宣传资料。

王宁、陈李:《在线图文包装系统在体育转播中的应用》,《影视制作》2009 年第 9 期。

王亚明:《超高清电视》,《电视工程》2012 年第 12 期。

王亚明:《数据流光盘存储(ODA)技术简介》,《现代电视技术》2012 年第 7 期。

王志方:《云计算在非线性编辑网中的应用研究》,《中国新技术新产品》2014 年第 11 期。

魏秋霜:《数字化演播室集群的系统设计与实现》,《现代电视技术》2004 年第 7 期。

吴芳:《提词器产品及其功能扩展》,《电视技术》2011 年第 4 期。

夏光富:《影视照明技术》,西南师范大学出版社 2007 年版。

肖后勇、邸达:《网络数据与实时更新联动提词器》,《影视制作》2012 年第 2 期。

徐威、李宏虹主编:《电视演播室》,中国广播电视出版社 2006 年版。

杨吉平、张建民:《CMOS 摄像机的原理与应用》,《天津工程师范学院学报》2008 年第 3 期。

杨寿堂:《虚拟演播室系统分析与比较》,《节目制作与广播》2005 年第 1 期。

杨雯婷:《非线性编辑网络在高清电视中的构建与应用》,《科技传播》2015 年第 2 期。

杨宇、郭远航、沈萦华:《3D 电视节目的防眩晕拍摄技术研究》,《电视技术》2011 年第 8 期。

尹位仁:《EVS 慢动作硬盘录像机的解析与应用》,《现代电视技术》2009 年第 12 期。

于莉、孙琳:《电视播控中心矩阵系统的设计及应用》,《西部广播电视》2004 年第 5 期。

于路:《3D、4K,殊途同归》,《影视制作》2014 年第 2 期。

张宝安主编:《高清电视节目转播与传输》,中国广播电视出版社 2011 年版。

张歌东:《影视非线性编辑》,中国广播电视出版社 2003 年版。

张敬邦:《现代电视新闻节目的照明技术与技巧》,中国广播电视出版社 2004 年版。

张琦:《数字电视制播技术》,中国广播电视出版社 2003 年版。

张琦、林正豹、杨盈昀:《数字电视制播技术》,中国广播电视出版社 2002 年版。

张琦、杨盈昀、张远、林正豹:《数字电视中心技术》,北京广播学院出版社 2001 年版,第 257–327 页。

张琦、张远等:《数字电视中心技术》,北京广播学院出版社 2001 年版。

张晓山、王翔、陈广鑫:《北京电视台异构系统服务整合设计》,《现代电视技术》2013 年第 6 期。

张洋:《计算机集群技术概述》,《信息系统工程》2013 年第 5 期。

张志友:《计算机集群技术概述》,《实验室研究与探索》2006 年第 5 期。

章宁:《浅谈高清摄像机的拍摄技巧》,《广播电视技术》2011 年第 5 期。

赵力:《高清摄像机镜头》,《现代电视技术》2004 年第 12 期。

赵新宇:《在非编软件中模拟简单切换台功能——多机位编辑的实现方法》,《现代电视技术》2013 年第 10 期。

赵宇红、曾雷、温士魁:《基于以太网的车载 LCD 分屏器系统设计》,《电视技术》2009 年第 6 期。

郑智勇:《中央电视台新址 E11 演播室群视频系统设计》,《现代电视技术》2013 年第 2 期。

郑智勇、张瑞欣:《中央电视台新址 E14 演播室群视频系统设计》,《现代电视技术》2013 年第 1 期。

周磊:《用 TSL 协议实现转播系统 Tally 和源名控制实例》,《现代电视技术》2008 年第 10 期。

邹伟胜:《数字音频网络调音技术与应用》,电子工业出版社 2012 年版。

赵力:《XDCAM 蓝光盘光学系统调整》,《现代电视技术》2005 年第 7 期。

致力专业核心教材建设　提升学科与学校影响力

中国传媒大学出版社陆续推出

我校 15 个专业"十二五"规划教材约 160 种

播音与主持艺术专业（10种）

广播电视编导专业（电视编辑方向）（11种）

广播电视编导专业（文艺编导方向）（10种）

广播电视新闻专业（11种）

广播电视工程专业（3种）

广告学专业（12种）

摄影专业（11种）

录音艺术专业（12种）

动画专业（10种）

数字媒体艺术专业（12种）

数字游戏设计专业（10种）

网络与新媒体专业（12种）

网络工程专业（11种）

信息安全专业（10种）

文化产业管理专业（10种）

本书更多相关资源可从中国传媒大学出版社网站下载

网址：http://cucp.cuc.edu.cn

责任编辑：李　明　　意见反馈及投稿邮箱：limingcucp@163.com

联系电话：010-65779406